Ahlers · Schwartz · Waldmann

Optimierung technischer Produkte und Prozesse

Optimierung technischer Produkte und Prozesse

Doz. Dr. sc. techn. Horst Ahlers
Technische Hochschule Karl-Marx-Stadt

Dr. rer. nat. Bernd Schwartz
Technische Hochschule Karl-Marx-Stadt

Dr. sc. Dr. sc. techn. Jürgen Waldmann
VEB Werk für Fernsehelektronik Berlin

VEB VERLAG TECHNIK BERLIN
Distributed by Springer-Verlag Wien New York

ISBN-13:978-3-7091-9488-1 e-ISBN-13:978-3-7091-9487-4
DOI: 10.1007/978-3-7091-9487-4

Gesamtredaktion: Doz. Dr. sc. techn. Horst Ahlers

1. Auflage

Softcover reprint of the hardcover 1st edition 1981

Lizenz 201 · 370/60/81
DK 62-50 • LSV 3045 • VT 3/5501-1
Lektor: Jürgen Reichenbach
Schutzumschlag: Kurt Beckert

Schreibsatz: VEB Verlag Technik
Offsetdruck und buchbinderische Verarbeitung:
Druckerei "Thomas Müntzer", 5820 Bad Langensalza
Bestellnummer: 552 853 8

Vorwort

Mit diesem Buch sollen Unterlagen bereitgestellt werden, die der Praktiker benötigt, um Optimierungen für seine Entwürfe unter Hinzuziehung von Experimenten durchzuführen.
Dazu sind experimentell Informationen von dem zu optimierenden Entwurf nach bestimmten Plänen zu gewinnen, die von Rechenmaschinen ausgewertet werden. Diese experimente- und rechnergestützte Entwurfsoptimierung ist für viele technische Fachrichtungen anwendbar. Ihre Stützung auf Experimente macht sie praxisnah.
Die der Optimierung zugrunde liegenden theoretischen Ableitungen sind in der Spezialliteratur nachzulesen. Dafür wird in diesem Buch der praktischen Durchführung und den damit zusammenhängenden Problemen vorrangig Aufmerksamkeit geschenkt. Eine Reihe von Anwendungen für die Entwurfsoptimierung auf dem Gebiet der Elektronik einschließlich der Mikroelektronik zeigt die Vielfalt der lösbaren Aufgaben, hilft auftretende Fragen klären und läßt manche Einzelheiten in Feinheiten besonders hervortreten.
Allen aber ist das gleiche algorithmische Vorgehen gemeinsam, das für das Entstehen einer neuen Grundeinstellung zur Verbesserung technischer Entwürfe prädestiniert ist.
Bei der Erarbeitung der experimentellen und rechentechnischen Anwendungsbeispiele und Unterlagen wurden wir von einer Reihe von Kollegen unterstützt. Zu nennen sind hier Doz. Kand. techn. Wiss. D. W. Gaskarow, Leningrader Elektrotechnisches Institut (Aufgaben 11.2, 11.8, 11.9, 12.6), Dipl.-Math. V. Arnold, VEB WF Berlin (Tafel B.a, B.b, B.c), Dr.-Ing. G. Timmel, IHS Zwickau (Tafel D und stochastischer Suchalgorithmus), und Dipl.-Math. R. Sommer, Technische Hochschule Karl-Marx-Stadt. Ihnen sei an dieser Stelle gedankt.
Ebenfalls gilt unser Dank dem Lektor J. Reichenbach, der unkompliziert und entgegenkommend die Arbeiten an diesem Buchprojekt unterstützt hat.

Karl-Marx-Stadt/Berlin

H. Ahlers B. Schwartz J. Waldmann

Inhaltsverzeichnis

Wichtige Formelzeichen

Q	Gütekriterium
Q_r	Mittelwert des Gütekriteriums im Versuch r
$Q^{(j)}$	j-tes Gütekriterium
ΔQ	Abweichung vom Zielwert
$\bar{Q}$	Mittelwert des Gütekriteriums
$Q^{(j)}_{opt}$	Wert des Gütekriteriums bei der optimalen Einflußfaktorkombination
$Q^{(j)}_{min}, Q^{(j)}_{max}$	Grenzwerte für Gütekriterien
$Q^{(j)}_{Ford}$	geforderter Wert eines Gütekriteriums
$\hat{Q}$	Approximationswert für das Gütekriterium
X_i	Einflußfaktor, Originalbereich
x_i	normierter Einflußfaktor
$x_i^* = (x_{1opt}, \ldots, x_{kopt})$	optimaler Wert des Einflußfaktors
ΔX_i	Normierungsbreite im Untersuchungsbereich
Δx_i^*	Abweichung von der optimalen Lösung
$X_{i,o}$	Mittelpunkt des Untersuchungsbereichs
X^o	Kompromißmenge
X	Menge aller zulässigen Lösungen
i, ϑ, j, v, ν	Indizes
k	Anzahl der Einflußfaktoren
l	Anzahl der Gütekriterien
r	Versuchsnummer
m	Anzahl der Parallelversuche
N	Anzahl der Versuche
n_0	Anzahl der Versuche im Nullpunkt
ε	Multiplikationsfaktor zur Einstellung der Schrittweite, Genauigkeitsschranke
q	Anzahl der Koeffizienten in der Approximationsfunktion
σ	theoretische Streuung
s	empirische Streuung
$s\{b_o\}, s\{b_i\}, s\{b_{i\vartheta}\}, s\{b_{ii}\}$	Streuungen der Regressionskoeffizienten
$t_{\alpha, f}$	Wert der Student-Verteilung

$F_{\alpha, f1, f2}$	Wert der Fisher-Verteilung
$\chi^2_{\alpha, f}$	Wert der Chiquadratverteilung
$G_{\alpha, f1, f2}$	Wert des Cochran-Kriteriums
P	Wahrscheinlichkeit
α	Irrtumswahrscheinlichkeit, Versuchsniveau
f	Freiheitsgrad
$b_0^{(j)}, b_i^{(j)}, b_{i\vartheta}^{(j)}, b_{ii}^{(j)}$	Regressionskoeffizienten
Δb_i	Streubereich der Koeffizienten
$-\varrho_i$	untere Grenze für Einflußfaktoren
$+\varphi_i$	obere Grenze für Einflußfaktoren
g_j	Gewichtsfaktor

1. Optimierungsprobleme im Entwurf

Einen wesentlichen Anteil an den Arbeiten und Überlegungen zur Entwicklung von Produkten und Prozessen nimmt das Optimalitätsprinzip ein. Ein technologischer Prozeß soll möglichst effektiv laufen, eine Konstruktion soll sich möglichst gut bewähren, eine Schaltung soll möglichst fehlerfrei funktionieren. Allgemein möchte man unter gegebenen Umständen das Bestmögliche herausholen.
Mathematisch läßt sich dies „bestmöglich unter gegebenen Umständen" als Optimierungsaufgabe formulieren. Mit diesem Vorgehen kann man die sonst intuitive Behandlung wissenschaftlich untermauern bzw. verbessern.
Vielfach wird eine Optimierung von einem Bearbeiter gar nicht mathematisch formuliert, geschweige denn gelöst. Dennoch ist er bestrebt, eine optimale Lösung der ihm gestellten Aufgabe zu erreichen, wenngleich auch rein gefühlsmäßig, intuitiv. Dieses Bestreben ist von seinem Verhalten im Leben durchaus nicht unterschiedlich. Hier wie dort will er sich einer Situation möglichst gut anpassen, das Bestmögliche aus ihr machen. Das technische Objekt als Teil der Umwelt wird im Prinzip so behandelt wie auch andere Objekte.
Das heißt, die Hinwendung zur Optimierung ist irgendwie überall vorhanden. Es geht nur darum, sie bewußt zu machen und, wenn möglich, einfache, leicht verständliche Verfahren zur Verfügung zu stellen, die eine größere Effektivität und einen größeren Nutzen erbringen als das gefühlsmäßige Herangehen.
In diesem Buch soll dazu ein einfacher Weg mit den dazugehörigen Hilfsmitteln aufgezeigt werden. Eine Reihe von Beispielen der Optimierung von technischen Entwürfen helfen, den „Einstieg" in die Optimierungsmethoden auch für den Praktiker anschaulich zu machen.
Zwei Komplexe liegen vor dem Erfolg und müssen bewältigt werden:

Modellbildung und Optimumsuche.

Der entworfene Prozeß oder das entworfene Produkt müssen für die Optimierung irgendwie beschrieben werden. Die Objektinformationen sind zusammenzufassen bzw. darzustellen, z.B. in Modellgleichungen. Wenn diese nicht vorhanden sind, müssen sie erst durch gezielte Messungen besorgt werden. Das wird überhaupt der allgemein anzutreffende Fall sein. Auch wenn eine sog. Fachtheorie vorhanden ist, muß letztlich doch im Experiment nachgeprüft werden, inwieweit sie zutrifft oder wie genau sie ist.
Zu diesem Zweck werden im Buch Versuchspläne angegeben, die die Koeffizienten von Beschreibungsfunktionen mit linearen und quadratischen Gliedern zu bestimmen gestatten. Das ist für viele praktische Gegebenheiten völlig ausreichend und läßt ein einfaches Vorgehen für den Anwender zu.
Die Beschreibungsgleichungen enthalten auf der einen Seite die Zielgrößen, Ausgangsgrößen oder, so werden sie im Buch bezeichnet, Gütekriterien. Auf der anderen Seite sind die Eingangsgrößen oder Faktoren, die einen Einfluß auf die Gütekriterien haben. Sie werden durchgängig als Einflußfaktoren bezeichnet, wobei es in der Praxis immer mehrere gibt. Die Pläne zur Bestimmung der Koeffizienten für die Einflußfaktoren sind selbst unter Optimalitätsgesichtspunkten aufgebaut, so daß eine gute Modellbildung mit einer Standardbeschreibungsgleichung möglich wird. Wenn mehrere Gütekriterien, wie fast immer zur allseitigen Beschreibung von Objekten notwendig, vorhanden sind, entsteht ein Gleichungssystem mit mehreren gleich aufgebauten Gleichungen.
Der zweite Komplex befaßt sich mit dem Aufsuchen des Optimums. Das kann experimentell geschehen. Dazu wird vorgeschlagen, nur lineare Glieder in der Beschreibungsfunktion zu berücksichtigen, um den experimentellen Suchprozeß möglichst einfach, ohne große Fehlermöglichkeit vornehmen zu können.
Außerdem ist in manchen Fällen eine analytische Berechnung des Optimums möglich. Das erfordert aber bereits einigen mathematischen Aufwand, vor dem dieser oder jener zurückschreckt.

Letztlich läßt sich mit Hilfe von Optimierungsverfahren auf elektronischen Rechenmaschinen das Optimum aufsuchen. Das wird sicher in den komplizierteren Fällen notwendig werden. Dazu wird das vorhin genannte Beschreibungssystem als Modell des betreffenden Entwurfs benutzt. Zusätzlich sind Angaben über die Gütekriterien, die verbessert oder unbedingt eingehalten werden sollen, zu machen. Alles andere, d.h. das Aufsuchen der optimalen Werte für die Einflußfaktoren, besorgt der Rechner. Dafür sind im Anhang Rechnerprogramme als Beispielprogramme angegeben, die als Grundlage für den Einsatz von solchen Methoden dienen können. Um diesen Schritt für den Praktiker einfach zu gestalten, werden vier Optimierungsaufgaben als Standardaufgaben formuliert, so daß auch für den Anfänger ein leichtes Einarbeiten möglich sein wird.
Auf die Anwendung von Optimierungsmethoden muß im Interesse der Volkswirtschaft unbedingt geachtet werden. Die aufgeführten Beispiele zeigen unmißverständlich, daß einerseits eine gute volkswirtschaftliche Ausnutzung der Ressourcen möglich ist. Andererseits ist der dazu erforderliche Experimentier- und Untersuchungsaufwand mit den angeführten Methoden in erträglichen Grenzen zu halten. Das aber muß Ansporn sein, Entwürfe für technische Produkte und Prozesse mit den noch vorzustellenden Mitteln in den nächsten Kapiteln in einfacher, aber doch systematischer und wissenschaftlich begründeter Weise zu verbessern.
Anwenden läßt sich die Optimierungsmethodik von nahezu jedermann, der ein gutes technisches Verständnis und einige mathematische Grundkenntnisse mitbringt. Der Nutzen kommt allen zugute. Nur 1% Materialeinsparung bringen in der Volkswirtschaft einen enormen ökonomischen Gewinn. Die bisherige Optimierungspraxis zeigt, daß viele der betrachteten Beispiele ein Mehrfaches an Verbesserung gebracht haben. Es sollte deshalb bei breiter Anwendung von Optimierungsmethoden auch die Ökonomie im volkswirtschaftlichen Ausmaße zu verbessern sein. Bessere Ausnutzung der Materialien, höhere Leistungsparameter, längere Einsatzdauer, weniger Reparaturen usw. - das alles schlägt sich ökonomisch nieder.
Nur verhältnismäßig wenig muß dazugelernt werden. Im Abschn. 2. werden die Begriffe Gütekriterium und Einflußfaktor besprochen. Der Abschn. 3., Nullentwurf und Normierung, befaßt sich mit dem Ausgangs- oder Startpunkt, mit dem eine Optimierung eines Entwurfs für einen Prozeß oder ein Produkt beginnen sollte. Die vorzunehmende Normierung macht allgemeine Versuchspläne, Vorgehensweisen und Rechnerprogramme möglich.
Im konstruktiven Entwicklungsprozeß (KEP) ist nach der Phase der Aufstellung und Analyse der „Zielfunktion" und der Suche und Bewertung von konstruktiven „Varianten" die „Lösungserarbeitung" vorzunehmen. Anschließend muß sich in der Phase der „Realisation" die Konstruktion bewähren. Die nach dem Nullentwurf erfolgende Optimierung liegt also in der Phase „Lösungserarbeitung", d.h., es muß schon eine Variante entworfen sein, die prinzipiell funktioniert. Sie wird als Nullentwurf bemaßt. Er ist der Ausgang für die vorzunehmende Optimierung.
Dieses Stadium eines technischen Entwurfs - gleichgültig aus welcher Fachrichtung und ob Produkt oder quasistatisch zu beschreibender Prozeßschritt - ist von einem Bearbeiter immer erst herbeizuführen. Dann aber sollte die systematische Verbesserung, d.h. die Optimierung, eine nicht verzichtbare Tätigkeit in einer Entwicklung sein.
So wie viele Leistungen in betrieblichen Entwicklungsvorhaben vorgeschrieben sind und abgerechnet bzw. verteidigt werden müssen, so sollte der Nachweis der Optimalität einer erarbeiteten Lösung ebenfalls unverzichtbar sein; denn hier wird „Geld gemacht", hier bewährt sich das Können des Bearbeiters, hier kann er zeigen, daß er ein in jeder Hinsicht gutes, d.h. optimales technisches Objekt zu entwickeln in der Lage ist.
Im Abschn. 4. werden dafür zwei einfache Methoden der experimentellen Optimierung vorgestellt. Die Abschnitte 5. und 6. geben die gewissermaßen standardisierten Beschreibungsfunktionen und ihre vorwiegend experimentelle Koeffizientenermittlung an. Mit diesem leicht bestimmbaren Beschreibungssystem hat man immer die gleiche Funktionenklasse für alle Optimierungen, so daß sich die Vorgehensweise gut einprägen und einbürgern kann. Nur im Ausnahmefall wird man die vorgeschlagenen und durchgängig benutzten verallgemeinerten Beschreibungsfunktionen verlassen.
Im Abschn. 7. werden hauptsächlich vier Typen von Optimierungsaufgaben dargelegt. Mit diesen vier Formulierungen wird eine große Anzahl praktischer Probleme erfaßt. Eine genauere Aufklärung der optimalen Struktur wird im Abschn. 8., Kompromißmenge und Dialogverfahren, beschrieben. Höhere mathematische und rechentechnische Anforderungen stellen

die Programmbeschreibungen für Rechenmaschinen. Sie sind vornehmlich für den Rechentechniker oder Fortgeschrittenen gedacht.
In den letzten Kapiteln werden Beispiele von technischen Entwürfen aus der Elektronik behandelt. Sie sind immer nach dem gleichen Schema aufgebaut. Damit wird ein klares Vorgehen bei allen Optimierungsaufgaben geschaffen. Wenn sich der Anwender dies einprägt, sollte er auch seine Optimierungsprobleme in gleicher Weise lösen können, unabhängig vom jeweiligen Fachgebiet.
Abgeschlossen wird das Buch im Anhang durch Arbeitsunterlagen wie Versuchspläne für 1 bis 10 Einflußfaktoren zur Durchführung gezielter Experimente, um die Koeffizienten der verallgemeinerten Beschreibungsfunktion optimal zu bestimmen. Ferner sind Rechenprogramme angegeben, mit denen die Koeffizienten ausgerechnet und Optima gesucht werden können.
Die Begriffserläuterungen enthalten eine Reihe von im wesentlichen statistischen Begriffen, die in diesem Buch gebraucht werden. Das Literaturverzeichnis erlaubt, sich tiefer in die Optimierungsproblematik einzuarbeiten, wenn der betreffenden Anwender dies für notwendig hält oder die Sache es verlangt.

2. Gütekriterien und Einflußfaktoren

Die quantitative Beurteilung von Objekten muß mit solchen Kennwerten erfolgen, die eine Aussage über die Eigenschaften und - damit im Zusammenhang stehend - ihre Güte erlauben. Güte, Gütemerkmale, Kennwerte, Kennziffern, Ziele oder Zielwerte seien zusammenfassend als Gütekriterien $Q^{(j)}$; $j = 1, \ldots, l$ bezeichnet.
Da Objekte von verschiedenen Seiten betrachtet werden können und auch unterschiedliche Eigenschaften aufweisen, ist die Charakterisierung mit einem einzigen Gütekriterium in den meisten Fällen nicht ausreichend. Erst eine Reihe geeigneter Gütekriterien vermag ein Objekt umfassender zu beschreiben.
Gütekriterien können auf verschiedene Art gebildet werden. So sind bei einer Verstärkerschaltung die Verstärkung, bei einem Temperofen die Temperatur, bei einer Isolierung die Isolation auf der Hand liegende Kriterien der Güte.
Aber auch Gütekriterien aus kombinierten Merkmalen sind anzutreffen, z.B. das Verhältnis von Durchlaß- zu Sperrwiderstand bei einer Schalterdiode oder das Bandbreite-mal-Verstärkungs-Produkt bei einem Verstärker.
Manche Merkmale lassen sich schlecht messen. Dann sollte zu besser meßbaren übergegangen werden, die mit den eigentlich festzustellenden in irgendeiner funktionellen Beziehung stehen. Beispiele dafür sind der Klirrfaktor anstelle der Größe der einzelnen Harmonischen, der äquivalente Rauschwiderstand usw.
Insgesamt müssen die Gütekriterien folgenden Forderungen genügen:

Universalität. Das Gütekriterium soll nicht zu einseitig eine Eigenschaft des Objekts betonen, sondern einen größeren Eigenschaftsbereich erfassen. Anzustreben ist auch, eine Normierung vorzunehmen, um die Rechnungen nicht mit Dimensionen zu belasten und die Aussagen allgemeingültiger zu gestalten.

Effektivität. Nebensächliche Eigenschaften eines Objekts sollten als solche behandelt werden. Die Aufmerksamkeit ist auf solche Gütekriterien zu lenken, die die Objekteigenschaften bestimmen. Damit wird der erforderliche experimentelle und rechentechnische Aufwand auf ein vertretbares Maß beschränkt.

Eindeutigkeit. Mehrdeutige Gütekriterien erschweren die Behandlung dadurch, daß zusätzliche Informationen für eindeutige Aussagen erforderlich werden oder diese überhaupt unmöglich sind. Darauf sollte bei der Formulierung der Gütekriterien unbedingt geachtet werden.

Existenz. In dem Untersuchungsbereich muß das Gütekriterium existieren, und zwar für alle betreffenden Werte der Einflußfaktoren.

Quantitativer Charakter. Die Meßbarkeit der Gütekriterien hat zur Voraussetzung, daß sie quantitativen Charakter aufweisen und eine ausreichend feingestufte bzw. kontinuierliche Werteskala im Untersuchungsbereich haben. Für den Fall, daß ein Gütekriterium nicht quantitativ vorliegt, kann als Ausweg das Aufstellen einer Rangfolge durch Vergabe von Werturteilen oder Punkten für qualitative Merkmale dienen.

Normalverteilung. Voraussetzung für die angegebenen statistischen Analysen ist die Normalverteilung der gemessenen Werte der Gütekriterien. In der Praxis kann man oft diese Normalverteilung als gegeben bzw. die Abweichung davon als nicht erheblich ansehen, so daß die erhaltenen Ergebnisse unter Zugrundelegung der Normalverteilung ausreichend gut sind. Sollte die tatsächliche Verteilung stark von der Normalverteilung abweichen, so sind andere statistische Methoden anzuwenden, die der entsprechenden Fachliteratur zu entnehmen sind. In den meisten Fällen kann man aber auch ohne Prüfung der vorliegenden Verteilung die statistischen Analysen unter Zugrundelegung der Normalverteilung anwenden und erhält Ergebnisse, die den praktischen Anforderungen fast immer genügen.

Tafel 1. Stichprobentests zur Prüfung auf Normalverteilung einer Grundgesamtheit

Wahrscheinlichkeitsdichte der Normalverteilung

$$f(Q) = \frac{1}{\sqrt{2\pi\sigma^2}} \exp\left[-\left(\frac{Q - \bar{Q}}{\sqrt{2}\,\sigma}\right)^2\right]$$

Verteilungsfunktion der Normalverteilung

$$F(Q) = \frac{1}{\sqrt{2\pi\sigma^2}} \int_{-\infty}^{Q} \exp\left[-\left(\frac{Q - \bar{Q}}{\sqrt{2}\,\sigma}\right)^2\right] dQ$$

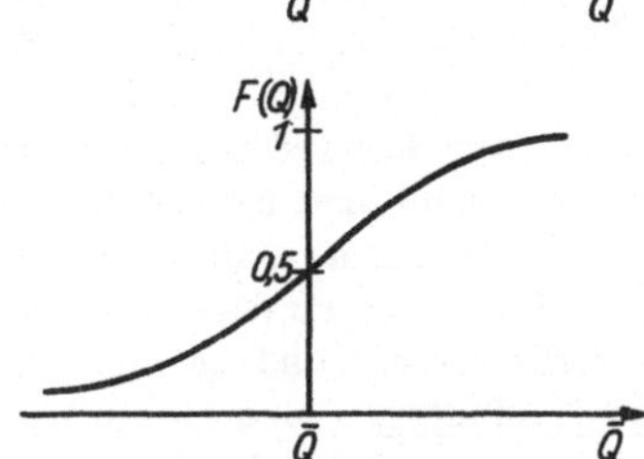

χ^2-Anpassungstest

1. Stichprobe für Q vom Umfang $N > 16$
2. Aufteilung der Stichprobe in k Intervalle, so daß in jedem Intervall mindestens 5 Messungen liegen. Im Intervall r liegen n_r Messungen.

   $$N = \sum_{r=1}^{k} n_r, \quad n_r \geq 5$$

3. Gegen die Annahme, daß die Grundgesamtheit, aus der die Stichprobe stammt, normalverteilt ist, ist mit der Irrtumswahrscheinlichkeit α nichts einzuwenden, wenn ist

   $$\chi^2 = \sum_{r=1}^{k} \frac{(n_r - n_{rWS})^2}{n_{rWS}} < \chi^2_{\alpha,f}, \qquad f = k - 1$$

   n_{rWS} ist die nach der Normalverteilung im Intervall r zu erwartende (tabellierte) Häufigkeit. Für $N \to \infty$ liegt eine asymptotisch zentrale χ^2-Verteilung vor.

Leerzellentest von David

1. Stichprobe für Q vom Umfang $N = 5, \ldots, 16$
2. Aufteilung des gemessenen Wertebereichs von Q in m' bezüglich der Verteilungsfunktion gleichgroße Flächenstücke (Intervalle)
3. Geprüft wird mit der Anzahl der z Intervalle, in die keine Meßwerte von Q fallen (Leerzellen). Gegen die Annahme der Normalverteilung der Grundgesamtheit ist dann nichts einzuwenden, wenn

   $$P(z) = \binom{m'}{z} \sum_{\nu=0}^{m'-z} (-1)^{\nu} \binom{m'-z}{\nu} \left(\frac{m'-z-\nu}{N}\right)^N \leq \alpha .$$

Größtzulässige Anzahl z der Leerzellen bei $\alpha = 0,05$ für Annahme der Normalverteilung der durch die Stichprobe repräsentierten Grundgesamtheit

m' \ N	5	6	7	8	9	10	11	12	13	14	15	16
2	1	1	1	1	1	1	1	1	1	1	1	1
3	2	2	2	2	2	2	1	1	1	1	1	1
4	3	3	2	2	2	2	2	2	2	2	2	1
5	4	3	3	3	3	3	2	2	2	2	2	2
6	5	4	4	4	3	3	3	3	3	2	2	2
7	5	5	5	4	4	4	4	4	3	3	3	3
8	6	6	6	5	5	5	4	4	4	4	3	3
9	7	7	6	6	6	5	5	5	4	4	4	4
10	8	8	7	7	6	6	6	5	5	5	5	4

Die Gütekriterien $Q^{(j)}$ sind von Einflußfaktoren X_i; $i = 1, \ldots, k$ abhängig.
Eine Reihe von Einflußfaktoren auf Gütekriterien sind aus theoretischen Beziehungen, der Erfahrung, aus Messungen usw. als bekannt anzusehen.

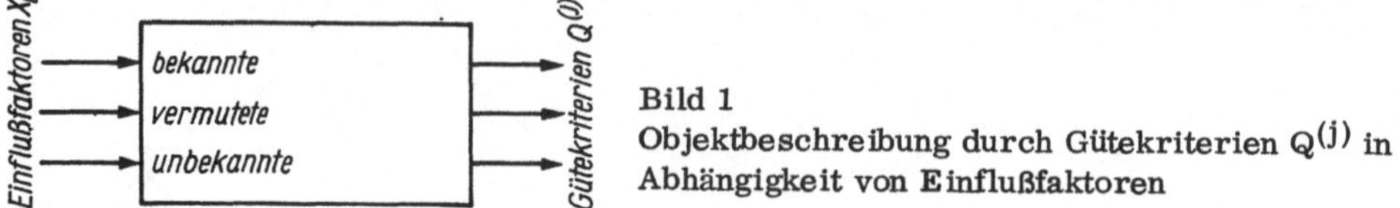

Bild 1
Objektbeschreibung durch Gütekriterien $Q^{(j)}$ in Abhängigkeit von Einflußfaktoren

Eine weitere Anzahl wird nur vermutet. Ihr genauer Einfluß bzw. ob ein Einfluß überhaupt vorhanden ist, muß erst nachgewiesen werden.
Letztlich gibt es immer Faktoren, die nicht bekannt sind, aber trotzdem irgendeinen Einfluß auf Gütekriterien ausüben, der sich z.B. in der statistischen Schwankung der Meßwerte für die Gütekriterien ausdrücken kann.
An die Einflußfaktoren sind einige Forderungen zu stellen, die für praktische Verhältnisse näherungsweise erfüllt sein müssen:

Existenz. Ihre Existenz und ihr qualitativer Einfluß auf Gütekriterien sollten bekannt sein. Es gilt der Grundsatz, daß Experimente dann gut geplant werden können, wenn die Einflußfaktoren bekannt sind. Sonst sind immer Risiken und Unsicherheitsfaktoren in den Messungen vorhanden. Zur Feststellung von Einflußfaktoren können vor die eigentlichen, geplanten Experimente, die für die experimente- und rechnergestützte Optimierung eingesetzt werden, zusätzliche Untersuchungen gestellt werden. Das sind die

- Korrelationsanalyse
- Faktoranalyse
- Varianzanalyse
- Zufallsbalance
- linearen Pläne, d.h. die Betrachtung der verallgemeinerten Beschreibungsfunktion nur bis zu den linearen Gliedern
- theoretischen, fachspezifischen Objektmodelle.

Eindeutigkeit. Das Einstellen der Einflußfaktoren auf gewünschte Niveaus verlangt, daß sie nicht mehrdeutig sind. Ist dies nicht zu umgehen, so müssen Zusatzinformationen vorhanden sein, wo man sich befindet bzw. wie man die Ausgangsgrößen wieder erreicht.

Einstellbarkeit. Die Anwendung der Theorie der geplanten aktiven Experimente, die hier erfolgen soll, verlangt konkrete Versuchsniveaus, d.h., die Einflußfaktoren müssen vorgeschriebene Werte annehmen. Im Bedarfsfall ist die Normierung so vorzunehmen, daß sich einstellbare Versuchsniveaus ergeben. Bei manchen Anlagen liegt ein begrenzter Arbeitsbereich vor. Er ist zu beachten und einzuhalten.

Verträglichkeit der Kombinationen. Die vorgeschriebenen einzustellenden Werte der Einflußfaktoren dürfen sich gegenseitig nicht beeinflussen und zur Instabilität führen.

Abwesenheit einer Korrelation. Zwischen den Einflußfaktoren soll keine Korrelation bestehen. Diese Forderung ist in der Praxis zwischen den Einflußfaktoren oft nur näherungsweise erfüllt. Die Durchführung von Koeffizientenschätzungen wird dadurch erschwert. Wird sie nach den hier angegebenen Methoden trotz fehlender strenger Erfüllung der Korrelationsfreiheit vollzogen, so ist mit verzerrten statistischen Aussagen zu rechnen. Dies fällt aber in der Praxis oft nicht ins Gewicht.

Tafel 2. Angaben zur Berechnung und Prüfung von Korrelationskoeffizienten

Einfacher Korrelationskoeffizient
zwischen zwei Meßreihen X_{ir} und $X_{\vartheta r}$

$$r_{i\vartheta} = \frac{S_{i\vartheta}}{s_i \, s_\vartheta}$$

$$s_v^2 = \frac{1}{N-1}\sum_{r=1}^{N} (X_{vr} - \overline{X}_v)^2 \qquad S_{i\vartheta} = \frac{1}{N-1}\sum_{r=1}^{N} (X_{ir} - \overline{X}_i)(X_{\vartheta r} - \overline{X}_\vartheta)$$

$$v = i, \vartheta \qquad \overline{X}_v = \frac{1}{N}\sum_{r=1}^{N} X_{vr}$$

$r_{i\vartheta}$ ist signifikant von Null verschieden, wenn ist $\frac{r_{i\vartheta}}{\sqrt{1 - r_{i\vartheta}^2}} \sqrt{N-2} > t_{\alpha, f}$

Freiheitsgrad $f = N - 2$, Irrtumswahrscheinlichkeit α, Versuchsanzahl N
Wert der Studentverteilung $t_{\alpha, f}$

Partieller Korrelationskoeffizient
bei Korrelation über einen dritten Einflußfaktor, der ausgeschlossen wird.

$$r_{i\vartheta.1\,2\ldots(i-1)(i+1)\ldots(\vartheta-1)(\vartheta+1)\ldots k} = \frac{-1^{i+\vartheta} S^*_{i\vartheta}}{\sqrt{S^*_{ii} \, S^*_{\vartheta\vartheta}}}$$

$S^*_{i\vartheta}$, S^*_{ii}, $S^*_{\vartheta\vartheta}$ Unterdeterminanten der Kovarianzmatrix $\underline{S}$

$$\underline{S} = \begin{pmatrix} s_1^2 & s_{12} & \cdots & s_{1k} \\ s_{12} & s_2^2 & & \vdots \\ \vdots & & \ddots & \vdots \\ s_{1k} & \cdots & \cdots & s_k^2 \end{pmatrix}$$

Annahme des partiellen Korrelationskoeffizienten erfolgt mit der Irrtumswahrscheinlichkeit α, wenn

$$\frac{|r_{i\vartheta.1\,2\ldots(i-1)(i+1)\ldots(\vartheta-1)(\vartheta+1)\ldots k}|}{\sqrt{1 - r^2_{i\vartheta.1\,2\ldots(i-1)(i+1)\ldots(\vartheta-1)(\vartheta+1)\ldots k}}} \cdot \sqrt{N-k} > t_{\alpha, f}$$

$f = N - k$
k Anzahl der Versuchsreihen

Multipler Korrelationskoeffizient
zeigt den Grad der Abhängigkeit eines Einflußfaktors X_i von den übrigen $k - 1$ an

$$r_{i.1\,2\ldots(i-1)(i+1)\ldots k} = \sqrt{1 - \frac{|S|}{s_i^2 \, S^*_{ii}}}$$

$|S|$ Determinante der Kovarianzmatrix $\underline{S}$

Annahme des multiplen Korrelationskoeffizienten erfolgt mit der Irrtumswahrscheinlichkeit α, wenn

$$\frac{N-k}{k-1} \cdot \frac{r^2_{i.1\,2\ldots(i-1)(i+1)\ldots k}}{1 - r^2_{i.1\,2\ldots(i-1)(i+1)\ldots k}} > F_{\alpha, f1, f2}$$

$f_1 = k - 1$, $f_2 = N - k$, F Wert der Fisher-Verteilung

3. Nullentwurf und Normierung

Als Startpunkt für den experimentellen Suchprozeß oder Mittelpunkt des Untersuchungsgebiets bei der experimente- und rechnergestützten Optimierung wird ein solcher Punkt benötigt, der schon möglichst nahe am vorhandenen absoluten Optimum liegt.
Je entfernter er sich vom Optimum befindet, um so aufwendiger muß experimentell gesucht werden. Es ist deshalb zweckmäßig, möglichst tiefgehende und umfassende Überlegungen zu seiner Festlegung zu führen.
Er sollte der theoretisch am besten begründete Punkt für das Optimum sein. Da damit die erste Annäherung an das Optimum erfolgt und im Verlauf der Optimierungsschritte eine Normierung vorgenommen wird, die diesen Punkt in den Nullpunkt transformiert, soll von einem Nullentwurf gesprochen werden.
Zum Nullentwurf kann man auf mehreren Wegen gelangen:

- Es ist keine Theorie des Objekts vorhanden.
  Dann kann aus Erfahrung, Abschätzung, Vermutung, Fremdmustern usw. ein Nullentwurf erfolgen, von dem erwartet wird, daß er die Ziele, die in den Gütekriterien ausgedrückt sind, erfüllt.

- Es ist eine Theorie des Objekts vorhanden.
  Aus der Theorie des Objekts lassen sich Beziehungen zwischen den Eigenschaften $Q^{(j)}$ und den Einflußfaktoren X_i herleiten. Diese i.allg. nichtlinearen Lösungsfunktionen können auf einem Rechner ermittelt und auf das Optimum hin untersucht werden (rechnergestützter Entwurf). Dieses theoretische Optimum kann als Nullentwurf dienen.

  Die Umgebung dieses Nullentwurfs ist nun experimentell abzutasten. Das Untersuchungsgebiet wird symmetrisch zum Nullentwurf angesetzt.
- Seine Größe richtet sich nach der Nichtlinearität des zu untersuchenden Objekts. Bei annähernd linearen Objekten sind die ΔX_i groß wählbar, während bei stark nichtlinearen vorsichtigerweise die ΔX_i klein zu wählen sind.
- Die Vorabkenntnisse (A-priori-Informationen) spielen eine wichtige Rolle zur Festlegung der Breite des Untersuchungsgebiets. Fehlen solche, so kann zunächst ein großes ΔX_i zum groben Abtasten erfolgen, das dann bei besserer Kenntnis eingeschränkt wird.
- Die Größe des Untersuchungsgebiets kann auch nach der Beschreibungsfunktion gewählt werden. Werden nur lineare Glieder in der Beschreibungsfunktion vorgesehen, so muß das ΔX_i ausreichend klein sein, um Linearität zu gewährleisten. Bei Vorhandensein von Gliedern höherer Ordnung kann großzügiger verfahren werden.
- Eine Festlegung des Untersuchungsgebiets ist weiterhin nach der Zulässigkeit von Abweichungen vom Arbeitspunkt (Nullentwurf) des Objekts möglich.
- Bei der Optimierung laufender Prozesse kann durch kleine Änderungen der Einflußfaktoren innerhalb des zulässigen Arbeitsbereichs eine solch geringe Änderung der Gütekriterien vorgenommen werden, daß sie im Garantie- oder Qualitätsbereich des Prozesses bleiben. Dann genügen oft die statistischen Auswertungen der im „Rauschen" bleibenden Werte der Gütekriterien zum Aufstellen von Prozeßgleichungen.
- Ähnlich ist es bei Objekten mit stabilen Arbeitspunkten, aber instabiler Umgebung. Die Wahl des Untersuchungsbereichs hat dann im zulässigen Bereich zu erfolgen.

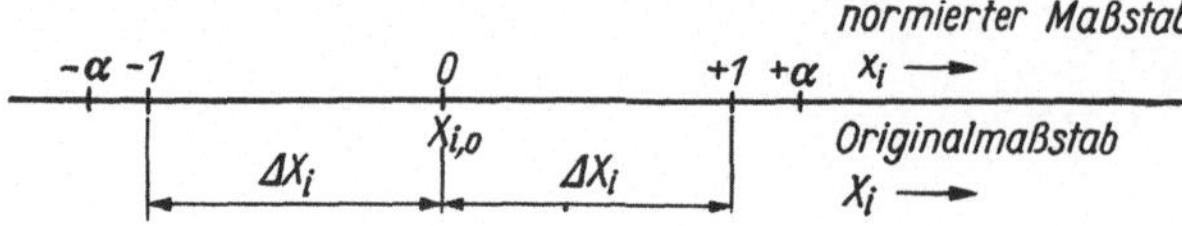

Bild 2
Originalmaßstab und normierter Maßstab für Einflußfaktoren

Mit dem Nullentwurf $X_{i,0}$ und der Breite des Untersuchungsgebiets $2\alpha\Delta X_i$ erfolgt eine Normierung, um das Vorgehen übersichtlicher und allgemeiner zu machen.
Sie lautet:

$$x_i = \frac{X_i - X_{i,0}}{\Delta X_i} \ .$$

Damit liegt der Wert $x_i = 0$ in der Mitte $X_{i,0}$ des Untersuchungsbereichs und $x_i = +1$ am oberen sowie $x_i = -1$ am unteren Ende.
Hat das normierte x_i den Wert $x_i = +\alpha$, so ist er auf der Originalskala bei $X_i = X_{i,0} + \alpha\Delta X_i$ zu finden. Dann geht der Untersuchungsbereich von $x_i = -\alpha$ bis $x_i = +\alpha$.

4. Experimentelle Optimierungen

Sind mathematische Zusammenhänge nicht bekannt, so muß an eine experimentelle Optimierung gedacht werden. Ebenfalls sind die mathematisch-analytisch oder rechentechnisch-algorithmisch gewonnenen Optima in der Praxis, im Experiment nachzuprüfen oder zu modifizieren. Manchmal ist aber auch nur der Grund vorhanden, daß das Experiment schneller zum Ziele führt, billiger ist oder dem Anwender subjektiv besser liegt. Im Mittelpunkt sollte aber das geplante Experiment stehen, bei dem nicht willkürlich verfahren wird, sondern sinnvoll geplante Versuche mit mathematischer Begründung durchgeführt werden. Der entscheidende Vorteil dieser experimentellen Suche ist, daß die funktionellen Abhängigkeiten der Faktoren von den Gütekriterien von vornherein nicht bekannt sein müssen.
Die systematische Suche des Optimums auf experimentellem Weg hat mit der an Rechenmaschinen eine gewisse Gemeinsamkeit. Für die Optimumsuche am Rechner müssen die Modellgleichungen bekannt sein und Suchverfahren aus der Problemkenntnis und den Möglichkeiten des Rechners ausgewählt werden. Mitunter wird sogar eine Suchstrategie mit mehreren Suchverfahren gewählt. So werden laufend Werte des Gütekriteriums Q bei verfahrensbedingter Variation der Einflußfaktoren X_i berechnet und eine Bewegung in Richtung des Optimums vorgenommen. Bei der Auswahl experimenteller Suchverfahren muß bedacht werden, daß jeder Suchpunkt einer experimentellen Einstellung und der Ausmessung bedarf und damit nicht in Sekundenbruchteilen, wie auf dem Rechner, zu erledigen ist. Außerdem empfiehlt es sich, solche Suchverfahren für das Experiment anzuwenden, die einfach sind und Irrtümer bei der praktischen Durchführung möglichst ausschließen. Nicht zu vergessen ist die in der Praxis gewünschte, verhältnismäßig geringe Anzahl der Versuche. Die Verarbeitung streuender Meßwerte muß durch die Statistik erfolgen.
Bei der Optimierung mit Hilfe von Experimenten können unterschieden werden:

1. experimentelle Optimierung, wobei Zwischenrechnungen durchaus vom Rechner ausgeführt werden. Das Optimum wird hier experimentell aufgesucht.
2. experimentell gestützte Optimierung, wobei durch das Experiment Koeffizienten von Beschreibungsgleichungen gewonnen werden, die grafisch, analytisch oder mit Rechner auf Optima untersucht werden. Die Verifizierung des so ermittelten Optimums erfolgt wieder experimentell.

Die Optimierung ist für ein Gütekriterium verhältnismäßig einfach auszuführen. Für mehrere kann ein Ersatzgütekriterium zur Aufgabenlösung führen (s. Abschn. 7.).
Für den Einsatz in der Praxis sind zwei Suchverfahren für die experimentelle Optimierung empfehlenswert:

Gauß-Seidel-Methode und Box-Wilson-Methode

Sie tragen heuristischen Charakter, da sie nicht streng mathematisch zum Optimum führen, sondern nur mit recht großer Sicherheit. Im praktischen Einsatz gibt es Situationen, in denen Fehlaussagen und Schwierigkeiten auftreten können. So kann die Abhängigkeit $Q = f(X_1, \ldots, X_k)$ die Form eines Kamms, eines Grats, eines Sattels oder eines Höckers aufweisen. Gelangt die Suche in solche Gebiete, so kann ein Optimum vorgetäuscht werden.
Klarheit schafft hier nur die weitere experimentelle Abtastung der Umgebung des Optimums oder der Beginn der experimentellen Suche von neuen Anfangsgebieten aus.
Ebenfalls kann beim Erreichen von Begrenzungen des Untersuchungsgebiets der Suchalgorithmus versagen. Dann helfen folgende Auswege:

- Es wird ein neuer Startpunkt M_0^x gewählt.
- Kleine Suchbewegungen in das verbotene Gebiet $M_0^x \longrightarrow M_1^x$, wenn die experimentellen Bedingungen es zulassen (keine Überlastung usw.).

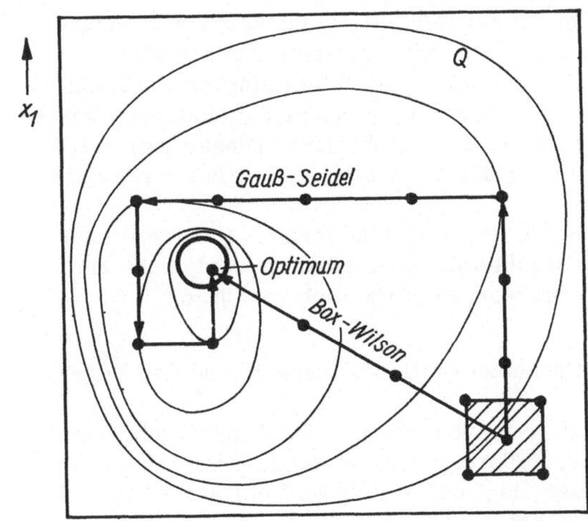

Bild 3
Prinzipielle Abfolge der experimentellen Suchpunkte für die Gauß-Seidel-Methode und Box-Wilson-Methode

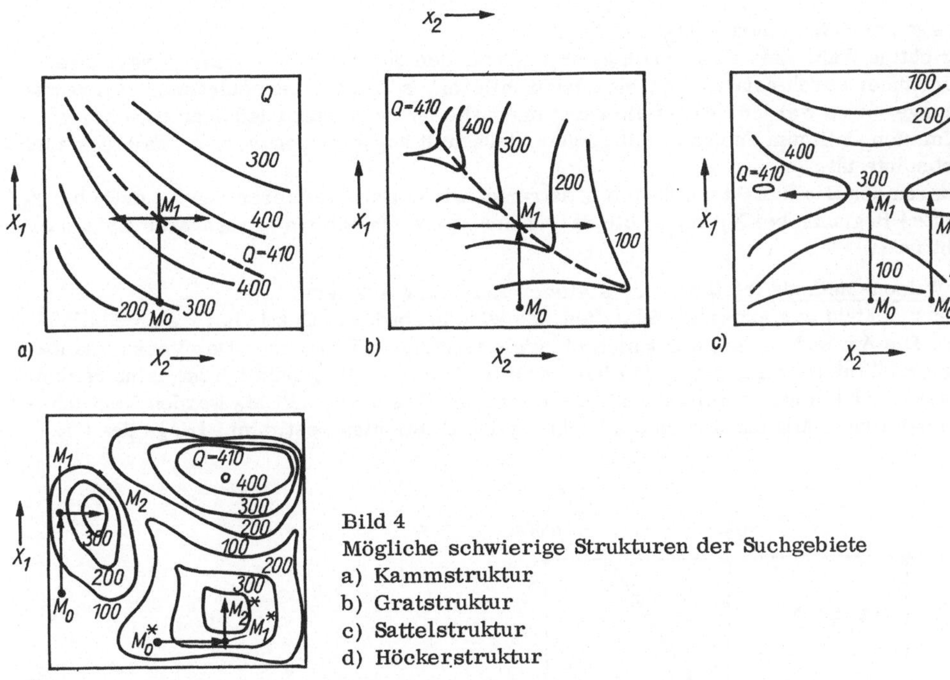

Bild 4
Mögliche schwierige Strukturen der Suchgebiete
a) Kammstruktur
b) Gratstruktur
c) Sattelstruktur
d) Höckerstruktur

- Suchbewegungen vornehmen, die von der Begrenzung weggerichtet sind.
- Suchbewegungen längs der Begrenzung laufen lassen.
- Anwendung eines anderen Verfahrens.

In der Mehrzahl der praktischen Fälle sind aber recht gute Ergebnisse zur Verbesserung der Gütekriterien auf experimentellem Weg zu erreichen, so daß die möglichen Schwierigkeiten gegenüber den Vorteilen entschieden zurücktreten.

1. Gauß-Seidel-Methode (Methode des koordinatenweisen Auf- oder Abstiegs)
Das Vorgehen ist einfach. Bei vielen Einflußfaktoren kann der Aufwand sehr groß werden. Die Anwendung empfiehlt sich, wenn die Einflußfaktoren schnell und leicht variiert werden können.
Alle variierbaren Einflußfaktoren $X_1, \ldots, X_k$ werden bis auf X_1 konstant gehalten: Dieser

eine Einflußfaktor wird systematisch so lange (mit konstanter oder variabler Schrittweite) geändert, bis das Gütekriterium Q ein relatives Maximum oder Minimum (je nachdem, welchem Wert Q zustreben soll) erreicht. Dieser Wert von X_1 wird fest eingestellt. Dann wird der nächste Parameter X_2 bei Konstanz aller anderen, auch des neu gefundenen Wertes X_1, geändert, bis wieder ein relativer Extremwert von Q erreicht wird. Dieser Wert wird festgehalten. Jetzt wird X_3 variiert usw. Sind alle X_k durchvariiert, so beginnt wieder ein neuer Zyklus.
Ausgegangen wird von einer bestimmten Kombination der Einflußfaktoren bei M_0 (Nullentwurf). Das ist diejenige Kombination, die am wahrscheinlichsten gehalten wird, nahe am Optimum zu liegen. Ihre richtige Wahl kann den Suchvorgang erheblich verkürzen.

Vorgehensweise

- Aufstellen des Gütekriteriums Q, der zu variierenden Einflußfaktoren X_i und der Begrenzungen.
  Dieses Stadium entspricht der Aufgabenformulierung und ist deshalb für den Umfang und eventuelle Schwierigkeiten bei der Aufgabendurchführung entscheidend. Es sollte nur ein einwandfrei zu messendes Gütekriterium Q festgelegt und solche Einflußfaktoren X_i variiert werden, die eine nicht unbedeutende Größe haben und einstellbar sind.
- Festlegen des Startpunktes M_0.
  Die richtige Wahl bzw. Abschätzung von M_0 kann den Suchaufwand erheblich verkürzen. Um Irrtümer durch relative Optima auszuschließen, sollte von verschiedenen Startpunkten ausgegangen werden. Führt die experimentelle Suche immer wieder zu dem zuerst bestimmten Optimum, so kann mit großer Sicherheit angenommen werden, daß dies auch das absolute ist.
- Variieren des Einflußfaktors X_1 bis Q extremal wird. Dann variieren von X_2 usw. bis X_k. Erneutes Beginnen bei X_1 usw., bis das Optimum von Q nach meist mehreren Zyklen erreicht ist.

2. Box-Wilson-Methode (Methode des steilsten Auf- oder Abstiegs)
Das Suchen besteht aus einfachen Schritten. Es wird besonders effektiv bei vielen Einflußfaktoren. Die Anwendung empfiehlt sich für viele technische Probleme. Der Versuchsaufwand ist verhältnismäßig gering. Da eine statistische Auswertung möglich ist, sind Serien- und Massenproduktionen damit gut vorzubereiten. Um den Startpunkt M_0 werden Versuchspunkte angeordnet. Mit ihnen wird die Richtung des Gradienten bestimmt. Längs des Gra-

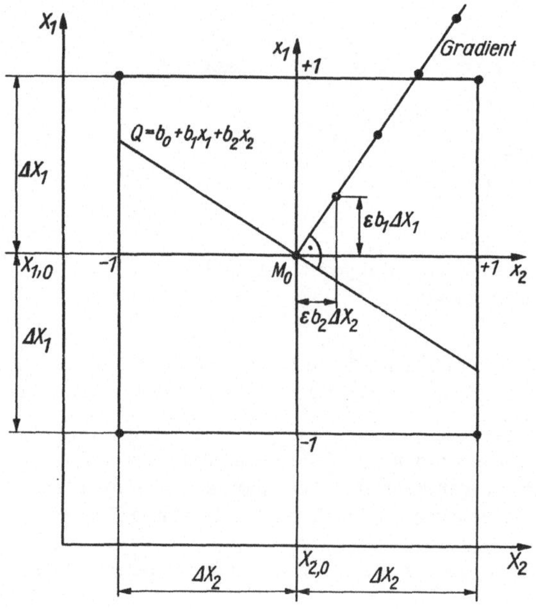

Bild 5
Bestimmung von experimentellen Suchpunkten längs des Gradienten nach der Methode von Box–Wilson

dienten erfolgt eine experimentelle Abtastung der Größe des Gütekriteriums Q. Ist ein relatives Optimum bei M_1 erreicht, so kann von dort aus erneut eine Gradientenbestimmung erfolgen usw.

Vorgehensweise

- Aufstellen des Gütekriteriums Q, der Einflußfaktoren X_i, der Begrenzung des Approximationsbereichs $2\Delta X_i$ und des Mittelpunktes $X_{i,0}$ (Nullentwurf).
  Vorgenommen wird eine Normierung

$$x_i = \frac{X_i - X_{i,0}}{\Delta X_i} .$$

- Durchführung von Versuchen in der Umgebung des Nullentwurfs zur Feststellung des Gradienten.
  Ausgewählt werden Versuchspläne, die gestatten, lineare Approximationsfunktionen im Approximationsbereich zu bilden.

$$Q = b_0 + \sum_{i=1}^{k} b_i x_i$$

  (Für die Durchführung der experimentellen Optimierung ist die Berechnung von b_0 nicht erforderlich.)
- Suchbewegungen längs des Gradienten zur Ermittlung eines Extremums.
  Nach Überprüfung der Adäquatheit der linearen Approximationsfunktion wird der Gradient

$$\text{grad } Q = \left(\frac{\partial Q}{\partial x_1}, \ldots, \frac{\partial Q}{\partial x_k}\right) = (b_1, \ldots, b_k)$$

  gebildet. Praktisch umgesetzt heißt das, von den Koordinaten des Startpunktes $M_0 = (X_{1,0}, \ldots, X_{k,0})$ in jede Richtung der Einflußfaktoren bestimmte Schritte $\varepsilon(b_i \Delta X_i)$ zu gehen. ε ist ein Multiplikationsfaktor, um die Schrittweite wählbar zu gestalten. Bei grober Suche sollte $\varepsilon\, b_i \Delta X_i$ groß sein, bei Feinsuche klein.
- Wahl des Maximums (bzw. Minimums) auf dem Gradienten als neuer Startpunkt für eine neue Gradientenbestimmung.
  Fortsetzung des Verfahrens bis zum Auffinden des Optimums.

5. Verallgemeinerte Beschreibungsfunktion

Um die Gütekriterien mit Hilfe von Versuchen gut durch Approximationsfunktionen anzunähern, ist die Wahl der Ansatzfunktion von großer Bedeutung.
Üblich und bekannt sind Ansatzfunktionen, die sich aus trigonometrischen Funktionen, aus Exponentialfunktionen bzw. aus Polynomen zusammensetzen.
Bei der Auswahl der Ansatzfunktionen sind drei Punkte zu beachten:

1. Die Ansatzfunktion soll dem Charakter des Gütekriteriums entsprechen. So werden Schwingungsprobleme naturgemäß günstig durch trigonometrische Funktionen approximiert. Im allgemeinen wird es aber schwierig sein, solche Aussagen im voraus zu besitzen.
2. Da die erhaltenen Approximationsfunktionen zur Optimierung weiter verwendet werden sollen, müssen sie aus numerisch gut zu behandelnden Funktionsklassen stammen.
3. Die Berechnung der unbekannten Koeffizienten ist mit einem hohen Aufwand an Versuchen verbunden. Die Ansatzfunktionen müssen also so gewählt werden, daß sich der Versuchsaufwand in vertretbaren Grenzen hält.

Ist der Funktionsaufbau zu einfach, so werden viele Probleme nur grob approximiert. Andererseits sind komplizierte Approximationsfunktionen unhandlich und oft nur für Spezialfälle zweckmäßig einzusetzen. Der günstigste Kompromiß liegt zwischen diesen Extrema.
In der vorliegenden Problemstellung läßt sich über Punkt 1 meist keine Aussage machen. Es ist deshalb in Anbetracht der Punkte 2 und 3 zu empfehlen, Polynome als Modellfunktionen zur Beschreibung der Objekte zu wählen.
Vorteilhaft ist ein Funktionsaufbau, der, ausgehend von einer einfachen Form, Schritt für Schritt erweitert werden kann, wenn es die Genauigkeit der Beschreibung verlangt. Solch eine Funktion ist im Bild 6 angegeben.

$$Q^{(j)} = b_0^{(j)} + \sum_{i=1}^{k} b_i^{(j)} x_i + \sum_{i=1}^{k-1} \sum_{\vartheta=i+1}^{k} b_i^{(j)} x_i x_\vartheta + \sum_{i=1}^{k} b_{ii}^{(j)} x_i^2 , \qquad j = 1, \ldots, l$$

Güte-kriterien	konstante Glieder	lineare Glieder	Wechselwirkungs-glieder	quadratische Glieder

Bild 6. Verallgemeinerte Beschreibungsfunktion

Sie enthält ein konstantes Glied, das den Mittelpunkt (Arbeitspunkt, Nullentwurf) im Koeffizienten b_0 ausdrückt. Dort sind alle $x_i = 0$. Die linearen Glieder spannen einen k-dimensionalen Raum auf. Ist die Adäquatheit dieser Beschreibung nach Prüfung mit statistischen Tests nicht ausreichend, so können die Wechselwirkungsglieder der Koeffizienten untereinander hinzugenommen werden. Damit wird das Modell nichtlinear. Ist diese Erweiterung unzureichend, so sollten letztlich noch quadratische Glieder hinzugenommen werden.
Selbstverständlich sind auch Polynome höheren als zweiten Grades möglich, nur steigt dann der numerische Aufwand und die Anzahl der dazu notwendigen Versuche zur Bestimmung der unbekannten Koeffizienten sehr stark an.
Dieses gewählte Funktionsmodell wird als verallgemeinerte Beschreibungsfunktion für die Beschreibung und Optimierung technischer Produkte und Prozesse eingesetzt. Für Belange der Praxis ist sie in den meisten Fällen völlig ausreichend.
Ihr unter mathematischen und praktischen Gesichtspunkten gewählter Aufbau garantiert, daß

Objekte unterschiedlichster Fachrichtungen auf sie abgebildet werden können. Damit ist eine allgemeine fachinvariante Behandlung der Optimierungsproblematik und die Bereitstellung von Unterlagen für die Anwendung bei der täglichen Arbeit möglich (Tafel 3).

Tafel 3. Gütekriterien $Q^{(j)}$ und Einflußfaktoren X_i in verschiedenen Fachgebieten

Fachgebiet	Gütekriterien $Q^{(j)}$	Einflußfaktoren X_i
Schaltungstechnik	Stabilität, Verstärkung, Rauschfaktor, Leistung, Schaltzeiten, Kosten, Grenzfrequenz, Drift, Klirrfaktor	Widerstände, Kapazitäten, Arbeitspunkte, Aussteuerungen, Temperatur, Lichtstärke, Windungszahl, Batteriespannung, magnetische Durchflutung, Abstände
Elektroniktechnologie	Ausbeute, Kosten, Reproduzierbarkeit, Oberflächengüte, Materialhomogenität, Zuverlässigkeit, Dichtigkeit, Haftfestigkeit	Bearbeitungszeiten, Behandlungstemperaturen, Arbeitsdruck, Materialanteil, Durchflußgeschwindigkeiten
Bauelemente- und Geräte-Konstruktion	Grenzfrequenz, Ausfallrate, Verlustleistung, Stabilität, Überlastgrenze, Beschleunigungsgrenze, Kosten, Steilheit, Rauschfaktor	geometrische Abmaße, Störstellendichte, Anzahl der Zwischenverbindungen, Abstände zwischen Bauelementen
Werkstofftechnik	Verlustwinkel, Koerzitivkraft, Porigkeit, Störstellendichte, Absorptionskoeffizient, Kosten, Güteklassenanteile	Mischungsanteile, Lösungsmittelkonzentrationen, Temperatur, Bearbeitungszeit
Maschinenbau	Schlupf, Standzeit, Stückzahl, Leistung, Kosten, Genauigkeit, Oberflächengüte, Spanvolumen, Fertigungszeit, Energieeinsparung	Anpreßkraft, Bearbeitungszeit, Federdruck, Schnittwinkel, Werkzeugvorschub, Kühlflüssigkeitsmenge, Schnittgeschwindigkeit, Vorschub
Bauwesen	Festigkeit, Dichte, Wärmedämmung, Schalldämmung, Kosten	Mischungsanteile, Abmaße, Bearbeitungszeiten, Lagerzeiten
Physik	Meßfehler, Materialkenngrößen	Variable der magnetischen, elektrischen, elektromagnetischen, thermischen, mechanischen, optischen, akustischen u.a. Felder
Chemie	Reaktionsgeschwindigkeit, Ausbeute, Festigkeit, Dehnbarkeit, Kosten, Katalysatoraktivität, Reinheit	Temperatur, Zeit, Druck, Mischungsanteile, Strömungsgeschwindigkeit
Biologie	Wachstumsgeschwindigkeit, Hektarertrag, Gewichtszunahme, Kosten, Resistenz	Düngemittelmenge, Wasserzufuhr, Lichtmenge, Bodenbearbeitungszeiten und -qualitäten
Medizin	Blutdruck, Pulsfrequenz, Blutsenkungsgeschwindigkeit, Leistungsfähigkeit, Genesungszeiten	Trainingszeit, Arzneidosen, Umgebungstemperatur, Alkoholmenge, Behandlungsdauer, Kalorienzufuhr

6. Experimentelle Koeffizientenbestimmung

Die Bestimmung der Koeffizienten der verallgemeinerten Beschreibungsfunktion kann experimentell erfolgen. Zur Verarbeitung der in der Praxis auftretenden Streuungen ist der Einsatz der Regressionsanalyse zweckmäßig. Dabei sind zwei prinzipielle Wege gangbar:

1. allgemeine Regressionsanalyse (passive Experimente)
2. Regressionsanalyse unter Optimalitätsbedingungen (aktive Experimente).

Die allgemeine Regressionsanalyse benutzt zur Bestimmung der Koeffizienten der Regressionsgleichung die Gaußsche Methode der Fehlerquadratminimierung. Am Beispiel einer linearen Regressionsfunktion der Form $Q = b_0x_0 + b_1x_1 + b_2x_2$; $x_0 \equiv 1$ wird gezeigt, in welcher Weise eine Koeffizientenbestimmung möglich ist.
Meßwerte Q_r werden jeweils mit der obigen Approximationsfunktion verglichen und die Koeffizienten so bestimmt, daß die Summe aller Abweichungsquadrate ein Minimum wird. Das ist die Gaußsche Forderung

$$Q = \sum_{r=1}^{N} (Q_r - \hat{Q}_r)^2 = \sum_{r=1}^{N} (Q_r - (b_0x_{0r} + b_1x_{1r} + b_2x_{2r}))^2 \longrightarrow \min$$

$$\frac{dQ}{db_0} = 0 = \sum_{r=1}^{N} (Q_r - (b_0x_{0r} + b_1x_{1r} + b_2x_{2r})(- x_{0r}))$$

$$\frac{dQ}{db_1} = 0 = \sum_{r=1}^{N} (Q_r - (b_0x_{0r} + b_1x_{1r} + b_2x_{2r})(- x_{1r}))$$

$$\frac{dQ}{db_2} = 0 = \sum_{r=1}^{N} (Q_r - (b_0x_{0r} + b_1x_{1r} + b_2x_{2r})(- x_{2r}))$$

Geordnet ergibt sich daraus das Normalgleichungssystem

$$\sum_{r=1}^{N} b_0x_{0r}^2 + \sum_{r=1}^{N} b_1x_{1r}x_{0r} + \sum_{r=1}^{N} b_1x_{2r}x_{0r} = \sum_{r=1}^{N} x_{0r}Q_r$$

$$\sum_{r=1}^{N} b_0x_{0r}x_{1r} + \sum_{r=1}^{N} b_1x_{1r}^2 + \sum_{r=1}^{N} b_2x_{1r}x_{2r} = \sum_{r=1}^{N} x_{1r}Q_r$$

$$\sum_{r=1}^{N} b_0x_{0r}x_{2r} + \sum_{r=1}^{N} b_1x_{1r}x_{2r} + \sum_{r=1}^{N} b_2x_{2r}^2 = \sum_{r=1}^{N} x_{2r}Q_r \ .$$

In Matrixform geschrieben haben die Normalgleichungen das Aussehen

$$(\underline{X}^T \underline{X})\, \underline{B} = \underline{X}^T \underline{Q} \ .$$

Hieraus ist der Koeffizientenvektor $\underline{B}$ zu bestimmen:

$$\underline{B} = (\underline{X}^T \underline{X})^{-1} \underline{X}^T \underline{Q} \ ;$$

$(\underline{X}^T \underline{X})$ Fishersche Informationsmatrix, $(\underline{X}^T \underline{X})^{-1}$ Präzisionsmatrix.

Für den nichtlinearen quadratischen Regressionsansatz ist das Vorgehen analog, wenn geeignete Transformationen vorgenommen werden. Die Regressionsanalyse unter Einhaltung von Optimalitätsbedingungen benutzt neben der Gaußschen Minimalforderung Versuchspläne, nach denen die Koeffizienten der Beschreibungsfunktion unter Ausnutzung bestimmter optimaler Bedingungen, wie Genauigkeit, Zeitaufwand, Anzahl der Versuche usw., ermittelt werden können. Wenn solche vorteilhaften Eigenschaften ausgenutzt werden sollen, bedarf es der bewußten Realisierung vorgeschriebener Versuchsniveaus für die Einflußfaktoren. Solche Experimente werden aktiv genannt. Eingesetzt werden Versuchspläne nach folgenden Optimalitätskriterien:

- A-Optimalität; Minimierung der mittleren Halbachsenlänge des Streuungsellipsoids
- C-Optimalität; Minimierung der Streuung bestimmter Koeffizienten
- D-Optimalität; Minimierung des Volumens des Streuungsellipsoids
- E-Optimalität; Minimierung der größten Halbachse des Streuungsellipsoids
- G-Optimalität; Minimierung des maximalen Wertes der Streuung
- I-Optimalität; Minimierung einer mittleren gewichteten Streuung
- S-Optimalität; Maximierung des Informationsgewinns.

Die Theorie der geplanten aktiven Experimente geht davon aus, daß es möglich ist, die Variablen x_{ir} auf vorher festgelegte Werte einzustellen, die den Bedingungen

$$\sum_{r=1}^{N} x_{ir}^2 = N, \quad \sum_{r=1}^{N} x_{ir} = 0, \quad \sum_{r=1}^{N} x_{ir}x_{\vartheta r} = 0; \qquad i \neq \vartheta$$

genügen. Dabei stellt die erste Gleichung eine Normierung dar. Die beiden letzten sind identisch mit der Forderung nach Orthogonalität. Können diese Bedingungen eingehalten werden, so erhält das Normalgleichungssystem bei k = 2 folgende Form:

$$\begin{aligned}
\sum_{r=1}^{N} b_0 x_{0r}^2 + 0 + 0 &= \sum_{r=1}^{N} x_{0r} Q_r \\
0 + \sum_{r=1}^{N} b_1 x_{1r}^2 + 0 &= \sum_{r=1}^{N} x_{1r} Q_r \\
0 + 0 + \sum_{r=1}^{N} b_2 x_{2r}^2 &= \sum_{r=1}^{N} x_{2r} Q_r .
\end{aligned}$$

Die Bestimmung der Koeffizienten daraus ist einfach:

$$b_0 = \frac{\sum_{r=1}^{N} x_{0r} Q_r}{\sum_{r=1}^{N} x_{0r}^2} = \frac{\sum_{r=1}^{N} Q_r}{N} = \overline{Q}$$

$$b_1 = \frac{\sum_{r=1}^{N} x_{1r} Q_r}{\sum_{r=1}^{N} x_{ir}^2} = \frac{\sum_{r=1}^{N} x_{1r} Q_r}{N}$$

$$b_2 = \frac{\sum_{r=1}^{N} x_{2r} Q_r}{\sum_{r=1}^{N} x_{ir}^2} = \frac{\sum_{r=1}^{N} x_{2r} Q_r}{N} .$$

Die Dispersion des Mittelwerts $\overline{Q}$ ist unter der Voraussetzung, daß alle Streuungen σ_r gleich sind, dabei minimal geworden.

$$\sigma^2\left\{\overline{Q}\right\} = \sigma^2\left\{\frac{\sum_{r=1}^{N} Q_r}{N}\right\} = \frac{1}{N^2}\sigma^2\left\{\sum_{r=1}^{N} Q_r\right\} = \frac{1}{N^2}\left[\sum_{r=1}^{N}\sigma^2\left\{Q_r\right\}\right] = \frac{1}{N^2}\left[N\sigma^2\left\{Q_r\right\}\right] = \frac{\sigma^2\left\{Q_r\right\}}{N}$$

Sie ist um die Anzahl N der Versuche geringer als bei der Messung eines einzigen Wertes des Gütekriteriums Q_r (Dispersion σ_r^2 gleichförmig). Die Dispersion der Koeffizienten wird minimal; denn es ist

$$\sigma^2\left\{b_i\right\} = \frac{\sigma^2}{\sum_{r=1}^{N} x_{ir}^2 - \frac{1}{N}\left(\sum_{r=1}^{N} x_{ir}\right)^2} = \frac{\sigma^2}{N},$$

wenn durch die Orthogonalität $\sum_{r=1}^{N} x_{ir} = 0$ wird und die Normierung $\sum_{r=1}^{N} x_{ir}^2 = N$ zugrunde liegt. σ^2 ist die Dispersion der Versuchsdurchführung.

Orthogonale Versuchspläne erlauben nun, die hier aufgestellten Bedingungen zu realisieren. Wenn die Werte x_{ir} nach diesen Plänen bewußt eingestellt werden, steht damit eine aktive Experimentiertechnik zur Verfügung, die die Vorteile der einfachen und genauen Koeffizientenbestimmung auszunutzen gestattet.

Bei der Durchführung der Versuche ist darauf zu achten, daß ihre Reihenfolge möglichst nach dem statistischen Zufall vorzunehmen ist, damit systematische Fehler, die bei einer festgelegten Reihenfolge leicht auftreten können, vermieden werden.

Außerdem kann die Gleichförmigkeit der Dispersionen geprüft werden, um die angegebenen statistischen Aussagen auch übernehmen zu können. Geprüft wird nach dem Kriterium von Cochran.

$$G = \frac{s_{r\,max}^2}{\sum_{r=1}^{N} s_r^2} < G_{\alpha, m-1, N}$$

Die Anzahl der Parallelversuche m ist möglichst für alle Versuche r = 1, ..., N konstant zu lassen, um komplizierte, gewichtete Berechnungen zu umgehen. Dabei ist zu beachten, daß zur Ermittlung von Dispersionen die Anzahl der Parallelversuche $m \geqq 2$ sein muß. Allgemein sollte die Anzahl der Parallelversuche m möglichst groß sein, um ausreichende statistische Sicherheiten angeben zu können.

Die orthogonalen linearen Pläne können erweitert werden mit Versuchen für Glieder höherer Ordnung. Diese sog. komponierten Pläne sind so konstruiert, daß zunächst lineare, dann Wechselwirkungs- und schließlich quadratische Glieder aufbauend aufeinander bestimmt werden können. Damit ist eine schrittweise Verbesserung der Güte der mathematischen Beschreibung möglich.

In diesem Buch werden mehrere Wege zur Berechnung der Koeffizienten beschritten.

- Benutzung von optimalen Plänen nach Tafel A für k = 1, ..., 10 mit teilweiser Angabe der Gleichungen zur manuellen Koeffizientenberechnung.
- Benutzung von optimalen Plänen nach Tafel A und Koeffizientenberechnung mit einem allgemeinen Rechnerprogramm (Tafel B).
- Keine Benutzung von Versuchsplänen (passive Experimente), beliebige Entnahme von Meßdaten und Koeffizientenberechnung ohne Optimalitätseigenschaften mit dem allgemeinen Rechnerprogramm nach Tafel B.

Mit der beschriebenen Verfahrensweise können unterschiedlichste Gegebenheiten der Praxis verarbeitet werden. Versehentliche Verletzung von optimalen Einstellungen für die Einflußfaktoren x_{ir} gemäß Plan, Unmöglichkeit der Realisierung eines Wertes aus physikalischen, chemischen, ökonomischen oder sonstigen Gründen, fehlerbehaftete Einstellungen oder Aus-

Tafel 4. Statistische Maßzahlen und Berechnungsformeln für die Objektbeschreibung mit der verallgemeinerten Beschreibungsfunktion

Allgemeine Koeffizientenberechnung $\underline{B} = (\underline{X}^T\underline{X})^{-1}\,\underline{X}^T\,\underline{Q}$

Präzisionsmatrix

$(\underline{X}^T\underline{X})^{-1} = \underline{C}$

Koeffizientenvektor

$$\underline{B}^T = \begin{pmatrix} b_1 \\ \vdots \\ b_k \\ b_{12} \\ \vdots \\ b_{k-1k} \\ b_{11} \\ \vdots \\ b_{kk} \end{pmatrix}$$

Gütekriterium

$$\underline{Q} = \begin{pmatrix} Q_1 \\ \vdots \\ \\ \vdots \\ Q_r \end{pmatrix}$$

Versuchsplanmatrix der Einflußfaktoren

$$\underline{X} = \begin{pmatrix} x_{11} & \cdots & x_{k1} \\ \vdots & & \vdots \\ x_{1N} & \cdots & x_{kN} \end{pmatrix}$$

Streuungen

Kovarianz

$\mathrm{cov}\{\underline{B}\} = \underline{C}\,\sigma^2$

Korrelation zwischen b_i und b_ϑ

$$\varrho^2_{i\vartheta} = \frac{c^2_{i\vartheta}}{c_{ii}c_{\vartheta\vartheta}}$$

Koeffizientenstreuung

$\sigma^2\{b_i\} = c_{ii}\sigma^2$

- σ theoretische Versuchsstreuung
- b_i allgemeiner Koeffizient
- c_{ii} Elemente der Hauptdiagonale der Matrix $\underline{C}$
- $f(x)$ Vektor der Modellfunktionen $f_i(x)$

Gütekriteriumstreuung

$\sigma^2\{\underline{Q}\} = f^T(x)\cdot\underline{C}\cdot f(x)\sigma^2$

- $r = 1, \ldots, N$ Versuchsanzahl
- $i = 1, \ldots, k$ Einflußfaktoranzahl
- q Koeffizientenanzahl

$$\sigma^2\{Q\} = \left[\sigma^2\{b_0\}\right] + \left[x_1^2\sigma^2\{b_1\} + \ldots + x_k^2\sigma^2\{b_k\}\right] + \left[x_1^4\sigma^2\{b_{11}\} + \ldots + x_k^4\sigma^2\{b_{kk}\}\right]$$
$$+ \left[x_1^2x_2^2\sigma^2\{b_{12}\} + \ldots + x_{k-1}^2x_k^2\sigma^2\{b_{k-1k}\}\right] + \left[2x_1^2\,\mathrm{cov}\{b_0b_{11}\} + \ldots 2x_k^2\,\mathrm{cov}\{b_0b_{kk}\}\right]$$

Modelladäquatheit $F < F_{\alpha,f1,f2}$ dann Modell adäquat

Testgröße

$$F = \frac{S_D}{S_e}\cdot\frac{f_2}{f_1} = \frac{s_D^2}{s_e^2}$$

Defektquadratsumme

$$S_D = mS_R, \quad S_R = \sum_{r=1}^{N}(\hat{Q}_r - Q_r)^2, \quad f_1 = N - q,$$

m Parallelversuche

Fehlerquadratsumme

$$S_e = \sum_{r=1}^{N}\sum_{v=1}^{m}(Q_{rv} - Q_r)^2, \quad f_2 = mN - N,$$

Dispersion der Approximation

$$s_D^2 = \frac{S_D}{f_1} = \frac{m}{N-q}\sum_{r=1}^{N}(Q_r - \hat{Q}_r)^2$$

empirische Versuchsstreuung

$$s^2\{Q\} = s^2 = s_e^2 = \frac{S_e}{f_2} = \frac{1}{N}\sum_{r=1}^{N}s_r^2$$

Dispersion im Versuchspunkt

$$s_r^2 = \frac{1}{m-1}\sum_{v=1}^{m}(Q_{rv} - Q_r)^2$$

Tafel 4 (Fortsetzung von Seite 29)

Konfidenzintervalle für Koeffizienten

Modell adäquat, Versuchsstreuung σ bekannt

$\Delta b_i < \sqrt{c_{ii}} \cdot \varepsilon \cdot \sigma$, ε normalverteilt, $\Phi(\varepsilon) = \frac{P}{2}$

Modell adäquat, Versuchsstreuung σ nicht bekannt

$\Delta b_i < \sqrt{c_{ii}} \cdot \varepsilon \cdot s$, ε studentverteilt, $f = mN - N$

Modell adäquat, Versuchsstreuung σ nicht bekannt

$\Delta b_i < \sqrt{c_{ii}} \cdot \varepsilon \cdot s$, ε chiquadratverteilt, $f = N - q$

Signifikanztest für Koeffizienten

$b_i > t_{\alpha,f} \sqrt{c_{ii}}\, s$, $t_{\alpha,f}$ Wert der Studentverteilung, $f = N - q$

Vollständige oder Teilfaktorpläne, Plackett-Burman-Pläne

$$b_i = \frac{1}{N}\sum_{r=1}^{N} x_{ir} Q_r \qquad s\{b_i\} = s\{b_{i\vartheta}\} = \frac{1}{\sqrt{N}}\, s \qquad \Delta b_i = \frac{t_{\alpha,f}}{\sqrt{N}}\, s, \qquad f = (m-1)\,N$$

$$b_{i\vartheta} = \frac{1}{N}\sum_{r=1}^{N} x_{ir} x_{\vartheta r} Q_r$$

nur lineare Glieder: drehbar
für Wechselwirkungsglieder: nicht drehbar

1. Modelladäquatheit mit Nullversuch

$t > t_{\alpha,f}$ Annahme, $f = mN + n_0 - 2$

$$t = \frac{\left|\bar{Q} - Q_0\right|}{\sqrt{\frac{mN + n_0}{mn_0 N} \cdot \frac{(mN-1)\,s^2 + (n_0 - 1)\,s_0^2}{mN + n_0 - 2}}}$$

2. Signifikanz der Koeffizienten, wenn $b_i,\ b_{i\vartheta} > \frac{t_{\alpha,f}}{\sqrt{N}}\, s$, $f = N - q$ oder

bei v fiktiven Einflußfaktoren $b_i > \sqrt{\frac{\sum_v b_v^2}{N-q}} \cdot t_{\alpha,f}$, $f = N - q$

empirische Versuchsstreuung s bei v fiktiven Einflußfaktoren $s = \sqrt{\frac{N \sum_v b_v^2}{N-q}}$

Zentralzusammengesetzte orthogonale Pläne

$$b_0 = \frac{1}{N}\sum_{r=1}^{N} Q_r - \beta \sum_{i=1}^{k} b_{ii} \qquad \beta = \frac{1}{N}\left(2^{k-p} + \alpha^2\right) = \frac{1}{N}\sum_{r=1}^{N} x_{ir}^2$$

$$b_i = c_1 \sum_{r=1}^{N} x_{ir} Q_r \qquad \alpha = \sqrt{2^{\frac{k-p}{2}}\left(\sqrt{N} - 2^{\frac{k-p}{2}}\right)}$$

$$b_{i\vartheta} = c_3 \sum_{r=1}^{N} x_{ir} x_{\vartheta r} Q_r$$

p Teilfaktorplan, k Anzahl der Einflußfaktoren

$$b_{ii} = c_2 \sum_{r=1}^{N} x_{ir}^2 Q_r$$

Tafel 4 (Fortsetzung von Seite 30)

$$s\{b_0\} = \sqrt{c_0 + k\beta^2 c_2}\, s$$

$$s\{b_i\} = \sqrt{c_1}\, s$$

$$s\{b_{i\vartheta}\} = \sqrt{c_3}\, s$$

$$s\{b_{ii}\} = \sqrt{c_2}\, s$$

k	2^{k-p}	N	α	β	c_0	c_1	c_2	c_3
2	2^2	9	1,000	0,667	0,1111	0,1667	0,5000	0,2500
3	2^3	15	1,215	0,730	0,0667	0,0913	0,2298	0,1250
4	2^4	25	1,414	0,800	0,0400	0,0500	0,1250	0,0625
5	2^{5-1}	27	1,547	0,770	0,0370	0,0481	0,0871	0,0625
6	2^{6-1}	45	1,722	0,843	0,0222	0,0264	0,0564	0,0313
7	2^{7-1}	79	1,885	0,900	0,0127	0,0141	0,0389	0,0156

Zentralzusammengesetzte drehbare Pläne

$$b_0 = \frac{A}{N}\left[2\lambda_1(k+2)\sum_{r=1}^{N} Q_r - 2\lambda_1\lambda_2\sum_{i=1}^{k}\sum_{r=1}^{N} x_{ir}^2 Q_r\right] \qquad \lambda_1 = \frac{2^{k-p} N}{(2^{k-p} + 2\alpha^2)^2}$$

$$b_i = \frac{\lambda_2}{N}\sum_{r=1}^{N} x_{ir} Q_r \qquad \lambda_2 = \frac{N}{2^{k-p} + 2\alpha^2}$$

$$b_{i\vartheta} = \frac{\lambda_2^2}{N\lambda_1}\sum_{r=1}^{N} x_{ir} x_{\vartheta r} Q_r \qquad A = \frac{1}{2\lambda_1[(k+2)\lambda_1 - k]}$$

$$b_{ii} = \frac{A}{N}\left[(\lambda_1 k + 2\lambda_1 - k)\lambda_2^2 \sum_{r=1}^{N} x_{ir}^2 Q_r + \lambda_2^2(1-\lambda_1)\sum_{i=1}^{k}\sum_{r=1}^{N} x_{ir}^2 Q_r - 2\lambda_1\lambda_2\sum_{r=1}^{N} Q_r\right]$$

$$s\{b_0\} = \sqrt{2\frac{A}{N}\lambda_1^2(k+2)}\, s$$

$$s\{b_i\} = \sqrt{\frac{\lambda_2}{N}}\, s$$

$$s\{b_{i\vartheta}\} = \sqrt{\frac{\lambda_2}{\lambda_1 N}}\, s$$

$$s\{b_{ii}\} = \sqrt{\frac{\lambda_2^2 A}{N}\left[\lambda_1(k+1) - k + 1\right]}\, s\,.$$

fall von einzelnen Meßwerten für die Gütekriterien bzw. von Einstellungen der Einflußfaktoren werden damit aufgefangen. Die Koeffizientenberechnung ist in allen diesen Fällen dann nicht mehr entsprechend den vorgegebenen Kriterien optimal. Sie ist jedoch möglich und erfolgt nach dem Prinzip der Fehlerquadratminimierung von Gauß. Versuchspläne sind in Tafel A angegeben. Sie werden folgendermaßen eingesetzt:

Bestimmung linearer Koeffizienten b_i. Benutzt werden sog. Teilfaktor- oder vollständige Faktorpläne, die G-, D-, A- und E-optimal sind sowie Orthogonalitäts- und Drehbarkeitsforderungen erfüllen.
Mit der vorgeschriebenen Zahl r = N der Versuche und den einzustellenden Versuchspunkten x_{ir} werden Messungen des Gütekriteriums Q_r ausgeführt.
In den Plänen sind zur Vereinfachung $x_{ir} \equiv x_i$ und für ±1 einfach ± gesetzt worden. Bei m-facher Wiederholung aller Versuchspunkte wird neben dem Mittelwert Q_r im Versuch r die empirische Streuung s_r bestimmt. Die Koeffizientenberechnung kann von Hand oder durch das allgemeine Rechnerprogramm zur Koeffizientenermittlung erfolgen (Tafel B). Stellt sich nach Durchführung eines statistischen Tests nach Tafel 4 heraus, daß die Güte der Beschrei-

bung nicht ausreichend ist, so erfolgt mit zusätzlichen Experimenten unter Verwendung der bisherigen eine Ermittlung weiterer Glieder der verallgemeinerten Beschreibungsfunktion.

Bestimmung von Wechselwirkungskoeffizienten $b_{i\vartheta}$. Durch Hinzunahme eines weiteren Teilfaktorplans werden Wechselwirkungskoeffizienten bestimmt. Ihre Berechnung erfolgt wie in der Tafel A angegeben oder mit dem Rechnerprogramm nach Tafel B. Die Versuche wurden dazu fortlaufend numeriert. Der Versuch r = 0 dient der Prüfung der statistischen Glaubwürdigkeit (Tafel 4) und wird für die Koeffizientenberechnung zunächst nicht verwendet.

Bestimmung von quadratischen Koeffizienten b_{ii}. Quadratische Koeffizienten sind auf verschiedene Weise bestimmbar.

Erstens kann ein orthogonaler Versuchsplan benutzt werden. Er hat den Vorteil, daß die Koeffizienten außer b_0 unabhängig voneinander zu bestimmen sind. Bei Wegfall eines Koeffizienten werden die anderen davon nicht beeinflußt.

Zweitens ist ebenfalls bei Anschluß der Versuchsnumerierung an die Teilfaktorpläne zur Bestimmung der linearen und Wechselwirkungsglieder ein drehbarer Versuchsplan benutzbar. Die Streuung nimmt bei diesen Plänen nur in Abhängigkeit vom Nullpunktsabstand zu und ist für Punkte gleichen Abstands vom Zentrum gleich.

Drittens kann ein D-optimaler Plan eingesetzt werden. Dabei ist für k = 1, 2, 3, 4 ein Anschluß zu den vorhergehenden Plänen möglich gewesen, d.h., die Meßwerte aus den Plänen für lineare und Wechselwirkungskoeffizienten werden mitverwendet. Bei k = 5, 6 sind D-optimale Pläne angegeben, die nicht auf anderen Teilfaktorplänen aufbauen. Ihre Auswahl erfolgte unter dem Gesichtspunkt geringster Versuchsanzahl. Sie gestatten, alle Koeffizienten der verallgemeinerten Beschreibungsfunktion quasi-D-optimal, d.h. mit näherungsweise minimalem Volumen des Streuungsellipsoids, zu berechnen.

Berechnung aller Koeffizienten aus D-optimalen oder Rechtschaffnerplänen. Wenn von vornherein keine aufbauende Versuchsplanung erfolgen soll, sondern gleich von dem Vorhandensein der vollständigen verallgemeinerten Beschreibungsfunktion ausgegangen wird, so können die quasi-D-optimalen Pläne oder die Pläne von Rechtschaffner mit relativ guten statistischen Eigenschaften eingesetzt werden. Letztere benötigen bei q Koeffizienten q Versuche. Die Koeffizientenberechnung erfolgt mit dem Rechnerprogramm nach Tafel B.

Zur Ermittlung linearer Koeffizienten bei k = 7, 8, 9 und 10 Einflußfaktoren empfiehlt sich ein orthogonaler Teilfaktorplan, der durch Weglassen von Spalten aus einem k = 11-Plan der jeweils aktuellen Zahl von Einflußfaktoren angepaßt wird. Die Bestimmung von Wechselwirkungs- und quadratischen Gliedern würde in zentral komponierten Plänen einen zu großen Versuchsaufwand erfordern. Deshalb wird empfohlen, gleich einen Plan von Rechtschaffner einzusetzen.

Insgesamt sollten zur Koeffizientenberechnung durch das allgemeine Rechnerprogramm möglichst alle verfügbaren, d.h. auch aus anderen Plänen oder sonstigen Beobachtungen vorhandene Meßwerte benutzt werden. Das gilt sowohl für die aufeinander aufbauenden zentral komponierten Pläne als auch für andere selbständige Pläne und ohne Plan ermittelte Meßwerte der Gütekriterien.

Anwendungsbeispiel für k = 4

Lineare Koeffizienten für die Funktion $Q = b_0' + b_1'x_1 + b_2'x_2 + b_3'x_3 + b_4'x_4$ werden mit den Versuchen r = 1 bis r = 8 bestimmt. Der Versuchsplan ist G-, D-, E- und A-optimal. Außerdem besteht Drehbarkeit und Orthogonalität. Der Versuch r = 0 ist zunächst nicht notwendig. Er wird nur dann eingesetzt, wenn die Freiheitsgrade zur Bestimmung der statistischen Adäquatheit der Approximationsfunktion es erfordern. Wird die lineare Approximationsfunktion nicht mit ausreichender statistischer Sicherheit bestätigt, so können weitere Versuche von r = 9 bis r = 16 durchgeführt werden. Sie gestatten eine genauere Berechnung der linearen Koeffizienten und zusätzlich eine Bestimmung der Wechselwirkungsglieder. Dabei werden alle bisherigen Messungen von r = 1 bis r = 16 verwendet.

Bei der Hinzunahme der Wechselwirkungsglieder geht die Drehbarkeit des Planes verloren. Ist diese nun schon nichtlineare Funktion ebenfalls nicht adäquat, so kann die Einführung quadratischer Glieder erwogen werden. Die Bestimmung der quadratischen Koeffizienten ist erstens mit einem orthogonalen Plan möglich. Dazu werden die bisherigen Versuche r = 1 bis r = 16, der Nullversuch r = 0 und neue Versuche von r = 17 bis r = 24 mit α = 1,414 verwendet. Die quadratischen Glieder können aber auch z w e i t e n s mit einem drehbaren Plan bestimmt werden. Hier ist α = 2,000, und die Versuche r = 0 bis r = 16 sowie r = 17 bis r = 30 sind zur Berechnung eingesetzt. D r i t t e n s kann ein quasi-D-optimaler Plan zur Koeffizientenberechnung benutzt werden. Dann sind wieder alte Versuchswerte für r = 0, r = 1 bis r = 16 aus den vorher angegebenen Plänen und neue Versuche von r = 17 bis r = 24 erforderlich.

Soll gleich von vornherein eine Funktion mit linearen, quadratischen und Wechselwirkungsgliedern benutzt werden, so sind dafür zwei Pläne, und zwar ein gesättigter, quasi-D-optimaler sowie ein Plan von Rechtschaffner, zu empfehlen. Sie erfordern eine geringe Versuchsanzahl, die mit der Anzahl der zu bestimmenden Koeffizienten übereinstimmt.

Soll oder kann keiner der vorgeschlagenen, in verschiedener Weise optimalen Pläne eingesetzt werden, so sind beliebige Versuchseinstellungen verarbeitbar. Es muß nur garantiert sein, daß mindestens so viele unterschiedliche Versuche vorgenommen oder ausgewertet werden, wie Koeffizienten der Beschreibungsfunktion vorhanden sind. Die Werte x_{ir} können in diesem Fall auch Originalwerte sein, d.h., eine Normierung ist nicht erforderlich.

7. Standardisierte Optimierungsaufgaben

Wenn Analyse und Synthese als Vorgehensweisen in der Tätigkeit des Ingenieurs, Technikers oder Wissenschaftlers mit anderen Worten ausgedrückt werden sollte, so könnte folgendes Schema gelten:

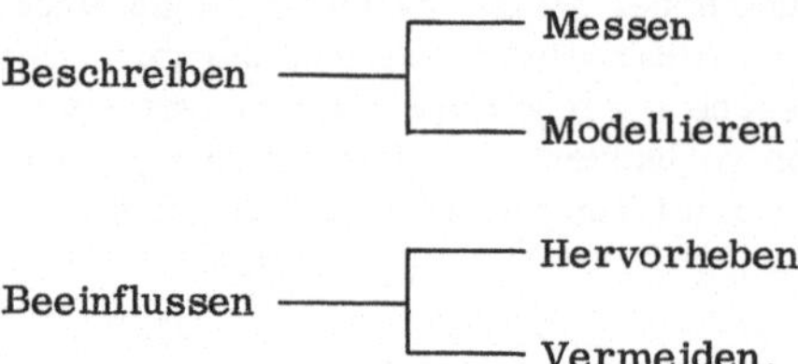

Mit Messen und Modellieren von Objekteigenschaften wird die Kenntnis vom Objekt zusammengefaßt bzw. in eine zweckmäßige Form gebracht. Aber nicht Beschreiben von Objekten ist das alleinige Ziel, sondern es soll damit etwas angefangen werden. Der Einsatz für Aufgaben der Praxis verlangt, daß einige Seiten des Objekts besonders hervortreten, andere wiederum sollen möglichst verschwinden. Die einzelnen Fachgebiete zeigen, welche Maßnahmen zu ergreifen sind, um eine Konstruktion besonders gut, eine Technologie beispielsweise besonders effektiv zu machen.

Beim System der verallgemeinerten Beschreibungsgleichungen ist eine Modellierung mit einer vom mathematischen Standpunkt ausgewählten Form vorgenommen worden. Die physikalischen, chemischen oder sonstigen Modellgleichungen unterscheiden sich zu ihr nur in der fachbezogenen Interpretation bzw. Sinnfälligkeit des Modells. Die Beschreibung ist aber genauso möglich, und - das ist ein nicht zu unterschätzender Vorteil - sie ist fachinvariant. Vorgehensweisen und Ergebnisse mit der verallgemeinerten Beschreibungsfunktion sind in anderen Fachgebieten anwendbar. Insbesondere kann die verallgemeinerte Beschreibungsfunktion benutzt werden, um eine Beeinflussung, ein Hervorheben oder Vermeiden von Eigen-

Tafel 5. Experimente- und rechnergestützter Optimierungsalgorithmus

- Nullentwurf

$$x_i = 0$$

- Experimentelle Koeffizientenbestimmung des Beschreibungssystems

$$Q^{(j)} = b_0^{(j)} + \sum_{i=1}^{k} b_i^{(j)} x_i + \sum_{i=1}^{k-1} \sum_{\vartheta=i+1}^{k} b_{i\vartheta}^{(j)} x_i x_\vartheta + \sum_{i=1}^{k} b_{ii}^{(j)} x_i^2, \qquad j = 1, \ldots, l$$

- Rechentechnische Lösung von Optimierungsaufgaben

$Q^{(1)} \longrightarrow \max\ (\min)$	$\min\limits_{j=1,\ldots,l} Q^{(j)} \longrightarrow \max$	$\sum\limits_{j=1}^{l} g_j Q^{(j)} \longrightarrow \max\ (\min)$	$\sum\limits_{j=1}^{l} (Q^{(j)}_{Ford} - Q^{(j)})^2 \longrightarrow \min$
$Q^{(j)}_{min} \leqq Q^{(j)} \leqq Q^{(j)}_{max}$			
$-\varrho_i \leqq x_i \leqq +\varphi_i$	$-\varrho_i \leqq x_i \leqq +\varphi_i$	$-\varrho_i \leqq x_i \leqq +\varphi_i$	$-\varrho_i \leqq x_i \leqq +\varphi_i$
$j = 2, \ldots, l$ $i = 1, \ldots, k$	$i = 1, \ldots, k$	$i = 1, \ldots, k$	$i = 1, \ldots, k$

schaften zu erkennen und auszuführen. Diese technische Zielstellung läßt sich mathematisch in Form von Optimierungsaufgaben formulieren. Ihre Lösung ist bei der heutigen Verbreitung von Rechenmaschinen zweckmäßigerweise mit diesen zu organisieren. Es ergeben sich folgende Schritte, die für eine solcherart praxisbezogene Optimierung notwendig sind (Tafel 5):

- Zunächst wird ein Nullentwurf als theoretisch bester Punkt bzw. Mittelpunkt des Untersuchungsgebiets bestimmt.
- Dann sind die Koeffizienten des verallgemeinerten Beschreibungssystems experimentell zu ermitteln. Zur Koeffizientenbestimmung eignen sich die angegebenen Pläne nach Tafel A. Die Universalität des Algorithmus gestattet, die Koeffizienten aber auch mit beliebigen anderen Plänen und Methoden zu ermitteln.

Insgesamt sind folgende Wege gangbar (Tafel 6):

- Fachspezifische Modelle werden durch die verallgemeinerten Beschreibungsfunktionen approximiert.
  Dazu müssen die Koeffizienten entweder aus den nichtlinearen Lösungsgleichungen oder aus einem Lösungsansatz mit den verallgemeinerten Beschreibungsfunktionen in den Ausgangsgleichungen des Modells (Differentialgleichungen usw.) gewonnen werden. Dies ergibt dann eine direkte methodische Kopplung fachspezifischer und mathematischer Modelle.
  Die Approximation bzw. Koeffizientenbestimmung kann nach üblichen Methoden oder unter Verwendung der optimalen Berechnungspunkte - die Versuchspunkte der experimentellen Pläne - erfolgen. Allerdings sind damit keine statistischen Aussagen zu gewinnen, da $m = 1$ ist.
- Fachspezifische Objekte werden geeignet modelliert.
  Dann werden deren Beschreibungsfunktionen, neu programmiert, in das allgemeine Rechnerprogramm (Tafel B, C, D) eingegeben.
- Fachspezifische Objekte werden durch die verallgemeinerten Beschreibungsfunktionen beschrieben, indem die Koeffizientenermittlung experimentell erfolgt. Dabei können die Meßpunkte nach beliebigen oder optimalen Plänen in das allgemeine Rechnerprogramm zur Koeffizientenermittlung (Tafel B) eingegeben werden.
- Fachspezifische Objekte werden durch beliebige, mathematisch begründete Beschreibungsfunktionen approximiert. Diese sind einer mathematischen Modelldiskrimination zu unterziehen, um die beste Approximation zu ermitteln. Sie sind neu zu programmieren und in das allgemeine Optimierungsprogramm (Tafel C) einzugeben.

- Nach Formulierung von Optimierungsaufgaben kann nun der Rechner die Struktur aufklären (Tafel C, D) bzw. optimale Punkte durch Suchverfahren ermitteln. In manchen Fällen gelingt eine analytische Aufgabenbehandlung.

Die in der Praxis vorkommenden Optimierungsprobleme sind dadurch gekennzeichnet, daß sie einen Kompromiß zwischen mehreren Zielen notwendig machen. Solch ein technischer Kompromiß kann nach verschiedenen Gesichtspunkten erfolgen.

Aufgabentyp I (Hierarchieproblem)
Diese Methode für die Optimierung geht von der Tatsache aus, daß für viele Produkte und Prozesse ein Gütekriterium als wichtigstes herausstellbar ist. So ist für einen rauscharmen Transistor die Rauschzahl interessanter als alle anderen Größen oder bei einem technologischen Prozeßschritt die Ausbeute entscheidend. Die übrigen Gütekriterien können als Mindest- oder Maximalforderungen formuliert werden. Da der experimentell untersuchte Bereich $-\alpha \leqq x_i \leqq +\alpha$ ist, ist damit eine Berandung für die Aufgabenlösung gegeben. Diese sollte nicht überschritten werden, da das darüber hinausgehende Gebiet experimentell nicht untersucht worden und demzufolge nicht bekannt ist. Mathematisch läßt sich dieser Aufgabentyp aufschreiben als

$$Q^{(1)} \longrightarrow \max \ (\min)$$

$$Q^{(j)}_{\min} \leqq Q^{(j)} \leqq Q^{(j)}_{\max}; \qquad j = 2, \ldots, l$$

$$-\varrho_i \leqq x_i \leqq +\varphi_i; \qquad i = 1, 2, \ldots, k \, .$$

Tafel 6. Zusammenhang und Vorgehensmöglichkeiten bei der Berechnung von Objekten und der rechentechnischen Aufklärung ihrer optimalen Strukturparameter

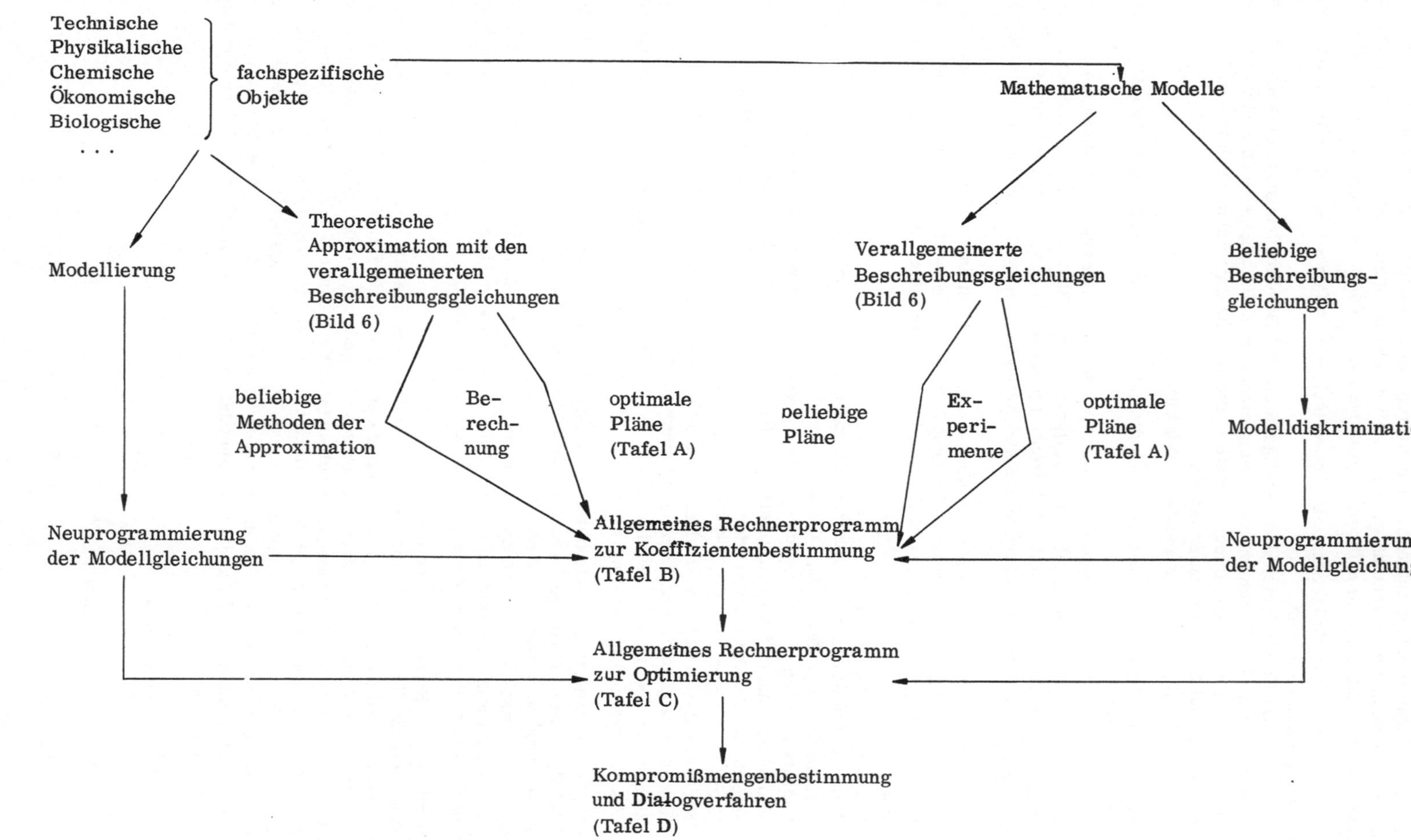

Aufgabentyp II (minimax)
Bei der Untersuchung der Lebensdauer können Aufgaben vom Minimax-Typ auftreten. Sind mehrere Gütekriterien $Q^{(1)}, \ldots, Q^{(l)}$ vorhanden, so mögen sie sich im Laufe der Zeit verändern $Q^{(j)}(t)$. Unter- oder überschreiten sie bestimmte Grenzwerte, so ist beim ersten Erreichen solch einer Grenze das Produkt oder der Prozeß außerhalb des zulässigen Arbeitsbereichs. Es muß also angestrebt werden, daß das Gütekriterium, das zuerst zum Ausfall führt, möglichst lange innerhalb des zulässigen Bereichs liegt. Werden die $Q^{(j)}$ als Abweichungen zu Idealkonstruktionen oder gewünschtem Verhalten aufgestellt und ausgemessen, so kann ein Konstruktionsziel sein, die maximalen Abweichungen minimal zu machen. So gibt es eine Reihe von technischen Aufgaben, die mathematisch auf ein Minimax-Problem führen.

$$Q = \min_{j=1,\ldots,l} Q^{(j)} \longrightarrow \max \qquad \text{oder} \qquad Q = \max_{j=1,\ldots,l} Q^{(j)} \longrightarrow \min$$

$$-\varrho_i \leqq x_i \leqq +\varphi_i; \qquad i = 1, 2, \ldots, k$$

Aufgabentyp III (linearer Kompromiß)
Bei Vorhandensein mehrerer Gütekriterien $Q^{(1)}, \ldots, Q^{(l)}$ läßt sich eine Beurteilung des Gesamtverhaltens auch durch eine Ersatzgröße, die die Gütekriterien in einer geeigneten Weise enthält, durchführen. Am einfachsten ist die lineare Summation zu einem übergeordneten Gütekriterium Q. Wird dabei noch eine geeignete Wichtung g_j vorgenommen, so ergibt dies

$$Q = \sum_{j=1}^{l} g_j \, Q^{(j)} .$$

Es stellt einen linearen Kompromiß dar. Die einzelnen Eigenschaften werden zu einer Gesamtbeurteilung zusammengefaßt und für eine Optimierung verwendet. Die Optimierungsaufgabe lautet dann:

$$Q = \sum_{j=1}^{l} g_j \, Q^{(j)} \longrightarrow \max \ (\min)$$

$$-\varrho_i \leqq x_i \leqq +\varphi_i; \qquad i = 1, \ldots, k .$$

Sie wird besonders dort mit Vorteil benutzt, wo es das Ziel aller Gütekriterien ist, Maximal- oder Minimalwerte anzunehmen. Dabei kann Einheitlichkeit der Zielstellung bei entgegengesetzt gerichteten Forderungen durch ein negatives Vorzeichen oder durch Reziprokwertbildung erzwungen werden.
Die Gewichtsfaktoren g_j sind im Sinne der Polyoptimierung Parameter, deren Variation über alle zulässigen Werte zur Menge der möglichen technischen Kompromisse, die bei mehreren Gütekriterien erforderlich werden, führen.

Aufgabentyp IV (Minimierung der Abweichungsquadrate)
Wenn jedes Gütekriterium $Q^{(j)}$ vorgeschriebene Werte erreichen soll, kann mit den Fehlerkriterien beurteilt werden, welche der im untersuchten Bereich möglichen Werte der Einflußfaktoren am besten die Wunschvorstellungen erfüllen.
Die Gaußsche Forderung nach Minimierung der Abweichungsquadrate, die die großen Differenzen zwischen den gewünschten $Q^{(j)}_{Ford}$ und den realisierbaren $Q^{(j)}$ besonders stark wertet, ist hierzu geeignet. Da außerdem noch eine zusätzliche Wichtung g_j möglich ist, kann es als zweckmäßiges Maß für die Gesamtgüte eines Produkts oder Prozesses angesehen werden.

$$Q = \sum_{j=1}^{l} g_j (Q^{(j)}_{Ford} - Q^{(j)})^2 \longrightarrow \min$$

$$-\varrho_i \leqq x_i \leqq +\varphi_i ; \qquad i = 1, \ldots, k$$

Die Lösung der vier Optimierungsaufgaben kann je nach Umfang und Möglichkeiten grafisch, analytisch oder rechentechnisch erfolgen. Bei k = 2 Einflußfaktoren empfiehlt sich oft eine grafische Lösung deshalb, weil durch Einzeichnen der Niveaulinien und Begrenzungen in ein zweidimensionales Diagramm das Optimum leicht aufzusuchen ist. Für den Aufgabentyp III kann die Anwendung der Theorie der Polyoptimierung zur Klärung optimaler Eigenschaften führen.

Zur Veranschaulichung der unterschiedlichen Qualitäten der vier Typen von Optimierungsaufgaben sind im Bild 7 Beispiele für den eindimensionalen Fall ($k = 1$) dargestellt. Das Optimum ist danach immer in Abhängigkeit von der mit dem Aufgabentyp definierten Kompromißsituation zu sehen.

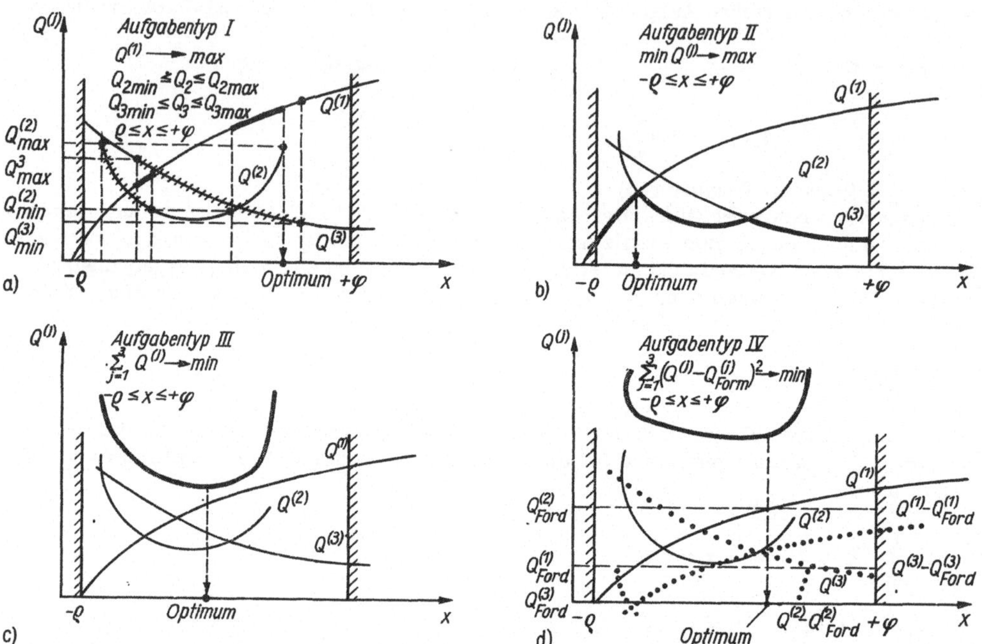

Bild 7. Abhängigkeit der Lage des Optimums von den Kompromißsituationen der einzelnen formulierten Aufgabentypen
a) Typ I; b) Typ II; c) Typ III; d) Typ IV

Bei der Optimumsuche kann es Schwierigkeiten durch die Existenz von relativen Maxima und nicht zusammenhängenden Nebenbedingungsgebieten geben (s. a. Bild 4). An zwei Beispielen sei dies näher erläutert.

Beispiel 1 (relative Maxima, Bild 8 a):

$$Q^{(1)} = 2x_1 - x_2 \longrightarrow \max, \qquad Q^{(2)} = x_1^2 - x_2^2 \geqq 1$$

$$-2 \leqq x_1 \leqq 2 \qquad -2 \leqq x_2 \leqq 2 .$$

Im Punkt $P(\sqrt{3}, 2)$ hat die Aufgabe ein relatives Maximum mit $Q^{(1)} = 2\sqrt{3} - 2 = 1{,}464$; im Punkt $P(2, -2)$ befindet sich das absolute mit $Q^{(1)} = 6$. Führt das Suchverfahren zum relativen Maximum, so würde ohne Kenntnis der genauen Struktur der Beschreibungsfunktion hier das Optimum angezeigt werden, obwohl es nur ein relatives ist. Es ist deshalb anzuraten, möglichst von verschiedenen Anfangspunkten aus die Suche nochmals zu beginnen.

Bei dieser Gelegenheit soll darauf hingewiesen werden, daß der Startpunkt für eine Optimumsuche am Rechner natürlich in den gegebenen Grenzen liegen muß. Er muß eine zulässige Lösung der Optimierungsaufgabe sein. Im allgemeinen kann davon ausgegangen werden, daß der Nullentwurf mit $x_i = 0$ eine zweckmäßige Startlösung ist. Das ist aber nicht immer der Fall. Dann muß durch probeweises Einsetzen intuitiv gewählter x_i-Werte eine beliebige zulässige Lösung der Optimierungsaufgabe ermittelt werden.

Beispiel 2 (nichtzusammenhängendes Nebenbedingungsgebiet, Bild 8 b):

$$Q^{(1)} = x_1 + x_2 \longrightarrow \max, \qquad Q^{(2)} = x_1^2 + x_2^2 \geqq 5$$

$$-2 \leqq x_1 \leqq 2 \qquad -2 \leqq x_2 \leqq 2 \,.$$

In dieser Aufgabe zerfällt der zulässige Bereich in vier Teilgebiete. Dabei sind die Punkte P_1, P_2, P_3, P_4, P_5 relative Maxima. Im Punkt P_5 wird das absolute Maximum erreicht. Es wird rechentechnisch ermittelt, wenn der Startpunkt für die Optimumsuche im schraffierten oberen Gebiet des ersten Quadranten gelegen hat.

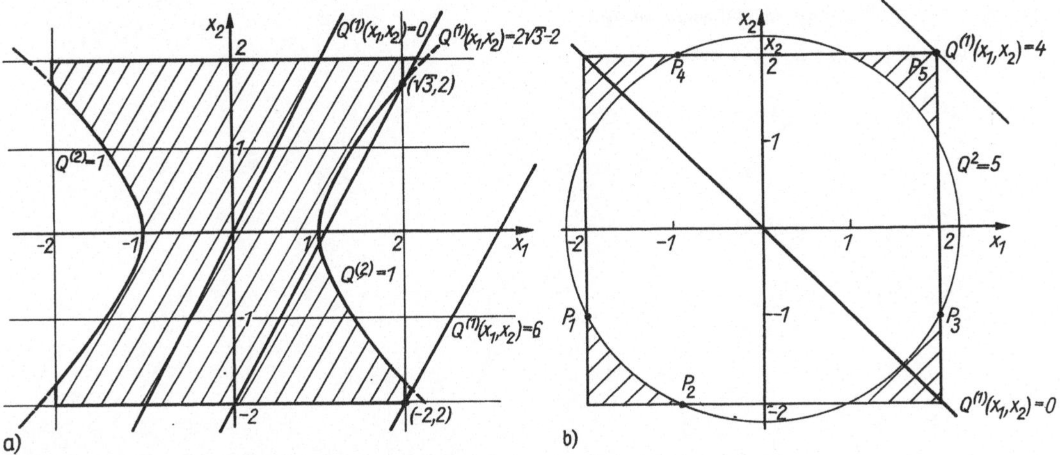

Bild 8. Zwei mögliche Formen des Suchgebiets, die relative Optima aufweisen
a) relative Maxima; b) nichtzusammenhängendes Nebenbedingungsgebiet

8. Kompromißmenge und Dialogverfahren

Die im Abschn. 7. beschriebenen Aufgabenstellungen waren durch l Gütekriterien $Q^{(j)}$; $j = 1, \ldots, l$ und k Einflußfaktoren x_i; $i = 1, \ldots, k$ gekennzeichnet.
Alle Gütekriterien sollen möglichst günstige Werte unter Einhaltung der Beschränkungen annehmen.. Bei der Modellformulierung kann u.a. angenommen werden, daß alle Gütekriterien zu maximieren sind. Sollten in der praktischen Aufgabenstellung einige Gütekriterien $Q^{(j)}$ minimiert werden, so ist das entsprechende negative Gütekriterium $-Q^{(j)}$ zu betrachten und zu maximieren.
Damit entsteht folgende Aufgabenstellung:

$$
\begin{array}{l}
Q^{(1)}(x_1, \ldots, x_k) \longrightarrow \max \\
Q^{(2)}(x_1, \ldots, x_k) \longrightarrow \max \\
\vdots \\
Q^{(l)}(x_1, \ldots, x_k) \longrightarrow \max \\
-\varrho_1 \leqq x_1 \leqq \varphi_1 \\
\vdots \\
-\varrho_k \leqq x_k \leqq \varphi_k .
\end{array}
$$

Dies ist eine klassische Aufgabe der Polyoptimierung mit einem k-dimensionalen Quader als zulässigen Bereich. Sie birgt damit auch alle die mit dieser Problematik verbundenen Schwierigkeiten in sich. Es sei nur auf folgende Eigenschaften, die sich aus der praktischen Aufgabenstellung auf das mathematische Modell übertragen, hingewiesen:

- Im allgemeinen haben die einzelnen Gütekriterien gegenläufigen Charakter, z.B. Kostenminimierung – Qualitätserhöhung. Es ist also nicht möglich, jedes Einzelziel getrennt wunschgerecht zu gestalten. Damit ist es notwendig, einen Kompromiß zwischen den einzelnen Zielen herzustellen.
- Liegen verschiedene Gütekriterien vor, so wird normalerweise auch eine Hierarchie, d.h. eine Ordnung der Gütekriterien nach ihrer Wichtigkeit, zwischen den einzelnen Zielen vorhanden sein. Diese Hierarchie anzugeben ist jedoch immer stark von der subjektiven Einstellung des Anwenders abhängig. Darüber hinaus kann sich diese Hierarchie in Abhängigkeit vom erreichten Stand der Gütekriterien ändern.
  Ist z.B. für ein elektronisches Bauelement die Lebensdauer als wichtigstes Gütekriterium festgelegt, so können, wenn es gelungen ist, die Lebensdauer auf eine völlig genügende Größenordnung zu bringen, andere Kriterien, z.B. die Verlustleistung oder das Rauschen, von vorrangiger Bedeutung werden.
- Um Lösungsmethoden für die Optimierungsaufgaben angeben zu können, ist es notwendig, gewisse Kompromißaufgaben zu formulieren. In diese Kompromißaufgaben geht dabei die subjektive Wertung der Gütekriterien durch den Anwender ein. Die sich durch die im Abschn. 7. formulierten Typen von Optimierungsaufgaben ergebenden Punkte stellen einen Teil der Kompromißmenge dar. Die Menge der Kompromisse selbst ist folgendermaßen definiert:
  Es sei X die Menge aller zulässigen Lösungen des vorgegebenen Problems, d.h.

$$X = \left\{ (x_1, \ldots, x_k) : -\varrho_i \leqq x_i \leqq \varphi_i ; \quad i = 1, 2, \ldots, k \right\} .$$

Dann ist die Menge aller effizienten Punkte X^0 (Kompromißmenge) folgendermaßen gekennzeichnet:

$$X^0 = \left\{ \underline{x}^0 \,\middle|\, \underline{x}^0 \in X \wedge \left[\nexists\, \underline{x} \in X\colon \quad Q^{(j)}(\underline{x}) \geqq Q^{(j)}(\underline{x}^0); \qquad \forall j = 1,\ 2,\ \ldots,\ k \right.\right.$$
$$\left.\left. \wedge \exists j_0 \text{ mit } Q^{(j_0)}(\underline{x}) > Q^{(j_0)}(\underline{x}^0) \right]\right\}.$$

In Worten: Ein Punkt $\underline{x}^0 \in X$ gehört genau dann zur Pareto-Menge, wenn kein Punkt aus dem zulässigen Bereich existiert, der in allen Gütekriterien nicht schlechter als der Punkt $\underline{x}^0$ ist und in wenigstens einem Gütekriterium besser als $\underline{x}^0$ ist.
Es ist also im Rahmen der gegebenen Beschränkungen nicht möglich, einen Wert der Kompromißmenge für ein Gütekriterium echt zu vergrößern und gleichzeitig für alle anderen nicht zu verkleinern. Zur Lösung, d.h. zum Aufsuchen der Kompromißmenge, kann die Ersatzfunktion

$$Q = \sum_{j=1}^{l} g_j\, Q^{(j)}(x_1,\ \ldots,\ x_k) \longrightarrow \max; \qquad g_j > 0$$

herangezogen werden. Die Strukturaufklärung erhält man über die Jakobi-Matrix mit dem Gleichungssystem

$$\frac{\partial Q}{\partial x_1} = g_1 \frac{\partial Q^{(1)}}{\partial x_1} + \ldots + g_l \frac{\partial Q^{(l)}}{\partial x_1} = 0$$
$$\vdots$$
$$\frac{\partial Q}{\partial x_k} = g_1 \frac{\partial Q^{(1)}}{\partial x_k} + \ldots + g_l \frac{\partial Q^{(l)}}{\partial x_k} = 0$$
$$g_1 > 0, \quad g_2 > 0, \ \ldots, \ g_l > 0$$

und die Betrachtung der Werte der Gütekriterien auf der Berandung.
Die Untersuchung dieses Gleichungssystems ist nur dann erfolgversprechend, wenn die Gütekriterien sämtlich konkave oder lineare Funktionen der Einflußfaktoren x_i sind. Ansonsten treten Kompromißmengen auf, die aus nicht zusammenhängenden Teilmengen bestehen (Bilder 4 und 8). Dann sind die relativen Optima nicht auch zwangsläufig die absoluten. Ist dies nicht der Fall, hilft ein stochastisches Suchverfahren weiter, das als Voraussetzung nur die Stetigkeit der Beschreibungsfunktion erfordert. Das aber ist durch die in diesem Buch verwendeten verallgemeinerten Beschreibungsfunktionen (s. Abschn. 5.) erfüllt, so daß das stochastische Suchverfahren ein Mittel für die Bestimmung der Kompromißmenge ist. Im Abschnitt 9. wird ein entsprechendes Rechnerprogramm beschrieben, das in Tafel D angegeben ist.
Damit wird die Kompromißmenge für eine vorgegebene Formulierung einer Optimierungsaufgabe näherungsweise bestimmt.
In der Praxis tritt darüber hinaus, wie eingangs erläutert, der Wunsch auf, die Formulierung der Optimierungsaufgabe selber zu variieren, da in ihr ein guter Teil subjektiver Auffassung enthalten ist.
Es soll in ständigem Dialog mit dem Rechner geklärt werden, ob eine Änderung der Optimierungsaufgabe für die Praxis günstigere Kompromißsituationen erbringt als die allererste A-priori-Auffassung. Mit anderen Worten: Es wird die subjektiv günstigste, d.h. optimale Formulierung der Optimierungsaufgabe gesucht (ohne daß derzeit dies selbst als Optimierungsaufgabe formuliert ist). Es wird ein durch den Anwender mit dem Rechner gekoppeltes subjektives Suchen vollzogen, das das Entscheidungsrisiko bei der Anwendung der berechneten optimalen Punkte verringern hilft.
Nach Anwendung der Optimierungsrechnung und damit nach Kenntnis der optimalen Lösung bei Anwendung eines der vier Typen von Kompromißaufgaben (Optimierungsaufgaben) unter den festgelegten Voraussetzungen sollen weitere Aussagen gewonnen werden.

Dies betrifft insbesondere die Fälle, wo der Anwender seine Forderungen subjektiv und ohne große Erfahrungswerte von vornherein festgelegt hat und nach Abschluß der Optimierung mit der erhaltenen optimalen Lösung noch nicht zufrieden ist.
Es gilt dann, sich im Dialog zwischen Mensch und Maschine (Rechner) an den günstigsten Kompromiß heranzuarbeiten.
Die im nachfolgenden angegebenen Vorschläge sind nicht automatisch (d.h. allein vom Rechenautomaten) realisierbar, sondern bedürfen der gedanklichen und schöpferischen Mitarbeit des jeweiligen Anwenders.
Sie betreffen die vier gegebenen Aufgabentypen und können mit den angegebenen Programmen realisiert werden.

A. Aufgaben vom Typ I (Hierarchieaufgabe)

$$Q^{(1)} \longrightarrow \max$$

$$Q^{(j)}_{min} \leqq Q^{(j)} \leqq Q^{(j)}_{max}; \quad j = 2, \ldots, l$$

$$-\varrho_i \leqq x_i \leqq \varphi_i$$

Die optimale Lösung sei $(x_1^*, \ldots, x_k^*)$, der optimale Zielfunktionswert $Q^{(1)}_{opt} = Q^{(1)}(x_1^*, \ldots, x_k^*)$.

A 1. Veränderung des Nebenbedingungsgebiets
Erfüllt die optimale Lösung $(x_1^*, \ldots, x_k^*)$ noch nicht die an $Q^{(1)}$ gestellten Forderungen, so muß das Nebenbedingungsgebiet erweitert werden. Dies bedeutet, daß alle die Nebenbedingungen, die als Gleichheit erfüllt sind, in ihren oberen (bzw. unteren) Schranken vergrößert (bzw. verkleinert) werden müssen. Dabei ist zu beachten, daß die Veränderung der oberen bzw. unteren Schranke eines Gütekriteriums $Q^{(j)}_{max}$ bzw. $Q^{(j)}_{min}$ nur dann erfolgen sollte, wenn es technisch noch sinnvoll bzw. zulässig ist.

A 2. Veränderung der Hierarchie
Die Auswahl des dominierenden Gütekriteriums $Q^{(1)}$ ist oft weitgehendst subjektiv. Oft tritt auch der Fall auf, daß mehrere Gütekriterien gleich wichtig für die betrachtete Aufgabe sind. Außerdem kann sich die Wichtigkeit der einzelnen Kriterien in Abhängigkeit von ihrem Erfüllungsgrad ändern.

Ist der Wert eines Gütekriteriums (z.B. $Q^{(2)}$) im optimalen Punkt nicht zufriedenstellend, dann kann folgende veränderte Aufgabe betrachtet werden:

$$Q^{(2)}(x_1, \ldots, x_k) \longrightarrow \max\ (\min)$$

$$Q^{(1)}(x_1, \ldots, x_k) \geqq Q^{(1)}_{opt} - \beta_1$$

$$Q^{(j)}_{min} \leqq Q^{(j)}(x_1, \ldots, x_k) \leqq Q^{(j)}_{max}; \quad j = 3, 4, \ldots, l$$

$$-\varrho_i \leqq x_i \leqq \varphi_i; \quad i = 1, 2, \ldots, k.$$

Sie ist mit dem gleichen Lösungsalgorithmus (s. Abschn. 9., Tafel C, D) und dem Startpunkt $(x_1^*, \ldots, x_k^*)$ zu lösen.
Praktisch interpretiert heißt dies, daß vom bestmöglichen Wert $Q^{(1)}_{opt}$ (bei den angegebenen Forderungen) ein gewisser Teil (entspricht β_1) hergegeben wird, um das Gütekriterium $Q^{(2)}$ zu verbessern. Es ist dabei verständlich, daß i.allg. keine Verbesserung von $Q^{(2)}$ erwartet werden kann, wenn der Anwender nicht bereit ist, beim Gütekriterium $Q^{(1)}$ gewisse Abstriche zu machen. Darin zeigt sich deutlich der Charakter des anzustrebenden Kompromisses.
Wie groß dabei der Wert von β_1 gewählt wird, hängt vom Problem und dem erreichten Erfüllungsgrad von $Q^{(1)}$ ab. Das ist vom Anwender von Fall zu Fall neu zu entscheiden.
Selbstverständlich läßt sich diese Prozedur mehrfach und mit unterschiedlichen Gütekriterien wiederholen. Dadurch gelingt es, sich im Dialog zwischen Rechner und Anwender an den praktisch geeignetsten Kompromißpunkt heranzutasten.

Es soll noch erwähnt werden, daß es durchaus zweckmäßig sein kann, die unter A 1. und A 2. genannten Verfahrensweisen zu koppeln.

B. Aufgaben vom Typ III (linearer Kompromiß) und vom Typ IV (Minimierung der Abweichungsquadrate)

$$\sum_{j=1}^{l} g_j \, Q^{(j)}(x_1, \ldots, x_k) \longrightarrow \max$$

$$-\varrho_i \leqq x_i \leqq \varphi_i \, ; \quad i = 1, \ldots, k$$

bzw.

$$\sum_{j=1}^{l} g_j \, (Q^{(j)}_{Ford} - Q^{(j)}(x_1, \ldots, x_k))^2 \longrightarrow \min$$

$$-\varrho_i \leqq x_i \leqq \varphi_i \, ; \; i = 1, \ldots, k$$

Diese beiden Aufgabentypen, die insbesondere in der Polyoptimierung betrachtet werden, haben ihre besondere Schwierigkeit in der A-priori-Wahl der Gewichtsfaktoren g_j. Die erste Wahl der Gewichtsfaktoren erweist sich meist als nicht den gestellten Anforderungen genügend. Das äußert sich darin, daß die erhaltenen optimalen Lösungen der Praxis nicht gerecht werden: Einige der Gütekriterien sind überbewertet, andere unterbewertet.
Generell ist bei der Anwendung dieser Aufgabentypen zuerst eine Normierung der Gütekriterien auf eine gleiche Größenordnung zu empfehlen. Sollte dann die erste Wahl der g_j keine akzeptierbare optimale Lösung liefern, so können sie Schritt für Schritt verändert werden. In jedem Schritt ist die Rechnung jeweils neu zu beginnen. Dabei werden diejenigen Gewichtsfaktoren erhöht, deren Gütekriterien zu schlechte Werte geliefert haben bzw. die Gewichtsfaktoren von Gütekriterien, die über den Durchschnitt gut erfüllt sind, verringert.
Bei der Veränderung der Gewichtsfaktoren muß sehr vorsichtig vorgegangen werden, da eine zu starke Änderung eine vollständige Veränderung der vorliegenden Lösung hervorrufen kann. Die jeweils günstigste Strategie zur Änderung der Gewichtsfaktoren ist ein sehr kompliziertes Problem und kann praktisch in Abhängigkeit von der Aufgabenstellung nur durch Erfahrungswerte angenähert werden.
Abschließend soll noch bemerkt werden, daß für Aufgaben vom Typ II (Minimax-Aufgaben) kein Dialogverfahren sinnvoll angewendet werden kann, da die eingehenden Gütekriterien von vornherein echt miteinander vergleichbar sein müssen.
Für den Dialog kann folgendes algorithmisches Vorgehen konzipiert werden:

- Zu untersuchen ist, welche Änderungen der Gütekriterien zulässig bzw. in welcher Richtung Kompromisse möglich sind. Ausgangspunkt ist die erste erhaltene optimale Lösung.
- Veränderung der Optimierungsaufgabe und Neueingabe in den Rechner mit der ersten optimalen Lösung als Startpunkt.
- Darstellung der Ergebnisse auf Plotter, Oszillograph u. ä., evtl. nur Zuwachs und Verlust der einzelnen Gütekriterien aufzeichnen, so daß nach mehreren Iterationen auch der Gradient der Veränderung sichtbar wird.
- Entscheidung über die Weiterführung der Optimierung nach Konsultation mit den einzelnen Entscheidungsebenen des Betriebs oder der Institution.
- Wiederholung der Prozedur, bis ein geeigneter Kompromiß gefunden ist.

Ist nach einer der Kompromißaufgaben und evtl. durch Anwendung des Dialogverfahrens eine optimale Lösung $(x_1^*, \ldots, x_k^*)$ aufgesucht worden, so interessiert folgende Frage:
Wie verändern sich die Werte der Gütekriterien $Q^{(1)}, \ldots, Q^{(1)}$, wenn die optimale Lösung geringfügig verändert wird?
Das ist also eine Frage nach der Stabilität der enthaltenen Lösung.
Mit Hilfe der gewählten Approximationsfunktionen $Q^{(j)}(x_1, \ldots, x_k)$ kann dafür eine grobe Abschätzung gegeben werden. Sie ist deshalb grob, weil

erstens die Meßfehler bei der Berechnung der Koeffizienten der Approximationsfunktion mit eingehen
zweitens die verallgemeinerte Beschreibungsfunktion einen Approximationsfehler zum realen Objekt aufweist.

Im allgemeinen ist die tatsächliche Abweichung kleiner als die Abschätzung.
Betrachtet wird das Gebiet

$$x_i^* - \Delta x_i \leq x_i^* \leq x_i^* + \Delta x_i^*$$

$$-\varrho_i \leq x_i \leq \varphi_i ; \quad i = 1; 2, \ldots, k .$$

Bei einer vorgegebenen Änderung Δx_i^* ändert sich der Wert des Gütekriteriums bei der optimalen Lösung $Q^{(j)}_{opt}(x_1^*, \ldots, x_k^*)$ maximal um den Betrag

$$\left| Q^{(j)}(x_1, \ldots, x_k) - Q^{(j)}_{opt}(x_1^*, \ldots, x_k^*) \right| = \Delta Q^{(j)}$$

$$\leq \sqrt{\left[\sum_{i=1}^{k} \frac{\partial Q^{(j)}_{opt}(x_1^*, \ldots, x_k^*)}{\partial x_i}^2\right]\left[\sum_{i=1}^{k} (\Delta x_i^*)^2\right]} + \sqrt{\sum_{i=1}^{k}\sum_{\vartheta=i}^{k} b_{i\vartheta}^{(j)2}} \sum_{i=1}^{k} (\Delta x_i^*)^2$$

$$= \sqrt{\left[\sum_{i=1}^{k} (b_i^{(j)} + 2\sum_{\vartheta=i}^{k} b_{i\vartheta}^{(j)} x_\vartheta^*)^2\right]\left[\sum_{i=1}^{k} (\Delta x_i^*)^2\right]} + \sqrt{\sum_{i=1}^{k}\sum_{\vartheta=i}^{k} b_{i\vartheta}^{(j)2}} \sum_{i=1}^{k} (\Delta x_i^*)^2 .$$

In der zweiten Darstellung ist der Ausdruck

$$\frac{\partial Q^{(j)}_{opt}(x_1^*, \ldots, x_k^*)}{\partial x_i}$$

bereits ausgerechnet worden.
Wenn Toleranzen bzw. Werteveränderungen der Einflußfaktoren auftreten, kann somit abgeschätzt werden, welche maximalen Abweichungen bei den Gütekriterien auftreten.
Die Umkehrung der Fragestellung führt auf das Problem: Wenn eine zulässige Änderung der Gütekriterien vorgeschrieben wird, welche Abweichungen von der optimalen Lösung sind dann noch möglich?
Durch Umformung der vorigen Beziehung kann daraus gewonnen werden

$$\sum_{i=1}^{k} (\Delta x_i^*)^2 \leq \frac{1}{2\sum_{i=1}^{k}\sum_{\vartheta=i}^{k} b_i^{(j)2}} \left(\sqrt{\sum_{i=1}^{k} (b_i^{(j)} + 2\sum_{\vartheta=i}^{k} b_{i\vartheta}^{(j)} x_\vartheta^*)^2 + 2\Delta Q^{(j)} \sum_{i=1}^{k}\sum_{\vartheta=i}^{k} b_{i\vartheta}^{(j)2}} - \sqrt{\sum_{i=1}^{k} (b_i^{(j)} + 2\sum_{\vartheta=i}^{k} b_{i\vartheta}^{(j)} x_\vartheta^*)^2} \right) = W^{(j)} .$$

Geometrisch bedeutet dies, daß die Δx_i^*, $i = 1, \ldots, k$ aus einer l-dimensionalen Kugel mit dem Radius $\sqrt{W^{(j)}}$ sein dürfen, wenn garantiert sein soll, daß sich der Optimalwert von $Q^{(j)}_{opt}$ nicht mehr als um $\Delta Q^{(j)}$ verändert.
Sind maximale Abweichungen $\Delta Q^{(j)}$ für alle $j = 1, \ldots, l$ vorgegeben, so ist die größte zulässige Änderung aus der Beziehung

$$W = \min_{1 \leq j \leq l} \left\{ W^{(j)} \right\}$$

zu ermitteln. Das ist die Kugel mit dem kleinsten Radius bei Betrachtung aller Gütekriterien.

Eine weitere in der Praxis auftauchende Frage ist die nach dem größt- oder kleinstmöglichen Wert eines Einflußfaktors. Entspricht beispielsweise x_1 der Einsatzzeit eines Objekts, so sind die anderen Einflußfaktoren $x_2, \ldots, x_k$ so zu wählen, daß die Gütekriterien $Q^{(j)}$ gegebene untere und obere Schranken möglichst spät überschreiten ($x_1 \longrightarrow \max$). Mit anderen Worten: Die Belastungsfaktoren oder technologische und konstruktive Faktoren sind so zu wählen, daß die Lebensdauer groß wird.
Es kann aber auch x_1 den Goldanteil einer Legierung für einen Kontakt darstellen. Dann sind die Gütekriterien, z.B. die elektrischen Eigenschaften, einzuhalten bei möglichst geringem Wert von x_1 zur Einsparung von Gold ($x_1 \longrightarrow \min$).
Ist x_1 die Stegbreite einer mikroelektronischen Schaltung, so ist das minimale x_1 interessant, das technologisch noch realisierbar ist und für Konstruktionen eingesetzt werden kann, wenn alle anderen elektrischen Parameter eingehalten werden.
Mathematisch läßt sich die Aufgabe folgendermaßen formulieren:

$$x_1 \longrightarrow \max\ (\min)$$

$$Q^{(j)}_{min} \leqq Q^{(j)} \leqq Q^{(j)}_{max}\ ; \quad j = 1, \ldots, l$$

$$-\varrho_i \leqq x_i \leqq +\varphi_i\ ; \quad i = 1, \ldots, k\ .$$

Sie ist mit dem Rechnerprogramm nach Tafel C.b (Aufgabentyp I) zu lösen.

9. Programmbeschreibungen

Für die praktische Durchführung der experimente- und rechnergestützten Optimierung technischer Produkte und Prozesse werden eine Reihe von Rechnerprogrammen eingesetzt. Sie sind im Anhang angegeben und stellen Vorschläge für Programme dar. Eine Untersuchung auf ihre Optimalität in programmtechnischer Hinsicht ist nicht erfolgt. Sie sind aber erprobt und können sofort eingesetzt werden.

Rechnerprogramm KORA (Tafel B.a)
Das Programm KORA gestattet die Berechnung von einfachen, partiellen und multiplen Korrelationskoeffizienten sowie einfachen Regressionskoeffizienten, wie sie in Tafel 2 angegeben sind.
Für die einfachen und partiellen Korrelationskoeffizienten werden die statistische Sicherheit (95, 99, 99,9%) und die kritischen Korrelationskoeffizienten angegeben.
Die Meßwerte müssen mittels Eingabeprogrammen auf Trommeldateien bereitgestellt werden:

$$\begin{matrix} x_{11} & x_{12} & \dots & x_{1N} \\ x_{21} & x_{22} & \dots & x_{2N} \\ \vdots & & & \\ x_{k1} & x_{k2} & \dots & x_{kN} \end{matrix} .$$

Die Ablaufsteuerung des Programms erfolgt über Steuerlochstreifen, so daß Berechnung und Ausgabe bestimmter Koeffizienten wahlfrei möglich sind. Stehen die Daten in der angegebenen Art auf der Datei, müssen sie vor dem Start des Programms KORA mit dem Programm TRPO transportiert werden.

Ablochvorschrift für den Steuerlochstreifen:
Abzulochen ist immer: Steuerkennzahl NL, mögliche Steuerinformation ML

Standardsteuerkennzahlen:
1 Pause
2 Neues Programm holen
    Programmname (4 alphanumerische Zeichen) NL
3 Nicht erlaubt
4 Nicht erlaubt
5 Stop (Programmende)

Steuerkennzahlen KORA:
6 Bildung Kovarianzmatrix
    1. Zeile SP (N + 1)-te Zeile NL der Daten, mit denen KORA gerechnet werden soll und die vorher transportiert wurden
  – Voraussetzung für sämtliche anderen Operationen und das Programm REGA
7 Einfache Korrelation } wird mit allen in die Kovarianz
8 Einfache Regression } aufgenommenen Größen gerechnet
9 Ansatz
    Anzahl Größen NL 1. GR. SP 2. GR. SP ... SP M-TE GR. NL (aus den N Größen)
  – Voraussetzung für 10 und 11
10 Partielle Korrelation
11 Multiple Korrelation
12 Einlesen T-Tabelle
  – Muß als erstes vorgenommen werden, falls Trommel anderweitig benutzt und dabei die T-Tabelle überlesen wurde.

Beispiel:
Auf den Zeilen 12 bis 17 stehen 6 Größen, mit denen einfache Korrelation und Regression gerechnet werden soll. Zur Berechnung der partiellen und multiplen Korrelation sollen nur die Größen auf den Zeilen 13, 14, 15 herangezogen werden. Anschließend soll das Programm REGA gerufen werden und zum Wechseln des Steuerstreifens in eine Pause gegangen werden.

Rechnerprogramm REGA (Tafel B.b)
Das Programm REGA gestattet die Berechnung von multiplen, quasilinearen Regressionsmodellen. Zur Ermittlung der Schätzwerte für die Regressionskoeffizienten wird die Methode der kleinsten Quadrate angewendet:

$$\sum_{r=1}^{N} (Q_r - \hat{Q}_r)^2 = \sum_{r=1}^{N} (Q_r - b_0 - b_1 x_{1r} - \ldots - b_k x_{kr})^2 \longrightarrow \min .$$

Voraussetzung für den Start des Programms REGA ist die Berechnung der Kovarianzmatrix mit dem Programm KORA. Mittels eines Ansatzes werden Gütekriterium und Einflußfaktoren angegeben. Die Koeffizientenmatrix der Einflußfaktoren wird gebildet und invertiert:

Koeffizientenmatrix $\underline{S}_k = (s_{ji})$

inverse Koeffizientenmatrix $\underline{S}_k^{-1} = (c_{ji})$.

Die Schätzwerte für die Regressionskoeffizienten und die Maßzahlen für den gewählten Ansatz werden nach Tafel 2 berechnet.

Ablochvorschrift für den Steuerlochstreifen:
Abzulochen ist immer: Steuerkennzahl NL, mögliche Steuerinformation ML

Standardsteuerkennzahlen: wie bei KORA

Steuerkennzahlen REGA:

6 Modellansatz
  Zielgröße NL Anzahl Einflußgrößen NL
  1. EGR. SP 2. EGR. SP ... SP M-TE EGR. NL
  (aus den N Größen)
  – Voraussetzung für den Aufruf sämtlicher weiterer Steuerkennzahlen

7 Berechnung der Regressionskoeffizienten
  – Voraussetzung für weitere Steuerkennzahlen außer 10

8 Berechnung der Regreßwerte und Residuen und Abspeicherung auf die (N + 3)-te und (N + 4)-te Zeile der für die Rechnung verwendeten Daten auf URDA
  – Voraussetzung für 9, 11, 12, 13

9 Berechnung der Maßzahlen des Modellansatzes (Reststreuung, Bestimmtheit, Korr. Bestimmtheit, F-Wert)

10 Berechnung der inneren Bestimmtheiten

11 Maßzahlen zur Beurteilung des Ansatzes hinsichtlich einer Reduktion
  1 NL Ausgangsmodellansatz
  0 NL reduzierter Ansatz
  – Voraussetzung für 12

12 Berechnung der Vorhersagebestimmtheit
  – nur sinnvoll bei reduzierten Ansätzen

13 Markierung von Ausreißern anhand der Residuen
  – Mitteilung der Anzahl der Ausreißer > 0 auf SAO.

Eine Reduktion der Modellgleichung muß mit Neueingabe des Ansatzes über Steuerkennzahl 6 erfolgen.
Eine Berücksichtigung der Ausreißer (Steuerkennzahl 13) kann nur über Neuberechnung der Kovarianzmatrix mit dem Programm KORA erfolgen.

Beispiel:
Mit den auf den Zeilen 12 bis 17 der URDA stehenden 6 Größen soll der Modellansatz

GR. 1 = F (GR. 2, 3, 4, 5, 6) einschließlich Maßzahlen berechnet werden. Zusätzlich sollen die Steuerkennzahlen 11 und 13 gerechnet werden. Anschließend soll zwecks Entscheidung über weitere Rechnungen in die Pause gegangen werden.

Rechnerprogramm QAREG (Tafel B.d)
In der verallgemeinerten Beschreibungsfunktion

$$Q^{(j)}(x_1, \ldots, x_k) = b_0^{(j)} + \sum_{i=1}^{k} b_i^{(j)} x_i + \sum_{i=1}^{k} \sum_{\vartheta=i}^{k} b_{i\vartheta}^{(j)} x_i x_\vartheta ; \quad j = 1, \ldots, 1$$

sind insgesamt

$$q = 1 + k + \frac{k(k+1)}{2} = \frac{(k+1)(k+2)}{2}$$

unbekannte Koeffizienten.
Um diese zu berechnen, sind mindestens

$$r \geqq q = \frac{(k+1)(k+2)}{2}$$

Versuche notwendig.
Bei der Auswahl der Versuche ist darauf zu achten, daß der Versuchsplan korrekt aufgestellt ist, d.h., daß die zu berechnenden Koeffizienten eindeutig zu bestimmen sind. Dies kann dadurch garantiert werden, daß ein optimaler Versuchsplan benutzt und dieser ggf. durch weitere Versuche ergänzt wird.
Die Versuchspunkte und die gemessenen Werte des Gütekriteriums seien in der folgenden Tabelle gegeben:

Versuchspunkte x_{ir}	Werte des Gütekriteriums $Q_r^{(j)}$
$(x_{11}, \ldots, x_{k1})$	$Q_1^{(j)}$
$(x_{12}, \ldots, x_{k2})$	$Q_2^{(j)}$
.	.
.	.
.	.
$(x_{1N}, \ldots, x_{kN})$	$Q_N^{(j)}$

Die unbekannten Koeffizienten werden nach der Fehlerquadratmethode von Gauß bestimmt:

$$\sum_{r=1}^{N} (Q_r^{(j)} - Q^{(j)} (x_{1r}, \ldots, x_{kr}))^2 \longrightarrow \min .$$

Damit entsteht die Aufgabe

$$\sum_{r=1}^{N} (Q_r^{(j)} - b_0^{(j)} - \sum_{i=1}^{k} b_i^{(j)} x_i - \sum_{i=1}^{k} \sum_{\vartheta=i}^{k} b_{i\vartheta}^{(j)} x_i x_\vartheta)^2 \longrightarrow \min .$$

Das Minimum dieser Aufgabe wird für die Werte der unbekannten Koeffizienten

$$b_0^{(j)}, b_1^{(j)}, \ldots, b_k^{(j)}, b_{11}^{(j)}, \ldots, b_{kk}^{(j)}$$

angenommen, bei denen die partiellen Ableitungen nach diesen Koeffizienten sämtlich gleich Null werden. Bestimmt man die partiellen Ableitungen und setzt diese gleich Null, dann entsteht ein lineares Gleichungssystem mit $\frac{(k+1)(k+2)}{2}$ Unbekannten und $\frac{(k+1)(k+2)}{2}$ Gleichungen.
Für die Bezeichnungen im Rechnerprogramm gilt folgende Indextransformation:

	Bezeichnung im Buch	Bezeichnung im Programm
Anzahl der Versuche	N	n
Anzahl der Einflußfaktoren	k	p

Das Eingabeschema hat folgenden Aufbau:

Bedeutung	Eingabe-reihenfolge	Art der Eingabe	Bemerkungen
Anzahl der Meßpunkte	n	integer	
Anzahl der Variablen (Einflußfaktoren)	p	integer	$n \geqq 1 + p + \frac{p(p+1)}{2}$
Anzahl der Gütekriterien	l	integer	
Meßpunkte	$x_{11}, \ldots, x_{p1}$ $x_{12}, \ldots, x_{p2}$ $\vdots$ $x_{1n}, \ldots, x_{pn}$	real	zeilenweise ablochen
Werte der Gütekriterien in den Versuchen	$Q_1^{(1)}, \ldots, Q_n^{(1)}$ $Q_1^{(2)}, \ldots, Q_n^{(2)}$ $\vdots$ $Q_1^{(l)}, \ldots, Q_n^{(l)}$	real	Im Programm werden die Werte der Gütekriterien nacheinander als Vektoren y [1 : n] eingelesen.

Die Koeffizienten der Gütekriterien werden in folgender Reihenfolge ausgegeben:

1. $b_0^{(1)}, b_1^{(1)}, \ldots, b_p^{(1)}, b_{11}^{(1)}, \ldots, b_{pp}^{(1)}, b_{12}^{(1)}, \ldots, b_{1p}^{(1)}, b_{23}^{(1)}, \ldots, b_{2p}^{(1)}, \ldots, b_{p-1p}^{(1)}$

2. $b_0^{(2)}, b_1^{(2)}, \ldots, b_p^{(2)}, b_{11}^{(2)}, \ldots, b_{pp}^{(2)}, b_{12}^{(2)}, \ldots, b_{1p}^{(2)}, b_{23}^{(2)}, \ldots, b_{2p}^{(2)}, \ldots, b_{p-1p}^{(2)}$

$\vdots$

l. $b_0^{(l)}, b_1^{(l)}, \ldots, b_p^{(l)}, b_{11}^{(l)}, \ldots, b_{pp}^{(l)}, b_{12}^{(l)}, \ldots, b_{1p}^{(l)}, b_{23}^{(l)}, \ldots, b_{2p}^{(l)}, \ldots, b_{p-1p}^{(l)}$

Rechnerprogramme zur Optimierung (Tafel C)

Die Im Abschn. 7. beschriebenen vier Aufgabentypen lassen sich durch äquivalente Umformungen, die durch das Programm selbst durchgeführt werden, in die folgende einheitliche Aufgabenstellung überführen.

$$\begin{aligned} & f_0(x_1, \ldots, x_k) \longrightarrow \max \\ & f_1(x_1, \ldots, x_k) \leqq a_1 \\ & \vdots \qquad\qquad \vdots \\ & f_s(x_1, \ldots, x_k) \leqq a_s \\ & -\varrho_i \leqq x_i \leqq \varphi_i ; \qquad i = 1, 2, \ldots, k . \end{aligned} \qquad \text{Aufgabe (O)}$$

Im gegebenen Fall sind dabei die Funktionen $f_1, \ldots, f_s$ quadratische Funktionen, und die Funktion f_0 ist bei den Aufgabentypen I, II und III ebenfalls quadratisch, beim Typ IV eine Funktion 4. Grades in den Variablen $x_1, \ldots, x_k$.

Auf Grund der Tatsache, daß die Aufgabe eine nichtlineare und nichtkonvexe Optimierungsaufgabe ist, ist die Auswahl der möglichen Algorithmen zur Lösung stark eingeschränkt.
Als mögliche Verfahren zur Lösung solcher Aufgaben erweisen sich die Strafen- bzw. Barrieremethoden. Es wurde eine spezielle Barrieremethode (Methode der inneren Punkte) ausgewählt.
Für die Anwendung dieser Methode muß folgende Voraussetzung erfüllt sein: Es ist ein Startpunkt $(x_1^0, \ldots, x_k^0)$ bekannt mit folgender Eigenschaft:

$$
\begin{aligned}
&f_1(x_1^0, \ldots, x_k^0) < a_1\\
&f_2(x_1^0, \ldots, x_k^0) < a_2\\
&\vdots \qquad\qquad\quad \vdots\\
&f_s(x_1^0, \ldots, x_k^0) < a_s\\
&-\varrho_i < x_i^0 < \varphi_i ; \qquad i = 1, 2, \ldots, k,
\end{aligned}
$$

d.h., der Punkt $(x_1^0, \ldots, x_k^0)$ ist ein innerer Punkt des Nebenbedingungsgebiets der Aufgabe.
Das Verfahren hat dann folgendes Aussehen: Die zu lösende Optimierungsaufgabe (O) wird in eine Ersatzaufgabe nach folgendem Schema übergeführt:
Es sei:

$$
\begin{aligned}
F(x_1, \ldots, x_k, \lambda) = f_0(x_1, \ldots, x_k) &+ \lambda \sum_{j=1}^{s} \ln \left(a_j - f_j(x_1, \ldots, x_k)\right)\\
&+ \lambda \left[\sum_{i=1}^{k} \ln (\varphi_i - x_i) + \sum_{i=1}^{k} \ln (x_i + \varrho_i) \right] .
\end{aligned}
$$

Dann betrachten wir die Aufgabe

$$F(x_1, \ldots, x_k, \lambda) \longrightarrow \max . \qquad \text{Aufgabe(E)}$$

Die Aufgabe (E) bezeichnen wir als Ersatzaufgabe.
Zwischen der Ersatzaufgabe (E) und der Aufgabe (O) besteht folgender Zusammenhang:
Satz:

Es sei x_λ Punkt eines lokalen Maximums von (E)

x^* Punkt eines lokalen Maximums von (O)

$\| x_\lambda - x^* \|$ Abstand der Punkte x_λ und x^*.

Dann existiert zu jedem $\varepsilon > 0$ ein $\lambda_0(\varepsilon) > 0$ und ein x^*, so daß

$$\| x_\lambda - x^* \|$$

für alle λ mit $0 < \lambda < \lambda_0(\varepsilon)$.
Der Satz besagt also, wenn man $\lambda > 0$ nur genügend nahe bei Null wählt, die optimale Lösung (lokales oder globales Optimum) genügend nahe bei einer optimalen Lösung (lokales oder globales Optimum) der Aufgabe (O) liegt.
Auf Grund dieser Aussage kann man die Aufgabe (O) durch eine Reihe von Aufgaben der Form (E) lösen.
Aufgaben der Form (E) sind aber wesentlich einfacher zu lösen als Aufgaben der Form (O), da es Aufgaben der freien Optimumssuche sind.
Zur Lösung der vorgegebenen Aufgabenstellung wird folgender Algorithmus benutzt:

Es sei ein Startpunkt $x^0 = (x_1^0, \ldots, x_k^0)$ bekannt, der im Inneren des zulässigen Bereichs der Aufgabe (O) liegt, d.h., für den gilt

$$f_j(x_1^0, \ldots, x_k^0) < a_j \; ; \qquad j = 1, \ldots, s$$

$$-\varrho_i < x_i < + \varphi_i \; ; \qquad i = 1, \ldots, k .$$

Außerdem sei $\varepsilon > 0$ die geforderte Genauigkeit der Lösung, $\lambda_0 > 0$ der Anfangswert des Parameters λ.
Dann besteht der Algorithmus aus folgenden wesentlichen Schritten:

1. $i := 0 \quad \varepsilon_0 = 64\, \varepsilon\, \lambda_0, \quad \lambda_0 > 0$

2. Man löse die Aufgabe

   $$F(x_1, \ldots, x_k, \lambda_i) \longrightarrow \max$$

   mit einer Gradientenmethode, beginnend mit dem Startpunkt $(x_1^i, \ldots, x_k^i)$.
   Die Gradientenmethode wird abgebrochen, wenn der relative Funktionszuwachs zweier aufeinanderfolgender Lösungen kleiner als ε_i ist.
   Die so erhaltene Lösung sei

   $$(x_1^{i+1}, x_2^{i+1}, \ldots, x_k^{i+1}) .$$

3. Ist

   $$\sum_{j=1}^{k} (x_j^{i+1} - x_j^i)^2 < \varepsilon \Rightarrow 5.$$

   Ist

   $$\sum_{j=1}^{k} (x_j^{i+1} - x_j^i)^2 \geqq \varepsilon \Rightarrow 4.$$

4. $$\lambda_{i+1} := \frac{1}{2} \lambda_i, \quad \varepsilon_{i+1} = \max \left\{ \frac{1}{2} \varepsilon_i, \varepsilon \right\}$$

   $$i := i + 1 \Rightarrow 2.$$

5. Ist $\varepsilon_i > \varepsilon \Rightarrow 4.$

   Ist $\varepsilon_i = \varepsilon \Rightarrow (x_1^{i+1}, \ldots, x_k^{i+1})$ ist ein ε-optimaler Punkt (lokales Optimum) der Aufgabe (O).

Für die vier vorgegebenen Aufgabenstellungen ist ein Programmvorschlag in Tafel C angegeben. Als Programmsprache wurde ALGOL 60 gewählt.
Die im Schritt 2 des Algorithmus zu lösende Aufgabe wurde dabei mit einem Gradientenverfahren gelöst.

Eingabeschema für den Aufgabentyp II:

Bedeutung	Eingabereihenfolge	Art der Eingabe	Bemerkungen
Anzahl der Einflußfaktoren	k	integer	
Anzahl der Gütekriterien	1	integer	
Startvektor $x^{(0)}$	$x_1^{(0)}, x_2^{(0)}, \ldots, x_k^{(0)}$	real	$x^{(0)}$ muß alle Bedingungen als strenge Ungleichung erfüllen

(Fortsetzung: Eingabeschema für den Aufgabentyp II)

Bedeutung	Eingabereihenfolge	Art der Eingabe	Bemerkungen
Vektor der absoluten Glieder der Gütekriterien	$b_0^{(1)}, b_0^{(2)}, \ldots, b_0^{(l)}$	real	
Vektor der Koeffizienten der linearen Glieder	$b_1^{(1)}, b_1^{(2)}, \ldots, b_1^{(l)}$ $b_2^{(1)}, b_2^{(2)}, \ldots, b_2^{(l)}$ $\vdots$ $b_k^{(1)}, b_k^{(2)}, \ldots, b_k^{(l)}$		
Matrizen der quadratischen und gemischt quadratischen Glieder	$b_{11}^{(1)}, b_{11}^{(2)}, \ldots, b_{11}^{(l)}$ $b_{12}^{(1)}, b_{12}^{(2)}, \ldots, b_{12}^{(l)}$ $\vdots$ $b_{1k}^{(1)}, b_{1k}^{(2)}, \ldots, b_{1k}^{(l)}$ $b_{21}^{(1)}, b_{21}^{(2)}, \ldots, b_{21}^{(l)}$ $\vdots$ $b_{2k}^{(1)}, b_{2k}^{(2)}, \ldots, b_{2k}^{(l)}$ $\vdots$ $b_{k1}^{(1)}, b_{k1}^{(2)}, \ldots, b_{k1}^{(l)}$ $\vdots$ $b_{kk}^{(1)}, b_{kk}^{(2)}, \ldots, b_{kk}^{(l)}$	real	
Vektor der unteren Schranken ϱ_i der Einflußfaktoren	$-\varrho_1, -\varrho_2, \ldots, -\varrho_k$	real	
Vektor der oberen Schranken φ_i der Einflußfaktoren	$\varphi_1, \varphi_2, \ldots, \varphi_k$	real	
Anfangsschrittweite	schr	real	
Logische Variable	true		immer eingeben
Erste Abbruchschranke	delta	real	
Zweite Abbruchschranke	gamma 1	real	
Obere Grenze der Anzahl der Iterationen in UP Flepomin	Limit	integer	
Dritte Abbruchschranke	eps	real	
Maximale Anzahl der Gesamtiterationen	gl	real	
Anfangswert des Strafenparameters	r_0	real	

Eingabeschema für den Aufgabentyp I:

Die Eingabe erfolgt analog der Eingabe für Aufgabentyp II bis einschließlich der Anfangsschrittweite schr.
Anschließend werden folgende Daten eingegeben:

Bedeutung	Eingabereihenfolge	Art der Eingabe	Bemerkungen
Untere Schranken der Gütekriterien	$Q^{(1)}_{min}, Q^{(2)}_{min}, \ldots, Q^{(l)}_{min}$	real	
Obere Schranken der Gütekriterien	$Q^{(1)}_{max}, Q^{(2)}_{max}, \ldots, Q^{(l)}_{max}$	real	
Erste Abbruchschranke	delta	real	
Zweite Abbruchschranke	gamma 1	real	
Obere Grenze der Anzahl der Iterationen in UP Flepomin	limit	integer	
Dritte Abbruchschranke	eps	real	
Maximale Anzahl der Gesamtiterationen	gl	integer	
Anfangswert des Strafenparameters	r_0	real	

Aufgabentyp III:

Es seien $g_1, \ldots, g_l$ vorgegebene Zahlen (Gewichtsfunktionen)

$$Q = \sum_{j=1}^{l} g_j \, Q^{(j)}(x_1, \ldots, x_k) \longrightarrow \max$$

$$Q^{(j)}_{min} \leqq Q^{(j)}(x_1, \ldots, x_k) \leqq Q^{(j)}_{max} ; \quad j = 1, \ldots, l$$

$$-\varrho_i \leqq x_i \leqq \varphi_i ; \quad i = 1, \ldots, k .$$

Um diese Aufgabe anzuwenden, ist lediglich

$$Q(x_1, \ldots, x_k) = \sum_{j=1}^{l} g_j \, Q^{(j)}(x_1, \ldots, x_k)$$

von vornherein zu berechnen und mit einzugeben. Die Eingabe erfolgt dann entsprechend dem Aufgabentyp I.

Eingabeschema für den Aufgabentyp IV:

Die Eingabe erfolgt analog zur Eingabe beim Aufgabentyp II.
Anschließend werden noch folgende Daten eingegeben:

Bedeutung	Eingabereihenfolge	Art der Eingabe	Bemerkungen
Forderungen an die Gütekriterien	$Q^{(1)}_{Ford}, Q^{(2)}_{Ford}, \ldots, Q^{(l)}_{Ford}$	real	
Logische Variable	false		immer eingeben

Analog kann auch die Aufgabe mit Gewichtsfunktionen gelöst werden.

$$Q = \sum_{j=1}^{l} g_j \left(Q^{(j)}_{Ford} - Q^{(j)}(x_1, \ldots, x_k)\right)^2 \longrightarrow \min$$

$$-\rho_i \leqq x_i \leqq \varphi_i .$$

Hierzu wird von vornherein eingegeben

$$Q = \sum_{j=1}^{l} \left(\sqrt{g_j}\, Q^{(j)}_{Ford} - \sqrt{g_j}\, Q^{(j)}(x_1, \ldots, x_k)\right)^2 \longrightarrow \min .$$

Zur Wahl der programminternen Parameter können folgende Hinweise gegeben werden:
Die Anfangsschrittweite sollte in den Schranken

$$0,01 \leqq schr \leqq 1$$

gewählt werden.
Die drei Abbruchschranken sollten folgendermaßen gewählt werden:

$$0,0001 \leqq delta \leqq 0,1$$
$$0,0001 \leqq gamma\ 1 \leqq 0,1$$
$$0,0001 \leqq eps \leqq 0,1 .$$

Die Größe limit sollte in den Schranken

$$20 \leqq limit \leqq 200$$

gewählt werden.
Die maximale Anzahl der Gesamtiterationen sollte zwischen

$$10 \leqq gl \leqq 50$$

liegen.
Der Anfangswert des Strafenparameters r_0 sollte in den Schranken

$$0,1 \leqq r_0 \leqq 2$$

gewählt werden.
Sind keine zusätzlichen Informationen vorhanden, sollte mit $r_0 = 1$ begonnen werden.
Bei einer starken Unterschiedlichkeit der Nebenbedingungsfunktionen ist eine Normierung zu empfehlen.

Rechnerprogramm STANDARDMAXIMUM (Tafel C.c)
Die Zielfunktion lautet

$$b_0^{(1)} x_0 + b_1^{(1)} x_1 + b_2^{(1)} x_2 + \ldots + b_k^{(1)} x_k \longrightarrow \max .$$

Das Nebenbedingungssystem hat folgende Form:

$$b_0^{(2)} x_0 + b_1^{(2)} x_1 + b_2^{(2)} x_2 + \ldots + b_k^{(2)} x_k < Q^{(2)}$$
$$\vdots$$
$$b_0^{(l)} x_0 + b_1^{(l)} x_1 + b_2^{(l)} x_2 + \ldots + b_k^{(l)} x_k < Q^{(l)} .$$

Der Prozedur „lpsmax" werden folgende Parameter übergeben:

n 1: Spaltenzahl ohne Einheitsmatrix = k + 2
n 2: Zeilenzahl (Anzahl der Gleichungen)
l + Zielfunktion ⇒ l + 1; Typ „integer"
n 3: Gesamtspaltzahl = k + 2 + 1
Typ „integer"
n 4: „array" [1 : l + 1, 1 : k + 2 + 1].

Ausgabeparameter:

n 4: Typ „integer" „array" [1 : l + 1].

Bemerkung: Für die Abarbeitung des Programms müssen die Indizes mit 2 beginnen ⇒ Transformation:

$$b_0 \longrightarrow b_2$$
$$b_n \longrightarrow b_{n+2}$$
$$x_0 \longrightarrow x_2$$
$$x_k \longrightarrow x_{k+2}\,.$$

Prozeduraufruf:

lpsmax (n 1, n 2, n 3, n 4, n 5).

Die Ergebnisse stehen dann im Hauptspeicher wie folgt:
Den Wert der Zielfunktion findet man in n 5 [m, 1]. Die Indizes der optimalen Variablen stehen im Feld n 4. Die Variablen stehen unter n 5, und zwar in der ersten Spalte. Der letzte Wert wird ausgenommen. Variable mit dem Index größer als n 5 sind Scheinvariable, die auftreten können.

Programm für stochastische Kompromißmengenbestimmung (Tafeln D und 7)
Verwendet wird ein stochastisches Suchverfahren.
Unter Suche ist der durch gewisse Genauigkeitsforderungen begrenzte Prozeß des sich ständig wiederholenden Übergangs von einem Punkt $\underline{x}^q$ in einen verbesserten Punkt $\underline{x}^{q+1}$; q = 1, 2, ... des zu optimierenden Objekts oder Modells zu verstehen.

$$\underline{x}^{q+1} = \Phi(\underline{x}^q, \underline{x}^{q-1}, \ldots, \underline{x}^1)$$

Φ heißt Operator der Suche. Ist Φ regulär, so heißt die Suche regulär (z.B. Gradientenmethode). Falls der Operator Φ zufällige Elemente ξ einführt, ist das Suchverfahren stochastisch. Es handelt sich in diesem Fall um einen Markoffschen Prozeß. Auf Grund seines statistischen Charakters kann ein solches Verfahren das Problem $\underline{Q}(\underline{x}) \xrightarrow[\underline{x} \in X]{} \max$ mit einer vorgegebenen ε-Genauigkeit lösen, d.h., daß für jeden Punkt x_0 der Kompromißmenge X^0 ein Punkt x^* aufzusuchen ist, so daß

$$\left| Q^{(j)}(x_0) - Q^{(j)}(x^*) \right| < \varepsilon_j \qquad \forall j\,.$$

Dabei sind $\varepsilon_1, \varepsilon_2, \ldots, \varepsilon_k$ vorgegebene positive Werte, die die Güte der Approximation X^* kennzeichnen. Man bezeichnet dies als ε-Aufgabe.
Die ε-Aufgabe fordert, daß genügend viele zulässige Punkte aufzufinden sind, deren Realisierungen die Zielvektoren der Kompromißmenge hinreichend genau approximieren.
Ein zufälliger Schritt $\underline{\xi}$ führt im Sinne der Polyoptimierung nur dann von einem Ausgangspunkt $\underline{x}$ zu einem verbesserten $\underline{x} + \underline{\xi}$, wenn gilt:

$$\Delta\underline{Q} = \underline{Q}(\underline{x} + \underline{\xi}) - \underline{Q}(\underline{x}) \geqq \underline{0} \wedge \Delta\underline{Q} \neq \underline{0}\,.$$

Die Wahrscheinlichkeit

$$P(\Delta\underline{Q} \geqq \underline{0} \wedge \Delta\underline{Q} \neq \underline{0})$$

fällt in Zielnähe sehr klein aus, so daß die Anzahl erfolgloser Schritte sehr groß ist und die Approximation der Pareto-Menge der Einflußfaktoren durch gleichmäßige Verbesserung einzelner Ausgangspunkte nur sehr langsam voranschreitet.
Es wird deshalb simultan in einer größeren Anzahl von Startpunkten gestartet. In jede folgende Approximationsstufe werden nicht nur solche Punkte aufgenommen, die die der vorangehenden Stufe entsprechend funktional gleichmäßig verbessern, sondern auch solche, die im Sinne der Vektorhalbordnung mit den übrigen im Verlauf des Suchprozesses gewonnenen Punkten funktional unvergleichbar sind. Dieses Vorgehen sichert neben dem stetigen Vorrücken der Punkte

auf die funktional effiziente Menge der Einflußfaktoren X^0 i.allg. auch eine „Vermehrung" der Punkte, was völlig in Übereinstimmung mit den Vorstellungen zur Lösung der ε-Aufgabe ist und davon herrührt, daß stets auch ein Teil der Punkte aus der vorangehenden Approximationsstufe in die folgende übernommen wird.

Algorithmus:

- In das Gebiet X werden unter Zugrundelegung einer Gleichverteilung zufällig n Punkte geworfen. Zu diesen n Punkten werden die zugehörigen Zielvektoren (Gütekriterien) bestimmt. Diejenigen $n_1(1)$ Gütekriterien $\underline{Q}(\underline{x}^{1(1)})$, $\underline{Q}(\underline{x}^{2(1)})$, ..., $\underline{Q}(\underline{x}^{n_1(1)})$, die bezüglich der Halbordnung unvergleichbar sind, die sich also untereinander nicht dominieren, bilden die erste Approximation Y^1 der Kompromißmenge.

  Die zugehörigen Vektoren $\underline{x}^{1(1)}$, $\underline{x}^{2(1)}$, ..., $\underline{x}^{n_1(1)}$ bilden die erste Approximation X^1 der Menge der funktional effizienten Einflußfaktoren. Um zu sichern, daß genügend viele Startpunkte vorhanden sind, kann man n so lange vergrößern, bis die Anzahl der in Y^1 enthaltenen Punkte eine untere Grenze n_{1_g} überschreitet:

  $$n_1(1) \geqq n_{1_g} .$$

- Es sei

  $$X^q = \left\{\underline{x}^{1(q)}, \underline{x}^{2(q)}, \ldots, \underline{x}^{n_q(q)}\right\}$$

  die q-te Approximation der funktional effizienten Menge der Einflußfaktoren und

  $$Y^q = \left\{\underline{Q}(\underline{x}^{1(q)}), \underline{Q}(\underline{x}^{2(q)}), \ldots, \underline{Q}(\underline{x}^{n_q(q)})\right\}$$

  die q-te Approximation der Kompromißmenge. Dann erfolgt zur Bestimmung der (q+1)-ten Approximation zu jedem zulässigen Punkt $\underline{x}^{j(q)}$; $j = 1, 2, \ldots, n_q$ ein blindes Suchen in der Weise, daß zu $\underline{x}^{j(q)}$ ein zufälliger Vektor $\underline{\xi}^{j(q)}$ addiert wird, dessen Schrittweite $s^{(q)} = |\underline{\xi}^{j(q)}|$ mit wachsendem q vorsichtig reduziert wird. Dabei sind die aus der Theorie der stochastischen Approximation bekannten Dvoretzkyschen Konvergenzbedingungen zu berücksichtigen:

  $$\lim_{q \to \infty} s^{(q)} = 0$$

  $$\sum_{q=1}^{\infty} s^{(q)} = \infty$$

  $$\sum_{q=1}^{\infty} s^{(q)^2} < \infty .$$

  Die Richtung von $\underline{\xi}^{j(q)}$ wird auf zufällige Weise gewonnen, wobei diese im Raum R^r unter Zugrundelegung einer Gleichverteilung ausgewürfelt wird.

- Es wird nun geprüft, ob die Einflußfaktoren $\underline{x}^{j(q)} + \underline{\xi}^{j(q)}$ im Gebiet X liegen. Wenn das nicht der Fall ist, bestehen verschiedene Möglichkeiten des Vorgehens, z.B.

  a) $\underline{x}^{j(q)} + \underline{\xi}^{j(q)}$ wird gestrichen

  b) $\underline{x}^{j(q)} + \underline{\xi}^{j(q)}$ wird auf den Rand des Gebiets, den er überschritten hat, projiziert

  c) zu $\underline{x}^{j(q)}$ wird so lange ein neuer Vektor $\underline{\xi}^{j(q)}$ gesucht, bis $\underline{x}^{j(q)} + \underline{\xi}^{j(q)} \in X$ ist.

  Die letzten beiden Möglichkeiten b und c sind der von a überlegen, weil eine „Verdünnung" der in die Konkurrenz eingehenden Steuerpunkte am Rand des Gebiets auf Grund der Bedeutung des Randes für die Lösung von Optimierungsaufgaben unzweckmäßig ist. Eine „Verdichtung" der Punkte auf dem Rand und in der Nähe des Randes von X ist dagegen leicht zu rechtfertigen.

- Zu den im Gebiet X liegenden Einflußfaktoren $\underline{x}^{j(q)} + \underline{\xi}^{j(q)}$ wird der Vektor der Gütekriterien $\underline{Q}(\underline{x}^{j(q)} + \underline{\xi}^{j(q)})$ bestimmt. In der Menge

$$Y^q \cup \left\{ \underline{Q}(\underline{x}) : \underline{x} = \underline{x}^{j(q)} + \underline{\xi}^{j(q)} \wedge \underline{x}^{j(q)} + \underline{\xi}^{j(q)} \in X \right\}$$

werden alle diejenigen ermittelt, die im Sinne der Vektorhalbordnung nicht vergleichbar sind. Sie bilden die (q+1)-te Approximation Y^{q+1} der Kompromißmenge. Die zugehörigen Vektoren der Einflußfaktoren bilden die (q+1)-teApproximation X^{q+1} der Menge der funktional effizienten Einflußfaktoren.
- Die stochastische Konvergenz des Verfahrens ist gesichert. Praktisch wird der Algorithmus auf Grund der beschränkten Speicherkapazität der EDVA und eines angemessenen Rechenaufwands nach endlich vielen Suchschritten abgebrochen. Als Abbruchkriterien können nach q' Suchschritte benutzt werden:

  a) $n_{q'}(q) > n_{gz}$, d.h., wenn genügend viele effiziente und subeffiziente Zielvektoren gefunden wurden
  b) $n_{q'}(q) > N(\varepsilon, c)$, d.h., wenn so viele effiziente und subeffiziente Zielvektoren ermittelt wurden, daß diese mit einer Sicherheit c Lösungen der ε-Aufgabe sind.
- Beiträge zur Kompromißmenge, die von Werten der Einflußfaktoren auf dem Rand $\underline{X}^R$ von $\underline{X}$ stammen, werden wie folgt bestimmt: Der gesamte Rand $\underline{X}^R$ des Gebiets wird mit einem gleichmäßigen Netz $\underline{X}^N$ von Punkten $\underline{x}^R$ besetzt.
  Evtl. können diese Punkte auch gleichverteilt ausgewürfelt werden. Die zugehörigen Zielvektoren $\underline{Q}(\underline{x}^R)$ werden berechnet und bezüglich der Halbordnungsrelation mit der Menge der vorher ermittelten Menge von Zielvektoren $Y^{(q')}$ verglichen. Diejenigen Zielvektoren in der Vereinigungsmenge

$$Y' = Y^{(q')} \cup \left\{ \underline{Q}(\underline{x}^R) : x^R \in X^N \right\},$$

  die von keinem anderen Zielvektor aus Y' dominiert werden, bilden die durch den Algorithmus bestimmte Näherungslösung für die Kompromißmenge. Die erhaltene Menge wird i.allg. neben effizienten Zielvektoren auch subeffiziente Zielvektoren enthalten. Die zu diesen Zielvektoren gehörenden Einflußfaktoren bilden die Näherungslösung für die Menge der funktional effizienten Punkte X^*.

Es sei darauf hingewiesen, daß dieser Grundentwurf eines Algorithmus modifiziert werden kann. So kann z.B. an die Ermittlung von effizienten und subeffizienten Randwerten noch ein Suchschritt angeschlossen werden. Außerdem können adaptive Taktiken benutzt werden. Mit zunehmender Kompliziertheit des Programms erhöht sich allerdings der Aufwand zur Erreichung des Zieles; daher sind Aufwand und Nutzen sorgfältig abzuwägen. Der Algorithmus kann als mehrdimensionales Intervallsuchverfahren charakterisiert werden.

Für die Bezeichnungen nach den Tafeln 7 und D gegenüber den Bezeichnungen im Buch gelten folgende Transformationen:

Bedeutung	Bezeichnung im Buch	Bezeichnung im Programm
Anzahl der Einflußfaktoren	k	rg
Anzahl der Gütekriterien	l	kg
i-ter Einflußfaktor	x_i	a_i
Untere Grenze von x_i	$-\varrho_i$	a min [i]
Obere Grenze von x_i	$+\varphi_i$	l [i]
Vektor der Einflußfaktoren	$\underline{X}$	$\vec{a}$

Tafel 7. Programmablauf für die statistische Kompromißmengenbestimmung

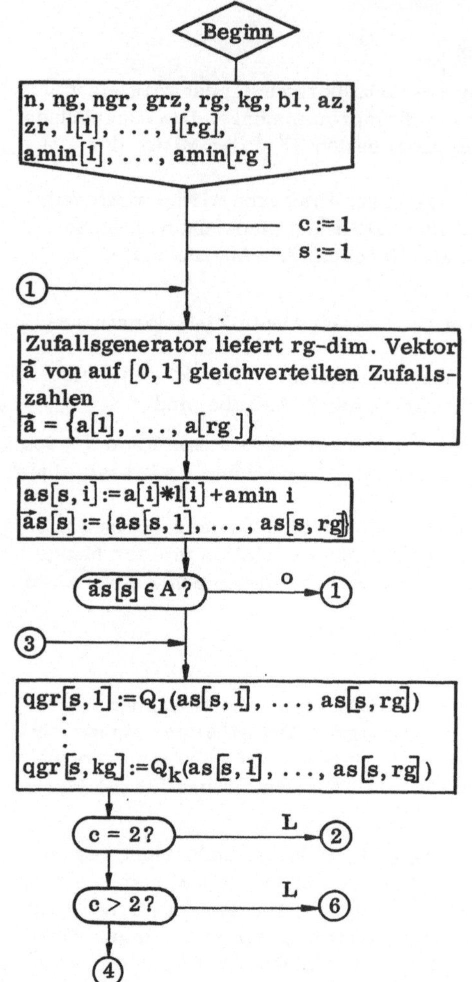

Eingabewerte:

n	Anzahl der Startpunkte;
ng	Anzahl der Punkte, die in der 1. Appr. mindestens enth. sein sollen;
ngr	Höchstzahl der in die Näherungslösung aufzunehmenden Punkte (begrenzt durch Kapaz. der EDVA);
grz	Anzahl der Punkte, die vor dem Einbeziehen des Randes von X bestimmt werden sollen;
rg	Anzahl der Einflußfaktoren;
kg	Anzahl der Gütekriterien;
b1	Faktor zur Festlegung der Anfangsschrittweite;
az	Anzahl der Begrenzungskurvenstücke des Randes von X;
zr	Zufallszahl (6stellig);
l[i]	maximale Ausdehnung von X in Richtung der i-ten Komponente;
amin[i]	minimaler Wert, den die Steuergröße a_i annehmen kann;
c	Zähler;
s	Zähler;
as[s, i]	i-te Komponente des Punktes x^s;
qgr[s, j]	Wert des j-ten Gütekriteriums im Punkt x^s;
q	Ordnung der Approximation;
t	Zähler;
nrand	Anzahl der Punkte, die auf jeden Teil des Randes gleichverteilt projiziert werden

(Fortsetzung Tafel 7)

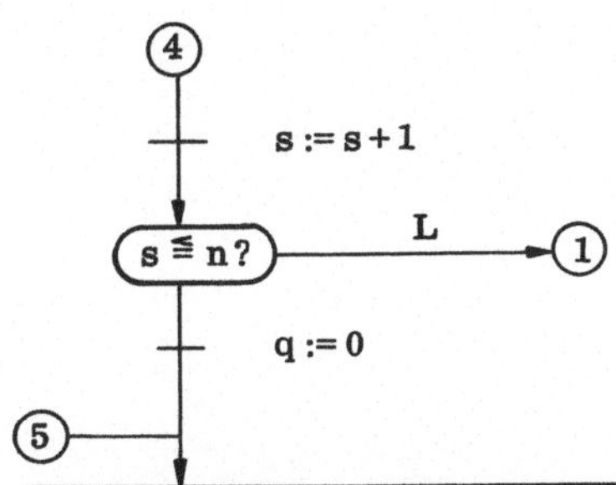

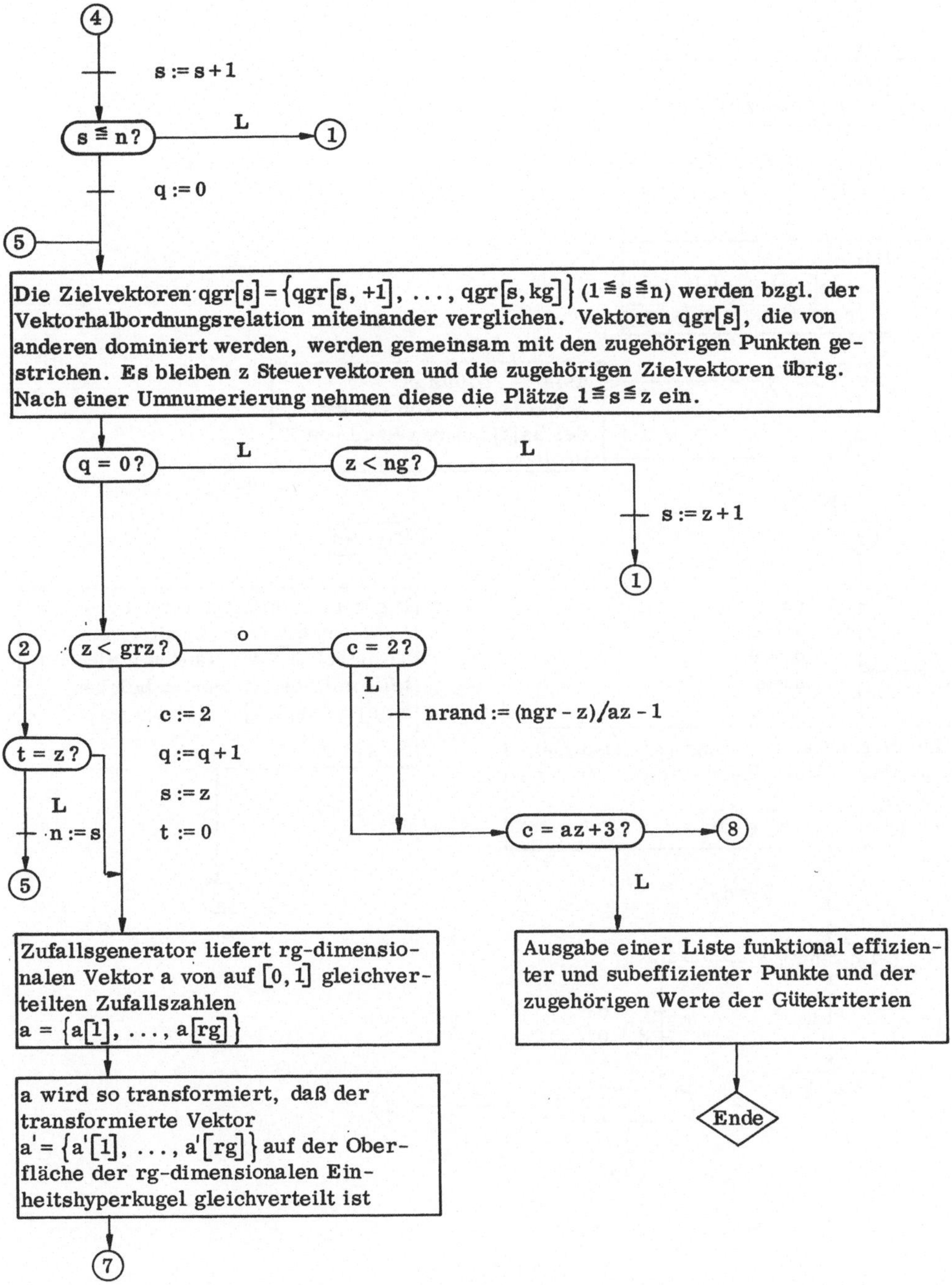

Die Zielvektoren qgr[s] = {qgr[s, +1], . . . , qgr[s, kg]} (1 ≦ s ≦ n) werden bzgl. der Vektorhalbordnungsrelation miteinander verglichen. Vektoren qgr[s], die von anderen dominiert werden, werden gemeinsam mit den zugehörigen Punkten gestrichen. Es bleiben z Steuervektoren und die zugehörigen Zielvektoren übrig. Nach einer Umnumerierung nehmen diese die Plätze 1 ≦ s ≦ z ein.

q = 0?
L
z < ng?
L
s := z + 1
1

2
z < grz?
o
c = 2?
L
nrand := (ngr - z)/az - 1
c := 2
q := q + 1
s := z
t := 0
t = z?
L
n := s
5
c = az + 3?
8
L

Ausgabe einer Liste funktional effizienter und subeffizienter Punkte und der zugehörigen Werte der Gütekriterien

Ende

Zufallsgenerator liefert rg-dimensionalen Vektor a von auf [0, 1] gleichverteilten Zufallszahlen
a = {a[1], . . . , a[rg]}

a wird so transformiert, daß der transformierte Vektor
a' = {a'[1], . . . , a'[rg]} auf der Oberfläche der rg-dimensionalen Einheitshyperkugel gleichverteilt ist

7

(Fortsetzung Tafel 7)

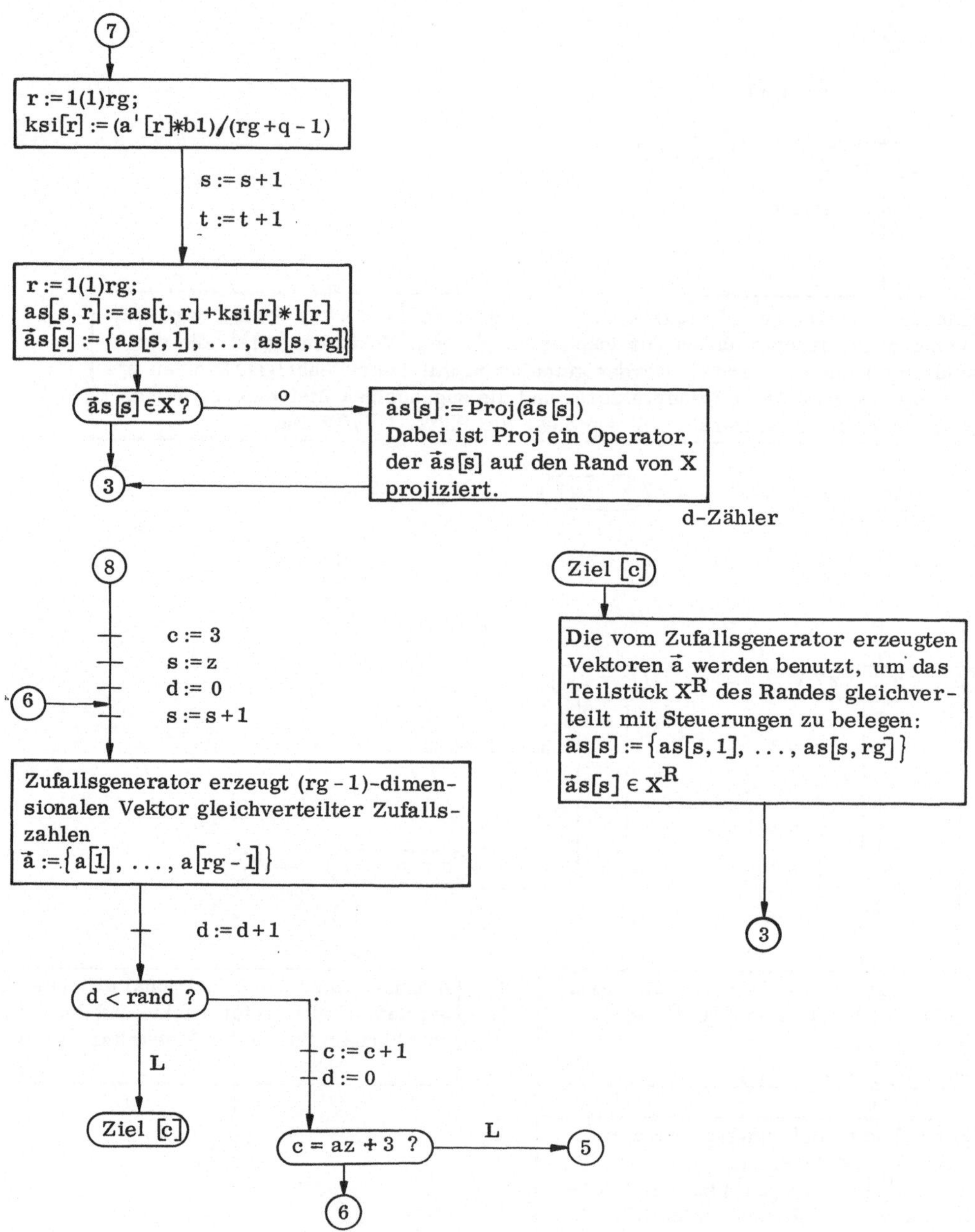

10. Konstruktionsoptimierungen

Bei der Optimierung von Konstruktionen sind die Gütekriterien $Q^{(j)}$, Konstruktionseigenschaften und die Einflußfaktoren X_i Abmaße, beeinflußbare Werkstoffeigenschaften, geometrische Formen usw.

Hergestellt werden müssen Konstruktionen, die entsprechend den Versuchsniveaus der experimentellen Pläne voneinander abweichen und dadurch die gewünschten Informationen über die Wirkung der konstruktiven Einflußfaktoren liefern.

Nicht übersehen werden sollte, daß die Beziehungen $Q^{(j)} = f(X_1, \ldots, X_k)$ eine Empfindlichkeitsanalyse gestatten, die eine Festlegung der zulässigen Toleranzen mathematisch untermauert und gegenüber empirischem Vorgehen risikofreier ist.

Aufgabe 10.1.: Optimierung eines Mikrowellenabschlußwiderstands in Mikrostriptechnik

B e s c h r e i b u n g. Der Mikrowellenabschlußwiderstand ist am Ende einer Mikrostripleitung mit dem Wellenwiderstand von $Z_L = 50\ \Omega$ angebracht. Benutzt wird ein Keramiksubstrat. Der Widerstand wird durch eine trapezförmige Tantalschicht erzeugt, die durch ihr Oxid gegen Umwelteinflüsse geschützt wird. Durch die Dicke des Oxids läßt sich außerdem eine Einstellung des Gleichstromwerts R_0 des Abschlußwiderstands vornehmen. Er hat einen nicht unerheblichen Einfluß auf die elektrischen Eigenschaften des Bauelements, wird aber in dem hier zu beschreibenden Teil einer größeren Versuchsserie konstant gehalten. Für den Nullentwurf stand ein Muster eines Herstellers zur Verfügung, das es zu verbessern galt.

Das Gütekriterium wurde gebildet aus der Fläche unter der Kurve des Reflexionsfaktorbetrags als Funktion der Frequenz im Einsatzbereich 1,5 ... 2,7 GHz:

$$Q = \text{konst.} \int_{1,5\,\text{GHz}}^{2,7\,\text{GHz}} |r(f)|\,df\,.$$

Sie wurde durch Auszählen der Quadrate unter der $|r(f)|$-Kurve ermittelt.

Einflußfaktoren waren die geometrischen Abmessungen $l \mathrel{\widehat{=}} X_1$, $b \mathrel{\widehat{=}} X_2$, $l_s \mathrel{\widehat{=}} X_3$.

E x p e r i m e n t e p l a n u n g. An- oder Abwesenheit der Spitze l_s wurde dadurch simuliert, daß $X_{3,0} = \Delta X_3$ gewählt wurde, so daß für das normierte Niveau $x_3 = +1$ die Spitze vorhanden ist und für das Niveau $x_3 = -1$ fehlt.

B e s c h r e i b u n g s f u n k t i o n e n. Die Koeffizienten werden aus den Messungen von Q_r berechnet zu

$$b_1 = \frac{1}{4}(+49,5 - 79,9 + 61,5 - 58,7) = -6,9$$

$$b_2 = \frac{1}{4}(+49,5 - 79,9 - 61,5 + 58,7) = -8,3$$

$$b_3 = \frac{1}{4}(-49,5 - 79,9 + 61,5 + 58,7) = -2,3$$

$$b_0 = \frac{1}{4}(+49,5 + 79,9 + 61,5 + 58,7) = 62,4\,.$$

Die linear angesetzte Beschreibungsfunktion hat dann folgendes Aussehen:

$$Q = 62,4 - 6,9x_1 - 8,3x_2 - 2,3x_3\,.$$

Da m = 1 war, sind keine statistischen Maßzahlen zu ermitteln.

Tafel 8. Mikrowellenabschlußwiderstand in Mikrostriptechnik

Konstruktion:

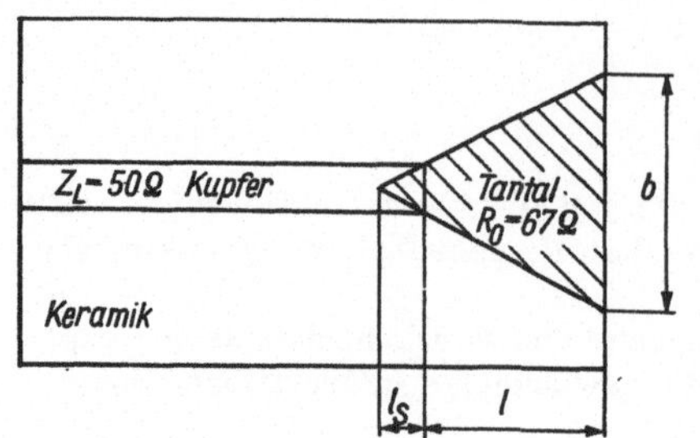

Gütekriterium und Einflußfaktoren:

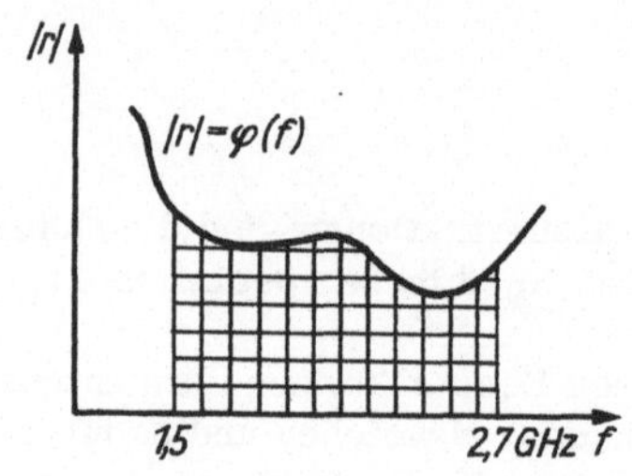

$$Q = k \int_{1,5}^{2,7\,GHz} |r|df$$

$X_1 \hat{=} l$

$X_2 \hat{=} b$

$X_3 \hat{=} l_s$

Versuchsniveaus:

X_i	X_1	X_2	X_3
$X_{i,0}$	13,5 mm	11 mm	2,5 mm
$\Delta X_{i,0}$	1,5 mm	3 mm	2,5 mm
$x_i = +1$	15,0 mm	14 mm	5,0 mm
$x_i = -1$	12,0 mm	8 mm	0,0 mm

Versuchsplan mit Meßergebnissen:

Probe-Nr. r	x_1	x_2	x_3	Q_r [willkürliche Einheiten]
1	+	+	-	49,5
2	-	-	-	79,9
3	+	-	+	61,5
4	-	+	+	58,7

Kennlinie:

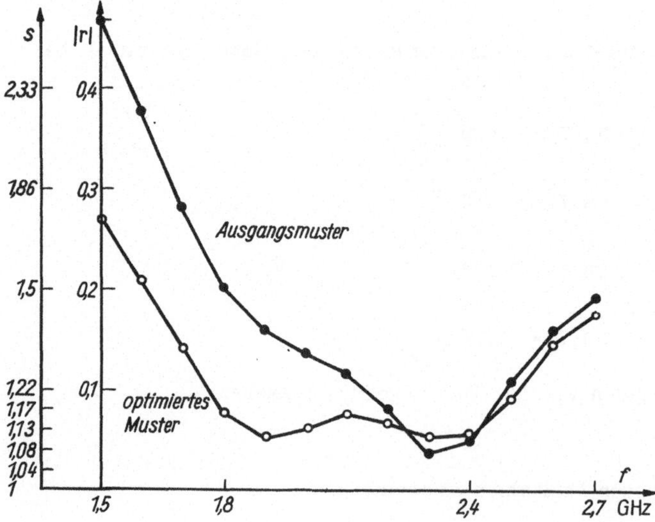

Optimierungsaufgabe. Die Fläche unterhalb der Reflexionsfaktorkurve soll im Untersuchungsbereich minimal werden.

$$Q \longrightarrow \min$$
$$-1 \leqq x_i \leqq +1 ; \quad i = 1, 2, 3$$

Lösung. Das minimale Q wird an den Grenzen des Untersuchungsbereichs bei $x_{1opt} = +1$, $x_{2opt} = +1$ und $x_{3opt} = +1$ erreicht. Es ist also der optimale Vektor

$$x^* = (+1, +1, +1).$$

Dann ist $Q_{min} = 44,9$. Nachgemessen wurde $Q_{min\ meß} = 40,5$. In Originalwerten sind zu dimensionieren $l = 15$ mm, $b = 14$ mm, $l_s = 5$ mm.

Aufgabe 10.2.: Optimierung eines MOS-Varaktors

Beschreibung. Der MOS-Varaktor besteht aus einem Isolator und Halbleiter zwischen zwei Metallelektroden. Diese Anordnung hat eine nichtlineare Kapazitäts-Spannungs-Abhängigkeit. Bei Hochfrequenz geht die Kurve von einem Maximalwert in einen Minimalwert über. Diese Übergangskennlinie wird u.a. für Frequenzvervielfachungen eingesetzt. Die Güte der Varaktorkonstruktion kann durch das Verhältnis der Maximal- zur Minimalkapazität $Q^{(1)} = \frac{C_{max}}{C_{min}}$ beschrieben werden. Weitere Gütekriterien zur Beurteilung sind $Q^{(2)} \mathrel{\hat{=}} U_x$, d.h. der bei dem halben Wert von $C_{max} + C_{min}$ vorhandene Vorspannungswert, dann ein Maß für die Steigung im Übergangsbereich $Q^{(3)} \mathrel{\hat{=}} \frac{C_1 - C_2}{1\ V}$ und die Minimalkapazität $C_{min} \mathrel{\hat{=}} Q^{(4)}$.

Konstruktionsabhängige Einflußfaktoren sind

X_1 die Fläche der Deckelektrode auf dem Isolator
X_2 die Form der Fläche (das Niveau $x_2 = +1$ wird für zwei zusammenhängende Kreise gewählt; $x_2 = -1$ gilt für einen Kreis)
X_3 die Dicke des Isolators (SiO_2).

Experimenteplanung. Der Faktor X_2 stellt die Elektrodenform dar und ist nur auf zwei Niveaus einstellbar. Das +1-Niveau wird mit der Konstruktion, die zwei verbundene Kreise als Elektrode enthält, identifiziert. Das -1-Niveau stellt die kreisförmige Elektrode dar. Bei der Dimensionierung kann daher später nur $x_1 = +1$ oder $x_2 = -1$ gewählt werden. Zwischenwerte wären in ihrer Form zu interpretieren. Durch ein Versehen bei der Planung dieser Aufgabe wurde das Niveau $x_3 = +1$ auf den niedrigeren Originalwert gelegt und $x_3 = -1$ auf den höheren. Durch ein negatives Vorzeichen für ΔX_3 wird wieder mathematische Richtigkeit hergestellt.

Beschreibungsfunktion.

$$Q^{(1)} = 2,55 - 0,1x_1 + 0,25x_2 + 0,4x_3 \qquad b_i^{(1)} \pm 1,18$$

$$Q^{(2)} = -4 - 0,05x_1 - 0,4x_2 + 1,15x_3 \qquad b_i^{(2)} \pm 1,49$$

$$Q^{(3)} = 10,875 + 5,125x_1 + 1,125x_2 + 3,875x_3 \qquad b_i^{(3)} \pm 2,38$$

$$Q^{(4)} = 22,125 + 9,125x_1 - 6,625x_2 + 0,375x_3 \qquad b_i^{(4)} \pm 3,84$$

Die Streubereiche der Koeffizienten gelten für 5% Irrtumswahrscheinlichkeit.

Optimierungsaufgabe I. Das Verhältnis von Maximal- zu Minimalkapazität soll möglichst groß werden. Die anderen Gütekriterien sollen Grenzwerte einhalten. Das sind die Steigung mit mindestens 10 pF/V und die Minimalkapazität mit höchstens 7,5 pF. Die Gren-

Tafel 9. MIS-Varaktorkonstruktion

Konstruktion:

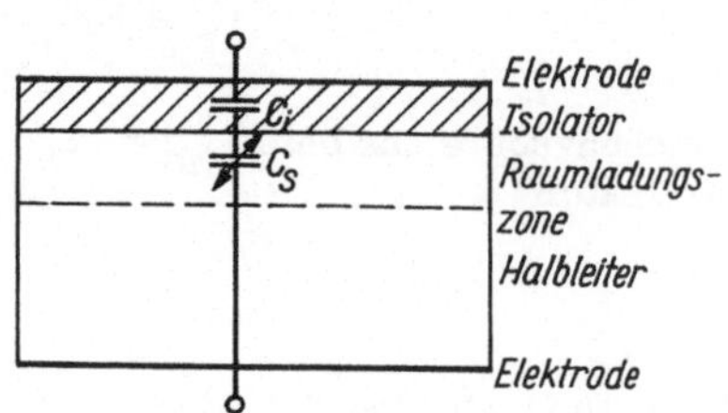

Kennlinie:

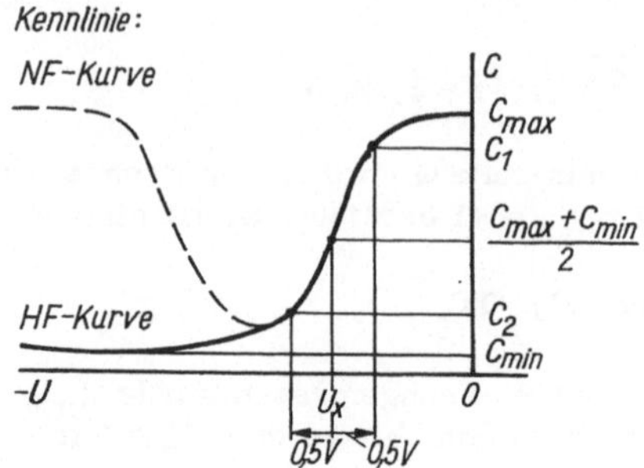

Gütekriterien:

$Q^{(1)} \mathrel{\hat=} \frac{C_{max}}{C_{min}}$

$Q^{(2)} \mathrel{\hat=} U_x$ [V]

$Q^{(3)} \mathrel{\hat=} \frac{C_1 - C_2}{1\ V} \left[\frac{pF}{V}\right]$

$Q^{(4)} \mathrel{\hat=} C_{min}$ [pF]

Einflußfaktoren:

$X_1 \mathrel{\hat=}$ Fläche [μm^2]

$X_2 \mathrel{\hat=}$ Form der Fläche

$X_3 \mathrel{\hat=}$ Oxiddicke [μm]

Versuchsniveaus:

X_i	X_1	X_2	X_3
$X_{i,0}$	$2,36 \cdot 10^5\ \mu m^2$	-	$1,0\ \mu m$
ΔX_i	$1,06\ \mu m^2$	-	$-0,5\ \mu m$
$x_i = +1$	$3,42\ \mu m^2$	∞	$0,5\ \mu m$
$x_i = -1$	$1,30\ \mu m^2$	0	$1,5\ \mu m$

Versuchsplan mit Meßergebnissen:

Nr. r	x_1	x_2	x_3	$Q_r^{(1)}$	$Q_r^{(2)}$	$Q_r^{(3)}$	$Q_r^{(4)}$
1	+	+	+	3,1	-3,2	21	25
2	-	-	+	2,8	-2,5	8,5	20
3	-	+	-	2,5	-5,6	3	6
4	+	-	-	1,8	-4,7	11	37,5

Graphische Lösung I:

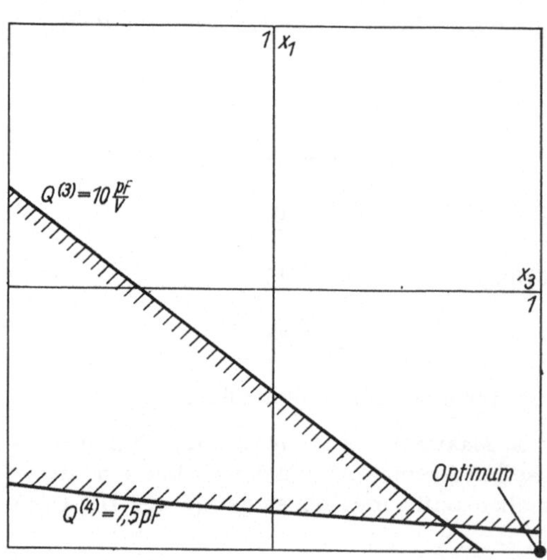

Graphische Lösung II:

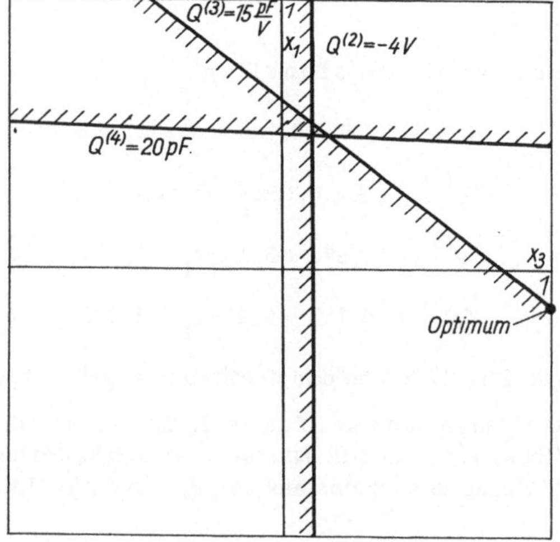

zen der Einflußfaktoren sind durch den experimentellen Untersuchungsbereich gegeben. $Q^{(2)}$ interessiert nicht.

$$Q^{(1)} \longrightarrow \max$$
$$Q^{(3)} \geqq 10 \text{ pF/V}$$
$$Q^{(4)} \leqq 7,5 \text{ pF}$$
$$-1 \leqq x_i \leqq +1 ; \quad i = 1, 2, 3$$

Lösung I. Gewählt wird eine Elektrodenform aus zwei zusammenhängenden Kreisen ($x_2 = +1$).
Dann vereinfacht sich das verallgemeinerte Beschreibungssystem zu

$$Q^{(1)} = 2,8 - 0,1x_1 + 0,4x_3$$
$$Q^{(3)} = 12 + 5,125x_1 + 3,875x_3$$
$$Q^{(4)} = 15,5 + 9,125x_1 + 0,375x_3 .$$

Es ist noch grafisch lösbar und hat das Optimum bei $x_{1opt} = -1$ und $x_{3opt} = +1$. Dort ist $Q^{(1)}_{max} = 3,3$. Die optimale Dimensionierung liegt also bei der Fläche $\hat{=} X_{1opt} = 1,30 \cdot 10^5 \mu m^2$ und der Oxiddicke $\hat{=} X_{3opt} = 0,5 \mu m$.

Optimierungsaufgabe II. Diese Aufgabe ist ähnlich der ersten. Sie hat nur andere Grenzwertforderungen für $Q^{(3)}$ und $Q^{(4)}$. Für $Q^{(2)}$ wird ein größerer Wert als -4 V gewünscht (Vorspannung).

$$Q^{(1)} \longrightarrow \max$$
$$Q^{(2)} \geqq -4 \text{ V}$$
$$Q^{(3)} \geqq 15 \text{ pF/V}$$
$$Q^{(4)} \leqq 20 \text{ pF}$$
$$-1 \leqq x_i \leqq +1 ; \quad i = 1, 2, 3$$

Lösung II. Hier ist ebenfalls eine grafische Lösung möglich, wenn $x_2 = +1$ gewählt wird. Neben den unter Lösung I aufgeführten Gleichungen wird noch in $Q^{(2)} = -4,4 + 0,05x_1 + 1,15x_3$ umgeformt. Die dadurch gebildete Nebenbedingung ist aber nicht aktiv. Die optimale Lösung liegt bei

$$x_{1opt} = -0,16, \quad x_{3opt} = +1, \quad Q^{(1)}_{max} = 3,2 .$$

Bei der hier vorliegenden Optimierungsforderung müssen die Fläche $\hat{=} X_{1opt} = 2,19 \cdot 10^5 \mu m^2$ und die Oxiddicke $\hat{=} X_{3opt} = 0,5 \mu m$ aufweisen.

Aufgabe 10.3.: Optimierung eines komplementären MIS-Inverters

Beschreibung. Ein komplementärer MIS-Inverter besteht aus zwei MIS-Transistoren. Der Schalttransistor ist als n-Kanal-Enhancement-Typ und der Lasttransistor als p-Kanal-Enhancement-Typ aufgebaut. Wird an den Eingang ein logisches L(0) gelegt, so erscheint am Ausgang das logische 0(L), wenn die Signalspannung U_E bestimmte Werte einhält (Tafel 10, Übertragungscharakteristik). Die Übertragungscharakteristik läßt sich einteilen in fünf Bereiche:

I. Der Schalttransistor ist gesperrt, sofern die Eingangsspannung U_E kleiner als die Schwellspannung U_{Tn} und die Ausgangsspannung U_A gleich der Versorgungsspannung U_B ist:

$$U_E < U_{Tn}, \quad U_A = U_B .$$

Tafel 10. Integrierter komplementärer MIS-Inverter

Schaltung:

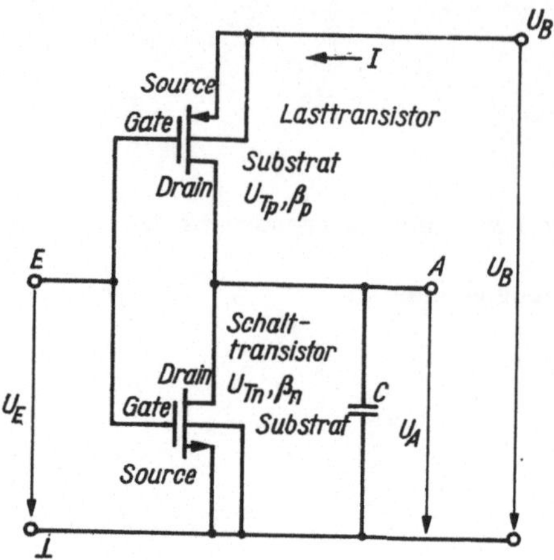

Konstruktionsquerschnitt:

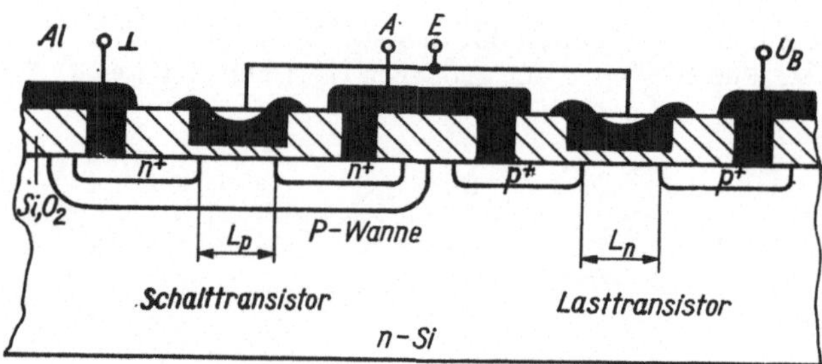

Versuchsniveaus:

X_i	X_1	X_2	X_3
$X_{i,0}$	$\frac{7}{8}$	$4 \cdot 10^{16}\ cm^{-3}$	10 V
ΔX_i	$\frac{1}{8}$	$1 \cdot 10^{16}\ cm^{-3}$	5 V
$x_i = +1$	$\frac{8}{8}$	$5 \cdot 10^{16}\ cm^{-3}$	15 V
$x_i = -1$	$\frac{6}{8}$	$3 \cdot 10^{16}\ cm^{-3}$	5 V

Gütekriterien:

$Q^{(1)} \triangleq t_d$

$Q^{(2)} \triangleq |U_{Tn}| - |U_{Tp}|$

$Q^{(3)} \triangleq \frac{\beta_n}{\beta_p} - 1$

Einflußfaktoren:

$X_1 \triangleq \frac{W_n}{W_p}$

$X_2 \triangleq N_{A0}$

$X_3 \triangleq U_B$

Versuchsplan mit Rechenergebnissen:

Nr. r	x_1	x_2	x_3	$Q_r^{(1)}$ [ns]	$Q_r^{(2)}$ [V]	$Q_r^{(3)}$
1	+	+	+	9,62	0,428	-0,077
2	-	+	-	75,2	0,428	0,232
3	+	-	-	36,7	-0,353	-0,077
4	-	-	+	10,5	-0,353	0,232

(Fortsetzung Tafel 10)

Layout:

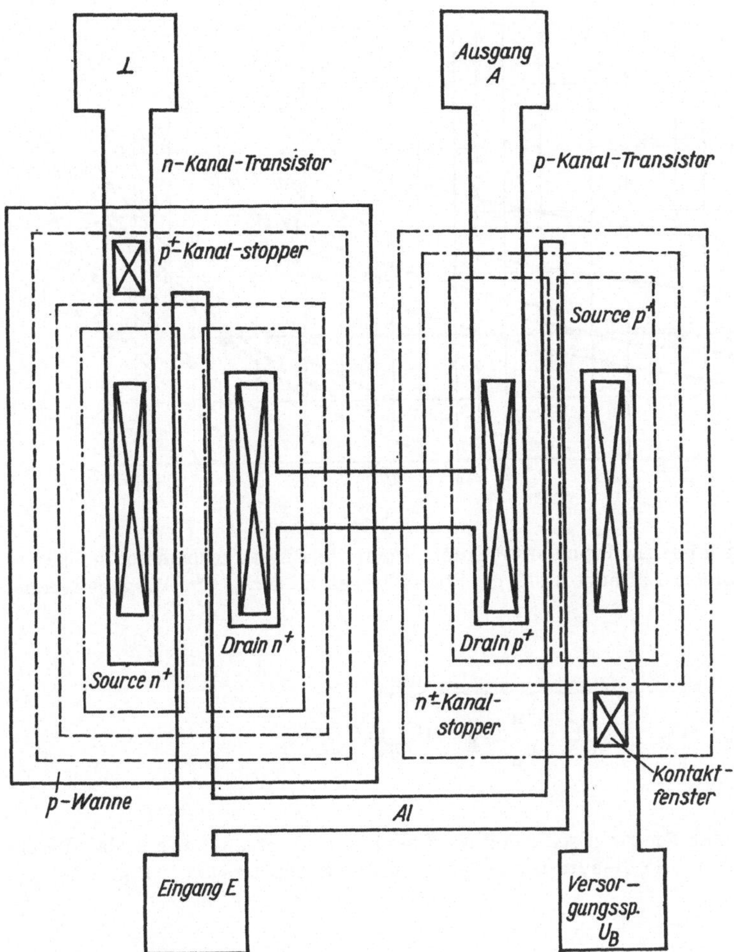

Übertragungscharakteristik:

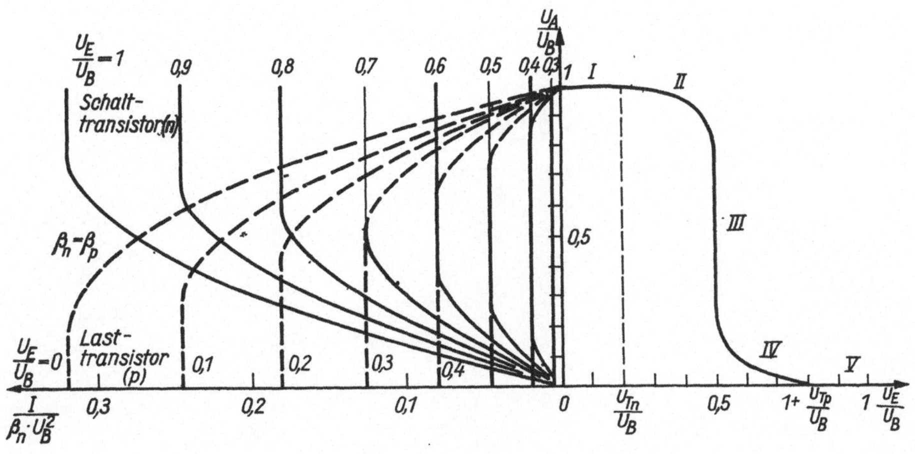

(Fortsetzung Tafel 10)

Schwellspannungsdiagramm:

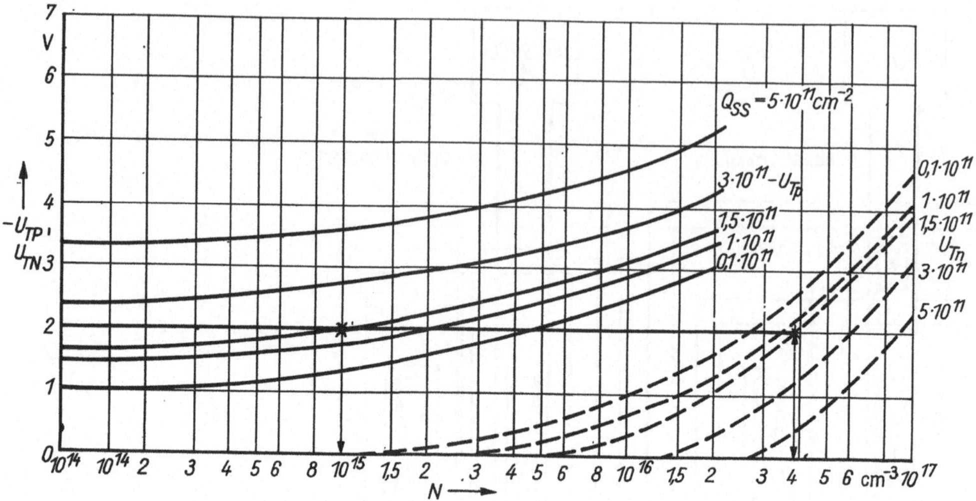

II. Der Schalttransistor arbeitet im Pinch-off-Gebiet, wenn die Eingangsspannung größer als U_{Tn} ist. Der Lasttransistor befindet sich im aktiven Bereich, d.h., die Ausgangsspannung verringert sich:

$$U_{Tn} < U_E < U_{E\ddot{U}}$$

$$U_A = U_E - U_{Tp} - \sqrt{(U_E - U_B - U_{Tp})^2 - \frac{\beta_n}{\beta_p}(U_E - U_{Tn})}\,;$$

$U_{E\ddot{U}}$ Übergangsspannung.

III. Bei weiterer Erhöhung der Eingangsspannung wird auch der Lasttransistor in das Pinch-off-Gebiet gesteuert, so daß in diesem Bereich ein steiler Spannungsabfall $U_{Tn} - U_{Tp}$ auftreten muß.

$$U_E = U_{E\ddot{U}} = \frac{U_B + U_{Tp} + \sqrt{\frac{\beta_n}{\beta_p}}\,U_{Tn}}{1 + \sqrt{\frac{\beta_n}{\beta_p}}}$$

$$U_A = \frac{U_B + \frac{\beta_n}{\beta_p}(U_{Tn} - U_{Tp})}{1 + \sqrt{\frac{\beta_n}{\beta_p}}} \longrightarrow \frac{U_B + U_{Tp} - U_{Tn}}{1 + \sqrt{\frac{\beta_n}{\beta_p}}}$$

IV. Oberhalb der Eingangsspannung $U_{EÜ}$ arbeitet der Schalttransistor im aktiven Bereich, und der Lasttransistor ist noch im Pinch-off-Gebiet.

$$U_{EÜ} < U_E < U_B + U_{Tp}$$

$$U_A = U_E - U_{Tn} - \sqrt{(U_E - U_{Tn})^2 - \frac{\beta_p}{\beta_n}(U_E - U_B - U_{Tp})}$$

V. Ist die Eingangsspannung größer als $U_B + U_{Tp}$, dann ist der Lasttransistor gesperrt, und am Ausgang liegt die Spannung Null:

$$U_E > U_B + U_{Tp}, \quad U_A = 0.$$

Dabei ist $\beta_{n(p)}$ ein Steilheitsfaktor des p- bzw. n-Kanal-Transistors:

$$\beta_{n(p)} = \frac{\mu_{n(p)} \, \varepsilon_{0x} \, W_{n(p)}}{d_{0x} \, L_{n(p)}}.$$

Hervorzuheben ist die fast ideale Übertragungscharakteristik und volle Ausnutzung der Versorgungsspannung. Da außerdem in keinem logischen Endzustand Strom fließt, wird die Verlustleistung P_v bei einer bestimmten Folgefrequenz f nur durch die Transistorströme bestimmt, die erforderlich sind, um die Lastkapazität C auf- bzw. zu entladen:

$$P_v = C \, U_B^2 \, f.$$

Neben diesen Eigenschaften interessiert besonders die Verzögerungszeit t_d des Komplementärinverters als Maß für die Arbeitsgeschwindigkeit integrierter Schaltungen. Bei diesen Betrachtungen wird stets die Zeitkonstante des Transistors vernachlässigt, da die Umladung der am Ausgang liegenden Kapazität C eine viel größere Zeit erfordert.
Aus einer Computerberechnung ergibt sich

$$t_d = \frac{1,8\,C}{U_B} \left[\frac{1}{\beta_p \left(1 + \left|\frac{U_{Tp}}{U_B}\right|\right)^2} + \frac{1}{\beta_n \left(1 - \left|\frac{U_{Tn}}{U_B}\right|\right)^2} \right]$$

Für die Dimensionierung des CMIS-Inverters lassen sich mit den vorigen Gleichungen folgende Dimensionierungsrichtlinien ableiten:

- Der CMIS-Inverter sollte eine möglichst große Störsicherheit aufweisen, d.h., die Übergangsspannung $U_{EÜ}$ sollte ungefähr der halben Betriebsspannung entsprechen:

  $$U_{EÜ} = 0,5 \, U_B.$$

- Um eine geringe Signalverzögerung zu erreichen, müssen beide Transistoren entsprechend der Gleichung für t_d etwa gleichen, aber möglichst großen Strom liefern, da sonst immer der Transistor mit der kleineren Steilheit die Schaltzeit bestimmt.

  $$\frac{\beta_p}{2}\left(1 + \frac{U_{Tp}}{U_B}\right)^2 = \frac{\beta_n}{2}\left(1 - \frac{U_{Tn}}{U_B}\right)^2$$

  Außerdem ist die Forderung nach großer Versorgungsspannung und kleiner Lastkapazität zu ersehen.
- Im Interesse einer geringen Verlustleistung muß entsprechend der Gleichung für P_v die Kapazität C klein und die Versorgungsspannung U_B groß gewählt werden.

Die Herstellung von Komplementärschaltkreisen unterscheidet sich von der herkömmlicher p-Kanal-Schaltkreise beträchtlich, da bei der Standard-Planar-Technologie auf der Grundlage des Systems $Al-SiO_2-Si$ zwei zusätzliche Diffusionsschritte erforderlich sind. Da die Ladungen im Isolator SiO_2 positiv sind, läßt sich ein p-Kanal-Enhancement-Transistor ohne

weiteres realisieren, aber ein n-Kanal-Enhancement-Transistor ist nur auf hochdotiertem p-Silizium herstellbar, da die positiven Isolatorladungen kompensiert werden müssen. Damit ist der prinzipielle Aufbau der Komplementärstruktur festgelegt. Zusätzlich zur Beherrschung der Grenzfläche SiO_2–Si muß auch die genaue Einstellung der Oberflächenkonzentration N_{A0} in der p-Wanne beherrscht werden.
Ausgangspunkt für den Entwurf eines solchen Inverters sind die erreichbaren Ergebnisse für die Grenzfläche SiO_2–Si, d.h. die Größe der Oxidladungen und Oberflächenzustände, die durch die Flächenladungsdichte Q_{SS} charakterisiert werden. Da zusätzlich zu den bereits genannten Forderungen für MIS-Schaltkreise TTL-Kompatibilität verlangt wird, muß die Versorgungsspannung etwa um 5 V liegen, d.h., die Schwellspannungen und damit Q_{SS} sollten möglichst gering sein. Die Flächenladungsdichte Q_{SS} wird stark beeinflußt von den Oxydationsbedingungen und der Orientierung des Substrats (andere Maßnahmen seien hier ausgeklammert). Günstige Werte für Q_{SS} lassen sich durch trockene thermische Oxydation bei etwa 1 200 °C und Oxiddicken um d_{ox} = 1 000 Å erreichen. Wählt man zusätzlich <100>-Silizium, dann ist ein typischer Wert für die Flächenladungsdichte $Q_{SS} = 1,5 \cdot 10^{11}$ cm^{-2}.
Um eine Schwellspannung U_{Tp} = -2 V für diesen Wert von Q_{SS} zu erreichen, ist eine Substratdotierung von

$$N_D = 10^{15} \frac{1}{cm^3} \quad (= 5\,\Omega\,cm)$$

für das Ausgangsmaterial zu wählen.
Aus den Gleichungen ist zu ersehen, daß

$$U_{Tn} = -U_{Tp}$$

anzustreben ist. Das entspricht einer Oberflächenkonzentration für die p-Wanne von $N_{A0} = 4 \cdot 10^{16}$ cm^{-3}.
Diese Einstellung muß sehr genau erfolgen, da eine geringe Änderung von N_A eine beträchtliche Verschiebung von U_{Tn} zur Folge hat.
Die weiteren technologischen Parameter (n^+, p^+-Diffusion, Feldoxidschwellspannung) sind weniger kritisch. Daher ist das Schwergewicht der Überlegungen auf die Geometrie zu legen. Hierfür erhält man aus den angeführten Gleichungen die Beziehung:

$$\frac{W_n}{L_n} = \frac{W_p}{L_p} \frac{\mu_p}{\mu_n} .$$

Die Geometrie der beiden Transistoren wird also durch das Verhalten der Beweglichkeiten bestimmt. In der Gleichung sind drei Größen frei einzustellen. Diese sollen betragen

$$W_n = W_p = 800\,\mu m \quad \text{und} \quad L_p = 10\,\mu m .$$

Die Beweglichkeiten unterscheiden sich etwa um den Faktor 3, so daß die Kanallänge $L_n = 30\,\mu m$ zu wählen ist. Damit ergibt sich diejenige Struktur, die nach den bisherigen theoretischen Berechnungen und Überlegungen den Forderungen am nächsten kommt. Sie wird als Nullentwurf genommen. Zur Beurteilung des Inverters sind Gütekriterien $Q^{(j)}$ aufzustellen:

$$Q^{(1)} \triangleq t_d$$

$$Q^{(2)} \triangleq |U_{Tn}| - |U_{Tp}|$$

$$Q^{(3)} \triangleq \frac{\beta_n}{\beta_p} - 1 .$$

Das erste Gütekriterium stellt die Verzögerungszeit dar, das zweite beinhaltet den Wunsch nach möglichst gleichen Schwellspannungen und das dritte die Forderung nach gleichen Steilheiten der Transistoren.

Von den Einflußfaktoren x_i sollen drei untersucht werden; aus der Gruppe der konstruktiven wird als entscheidend

$$x_1 \triangleq \frac{W_n}{W_p}$$

ausgewählt; von den technologischen ist die Oberflächenkonzentration N_{A0} der p-Wanne wichtig.

$$x_2 \triangleq N_{A0}$$

Letztlich gehört zu den kritischen schaltungstechnischen Einflußfaktoren

$$x_3 \triangleq U_B ,$$

da die Versorgungsspannung die Störsicherheit festlegt.
Durch die gewählte Normierung (s. Abschn. 3.) gehen die im Nullentwurf überlegten Werte der Einflußfaktoren, die im Mittelpunkt des Untersuchungsgebiets liegen, in $x_i = 0$ über. Dann kann um diesen Nullentwurf herum ein lineares Beschreibungssystem durch geplante Versuche ermittelt werden, das es gestattet, Dimensionierungsaufgaben optimal zu lösen.
Anstelle von Experimenten werden zur Ermittlung der Koeffizienten des linearen Beschreibungssystems die hier vorhandenen Modellgleichungen benutzt.

$$Q^{(1)} \triangleq t_d = \frac{1,8\,C}{U_B}\left(\frac{1}{\beta_n(1-\left|\frac{U_{Tn}}{U_B}\right|)^2} + \frac{1}{\beta_p(1-\left|\frac{U_{Tp}}{U_B}\right|)^2}\right)$$

$$Q^{(2)} \triangleq \left|U_{Tn}\right| - \left|U_{Tp}\right|; \quad U_{Tn(p)} = -0,6(\pm)U_T \ln\frac{N_{D,A}}{n_i}$$

$$-q\,\frac{Q_{SS}}{\varepsilon_{ox}}\,d_{ox}(\pm)\,\frac{2d_{ox}}{\varepsilon_{ox}}\sqrt{U_T q\,\varepsilon_{Si} N_{D,A}\ln\frac{N_{D,A}}{n_i}}$$

$$Q^{(3)} \triangleq \frac{\beta_n}{\beta_p} - 1 = \frac{\mu_n}{\mu_p}\,\frac{W_n}{W_p}\,\frac{L_p}{L_n} - 1$$

$$U_T = 25\ \mathrm{mV},\quad n_i = 1,6\cdot 10^{10}\ \mathrm{cm}^{-3},\quad d_{ox} = 1\,000\ \text{Å},$$

$$\mu_p = 150\,\frac{\mathrm{cm}^2}{\mathrm{V\cdot s}},\quad \mu_n = 450\,\frac{\mathrm{cm}^2}{\mathrm{V\cdot s}},$$

$$Q_{SS} = 1,5\cdot 10^{11}\ \mathrm{cm}^{-2},\quad C = 15\ \mathrm{pF},\quad N_D = 9\cdot 10^{14}\ \mathrm{cm}^{-3},$$

$$\varepsilon_{ox} = 4,\quad \varepsilon_{Si} = 12$$

Experimenteplanung. In die Formeln für $Q^{(1)}$, $Q^{(2)}$ und $Q^{(3)}$ werden die Originalwerte nach Tafel 10 eingesetzt und für die einzelnen „Versuche" berechnet. Aus den $Q_r^{(j)}$ werden in üblicher Weise die Koeffizienten linearer Beschreibungsfunktionen bestimmt.

Beschreibungsfunktion.

$$Q^{(1)} = 33 - 9,85x_1 + 9,4x_2 - 22,95x_3 \text{ in ns}$$

$$Q^{(2)} = 0,0375 + 0,39x_2 \text{ in V}$$

$$Q^{(3)} = 0,0775 - 0,1545x_1$$

Wenn diese Beschreibungsfunktionen den physikalischen Sachverhalt genau wiedergeben, müssen auch aus Experimenten ermittelte Koeffizienten mit den hier berechneten übereinstimmen. Werden Abweichungen festgestellt, so ist bei Ausschluß von Meßfehlern eine Aussage über die Güte des physikalischen Modells möglich.

Optimierungsaufgabe. Die Verzögerungszeit soll ein Minimum werden.

$$Q^{(1)} \longrightarrow \min$$

$$Q^{(2)} = 0$$

$$Q^{(3)} = 0$$

$$-1 \leqq x_i \leqq +1 ; \quad i = 1, 2, 3$$

Lösung. Aus den Bedingungsgleichungen für $Q^{(2)}$ und $Q^{(3)}$ lassen sich wegen des einfachen Aufbaus der Gleichungen die notwendigen x_{1opt}, x_{2opt} berechnen zu

$$x_{1opt} = + \frac{0,0775}{0,1545} \approx +0,5$$

$$x_{2opt} = - \frac{0,0375}{0,39} \approx -0,1 .$$

Sie liegen in den zulässigen Grenzen $-1 \leqq x_i \leqq +1$. Der minimale Wert für $Q^{(1)}$ wird dann bei $x_{3opt} = +1$ mit $Q^{(1)}$ [ns] $= 33 - 9,85 \cdot 0,5 - 9,4 \cdot 0,1 - 22,95 \cdot 1 \approx 4,2$ erreicht.
Im Originalmaßstab ist das Verhältnis der Kanalbreiten zu wählen:

$$\frac{W_n}{W_p} = \frac{15}{16} \approx 0,94 .$$

Die Oberflächenkonzentration sollte den optimalen Wert $N_{A0} = 3,9 \cdot 10^{-16}\ cm^{-3}$ annehmen und die Versorgungsspannung $U_B = 15$ V haben. Wird die Versorgungsspannung von $U_B = 5$ V vorgeschrieben ($x_3 = -1$), so wird nur $Q^{(1)} \triangleq 50,1$ ns erreicht.

Aufgabe 10.4.: Optimierung der Konstruktion einer Lumineszenzdiode

Beschreibung. Für die Konstruktion einer Lumineszenzdiode (LED) auf der Basis GaAsP sollen die Kontaktfläche $A_K \triangleq X_1$ und die diffundierte Fläche $A_D \triangleq X_2$ so gewählt werden, daß die prozentuale Ausbeute in bezug auf Leuchtdichte B, Sperrspannung U_R und Durchlaßspannung U_F möglichst groß wird.
Dazu werden drei Gütekriterien formuliert:

$Q^{(1)}$ Anzahl der LED mit $B > 2\,000$ asb

$Q^{(2)}$ Anzahl der LED mit $U_R > 8$ V

$Q^{(3)}$ Anzahl der LED mit $U_F < 1,7$ V.

Die Lumineszenzdiode besteht aus einem pn-Übergang, der in der Übergangszone Licht emittiert, das nach oben austritt und nach unten durch geeignete Substratwahl reflektiert bzw. absorbiert wird. Da der pn-Übergang kontaktiert werden muß, verdeckt die Kontaktfläche Teile der leuchtenden Fläche.
In dieser Aufgabe wird auf hohe Ausbeuten bei Erreichen bestimmter elektrischer und optischer Grenzwerte orientiert.

Experimenteplanung. Ausgegangen wird von dem Nullentwurf bei $X_{1,0} = 1,18 \cdot 10^{-4}\ cm^2$ und $X_{2,0} = 12,3 \cdot 10^{-4}\ cm^2$. Die ΔX_i sind $\Delta X_1 = 1,06 \cdot 10^{-4}\ cm^2$ und $\Delta X_2 = 1,5 \cdot 10^{-4}\ cm^2$.

Hergestellt werden müssen dazu N = 9 verschiedene Konstruktionen mit vorgeschriebenen Werten für x_1 und x_2. Das wird zweckmäßigerweise so gemacht, daß nur ein Schablonensatz mit den neun Variationen hergestellt wird. Auf der Scheibe werden sie somit unter nahezu gleichen Bedingungen realisiert, so daß zusätzliche technologische Einflußfaktoren unberücksichtigt bleiben können.

Beschreibungsfunktionen.

$$Q^{(1)} = 85,3 - 4,33x_1 - 10,13x_2 - 4,25x_1x_2 - 5,0x_2^2$$

$$Q^{(2)} = 78,4 - 1,8x_1 + 2,5x_2 + 0,75x_1x_2 - 3,5x_1^2 + 6,5x_2^2$$

$$Q^{(3)} = 62,0 - 17,6x_1 + 23,3x_2 + 12,0x_1x_2 + 6,8x_1^2 + 2,73x_2^2$$

Optimierungsaufgabe. Für die Ausbeute ist das Gütekriterium $Q^{(j)}$ wichtig, das den minimalen Wert hat. Ab dieser Grenze werden alle drei Gütekriterien eingehalten. Es ist deshalb das Ziel der optimalen Dimensionierung, Kontaktfläche X_1 und diffundierte Fläche X_2 so zu wählen, daß der Minimalwert der Gütekriterien möglichst einen maximalen Wert annimmt.
Mathematisch heißt das:

$$\min Q^{(j)}(x_1, x_2) \longrightarrow \max ; \quad j = 1, 2, 3$$

Für die x_i gelten die Grenzen des Untersuchungsbereichs $-1 \leqq x_i \leqq +1$, $-1 \leqq x_2 \leqq +1$.

Lösung. Das Verfahren wurde mit dem Nullentwurf ($x_1 = 0$, $x_2 = 0$) als Startpunkt begonnen. Die geforderte Genauigkeit lag bei $\varepsilon = 0,01$.
Nach 13 Iterationen lieferte die Rechnung auf dem R 300 mit dem Programm des Aufgabentyps II (Tafel C.a):

$$x_{1opt} = -0,97 \text{ (Kontaktfläche von } 0,152 \cdot 10^{-4} \text{ cm}^2\text{)}$$

$$x_{2opt} = \ 0,76 \text{ (diffundierte Fläche von } 13,4 \cdot 10^{-4} \text{ cm}^2\text{)}.$$

Die Gütekriterien nahmen bei der optimalen Lösung folgende Werte an:

$$Q^{(1)}_{opt} = 82,0$$

$$Q^{(2)}_{opt} = 82,0$$

$$Q^{(3)}_{opt} = 95,9 .$$

Durch die optimale Dimensionierung der Konstruktion erhöht sich damit die Ausbeute von 62 auf 82%.

Kompromißmenge. Interessant im Hinblick auf ein Lösungsangebot, das von diesem einen Punkt abweicht, ist die Kenntnis der gesamten Kompromißmenge. Dazu kann das verallgemeinerte Beschreibungssystem analytisch ausgewertet werden. Im Sinne der Polyoptimierung muß hierfür die Jakobi-Matrix gebildet werden.

$$J = \begin{pmatrix} \frac{\partial Q^{(1)}}{\partial x_1} & \frac{\partial Q^{(1)}}{\partial x_2} \\ \frac{\partial Q^{(2)}}{\partial x_1} & \frac{\partial Q^{(2)}}{\partial x_2} \\ \frac{\partial Q^{(3)}}{\partial x_1} & \frac{\partial Q^{(3)}}{\partial x_2} \end{pmatrix} = \begin{pmatrix} -4,33 - 4,25x_2 & -10,13 - 4,25x_1 - 10x_2 \\ -1,8 + 0,75x_2 - 7x_1 & +2,5 + 0,75x_1 + 13x_2 \\ -17,6 + 12x_2 + 13,6x_1 & +23,3 + 12x_1 + 5,46x_2 \end{pmatrix}$$

Die Dimension der Kompromißmenge kann höchstens l - 1 = 2 betragen. Daher sind maximal zwei linear unabhängige Zeilenvektoren vorhanden:

$$\frac{\partial Q^{(3)}}{\partial x_1} = g_1 \frac{\partial Q^{(1)}}{\partial x_1} + g_2 \frac{\partial Q^{(2)}}{\partial x_1}, \quad \frac{\partial Q^{(3)}}{\partial x_2} = g_1 \frac{\partial Q^{(1)}}{\partial x_2} + g_2 \frac{\partial Q^{(2)}}{\partial x_2}$$

Das ergibt das Gleichungssystem

$$(-17,6 + 4,33g_1 + 1,8g_2) + (13,6 + 7g_2)\, x_1 + (12 + 4,25g_1 - 0,75g_2) = 0$$

$$(23,3 + 10,13g_1 - 2,5g_2) + (12 + 4,25g_1 - 0,75g_2)\, x_1 + (5,46 + 10g_1 - 13g_2)\, x_2 = 0 .$$

Tafel 11. Lumineszenzdiodenkonstruktion

Suchschritte am Rechner:

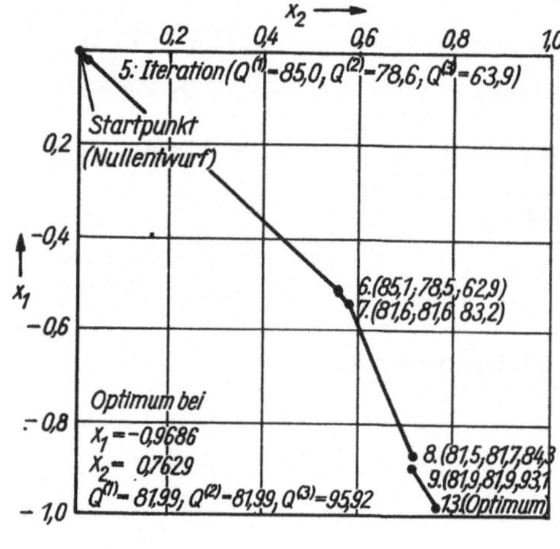

Versuchsniveaus:

X_i	X_1	X_2
$X_{i,0}$	$11,8 \cdot 10^{-5}$ cm^2	$1,23 \cdot 10^{-3}$ cm^2
ΔX_i	$10,6 \cdot 10^{-5}$ cm^2	$0,15 \cdot 10^{-3}$ cm^2
$x_i = +1$	$22,4 \cdot 10^{-5}$ cm^2	$1,38 \cdot 10^{-3}$ cm^2
$x_i = -1$	$1,2 \cdot 10^{-5}$ cm^2	$1,08 \cdot 10^{-3}$ cm^2

Versuchsplan mit Meßergebnissen:

Nr. r	x_1	x_2	$Q_r^{(1)}$	$Q_r^{(2)}$	$Q_r^{(3)}$
1	+	+	62	83	89
2	-	+	71	77	90
3	+	-	91	76	92
4	-	-	82	83	78
5	+	0	81	78	51
6	-	0	90	76	86
7	0	+	80	87	88
8	0	-	92	69	66
0	0	0	86	77	63

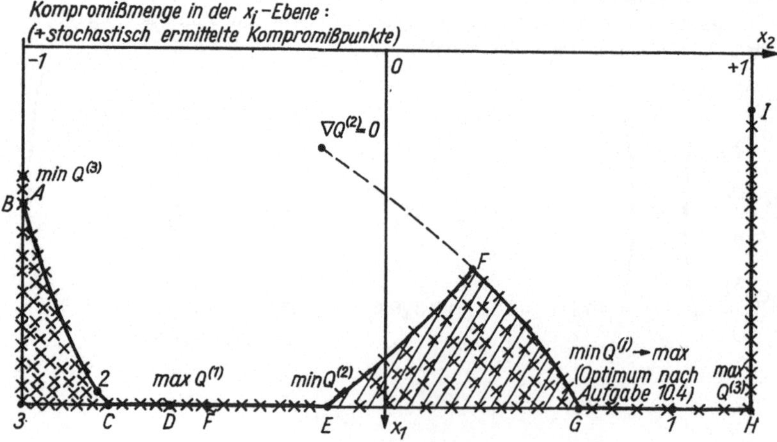

(Fortsetzung Tafel 11)

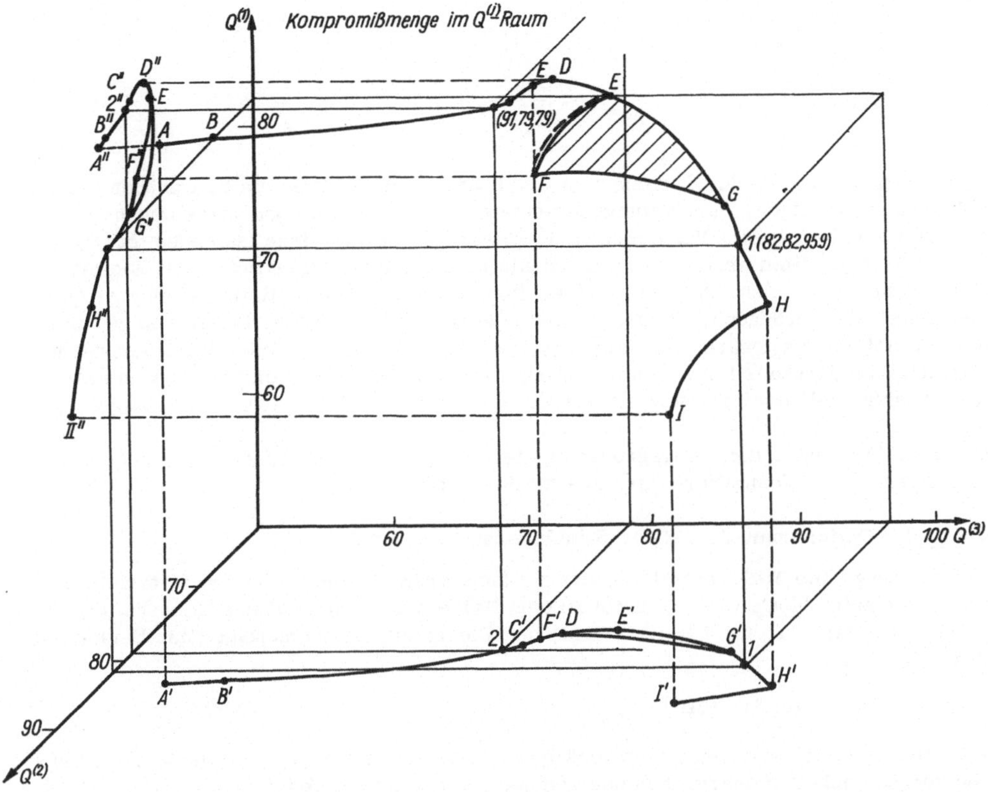

Es stellt im untersuchten Bereich einen Teil der Kompromißmenge dar. Zusätzlich müssen noch die Ränder auf effiziente Lösungen untersucht werden. Die gesamte Kompromißmenge ist in dem Bildmaterial dargestellt. Es ist zu erkennen, daß der vom Rechner ermittelte optimale Wert der Minimax-Aufgabe sehr nahe an dem theoretischen mit $x_{1opt} = -1$ und $x_{2opt} = 0,76$ (Punkt 1) liegt. In seiner Nähe hat $Q^{(3)}$ ein Maximum (Punkt H), dann muß aber eine Verminderung bei $Q^{(1)}$ auf 78 % und eine Vergrößerung bei $Q^{(2)}$ auf 85 % beachtet werden. Im Punkt I ist $Q^{(2)}$ maximal und $Q^{(1)}$ minimal mit etwa 58 %. Wird besonderer Wert auf $Q^{(1)}$ gelegt, so läßt sich im Punkt D eine Ausbeute von über 90 % erreichen. Die Sperrspannung $Q^{(2)}$ und die Durchlaßspannung $Q^{(3)}$ müßten dann aber in ihren Grenzwerten zurückgenommen werden, wenn dies elektrisch vertretbar ist. Bei den jetzigen Forderungen würden sie nur Werte um $\lessapprox$ 80 % erreichen und damit die Gesamtausbeute auf diese Größe beschränken. Interessant ist außer der Tatsache, daß der Rand des Untersuchungsgebiets im wesentlichen zur Kompromißmenge beiträgt, das Gebiet GFE. Hier trägt der Rand FE nicht zur Kompromißmenge bei, da er durch den Bogen $\widetilde{FE}$ gleichmäßig verbessert wird, indem $Q^{(2)}$ und $Q^{(3)}$ gleiche, aber $Q^{(1)}$ immer größere Werte annimmt. Eine große Änderung in den Werten der Einflußfaktoren (Herstellungsgenauigkeit!) wirkt sich in bezug auf $Q^{(2)}$ wenig aus (um 80 %); $Q^{(3)}$ und $Q^{(1)}$ sind immer größer als etwa 80 %. Das ist für eine Produktion zur Festlegung von Toleranzen in der Fertigung sehr zu beachten, da diese in diesem Gebiet nicht so kritisch sind.

Für die Bestimmung der Kompromißmenge wurde das Rechnerprogramm nach Tafel D entwickelt, das den Algorithmus nach Tafel 7 verwendet. Einige Treffer sind in die Tafel 11 eingetragen. Sie zeigen, daß die aus analytischen Überlegungen gewonnene Kompromißmenge auch von dem stochastischen Suchverfahren geliefert wird. Zusätzlich lagen noch Punkte in dem Gebiet BC3.

11. Technologieoptimierungen

Einflußfaktoren X_i sind bei der Optimierung von Technologieschritten die Stellgrößen der Anlage, Materialzuführungen, Bearbeitungszeiten usw. Sie können aus den verschiedensten Gründen oft nur in begrenzten Bereichen variiert werden. Soll in einen laufenden technologischen Prozeß eingegriffen werden, so sind ebenfalls nur geringe Variationen der Einflußfaktoren vorzunehmen, um den Prozeß nicht merklich zu stören. Die statistische Auswertung gestattet meist, die vorhandenen Abhängigkeiten dennoch festzustellen. Dabei muß gewartet werden, bis sich ein stationärer Zustand eingestellt hat. Bei der Optimierung neuer Technologien ist dagegen durchaus freizügiger zu verfahren. Außerdem sollten tunlichst unterschiedliche Startpunkte (Nullentwürfe) gewählt werden, um nicht in relativen Optima befangen zu bleiben.
Gütekriterien $Q^{(j)}$ sind Beurteilungsgrößen des technologischen Prozesses, aber auch mit der Technologie erreichte Kennziffern der hergestellten Produkte.

Aufgabe 11.1.: Optimierung der Al_2O_3-Schichtherstellung auf Si

Beschreibung. Die MIS-Technik benutzt als Isolatoren (I) eine Reihe von Materialien. Unter anderem zeigt Al_2O_3 (Aluminiumoxid) eine Reihe wünschenswerter Eigenschaften. Seine Güte wird stark durch Löcher im Oxid, den Pin-holes, beeinträchtigt. Zur Beurteilung wird deshalb gesetzt:

$$Q \triangleq \text{Pin-hole-Dichte [PHD]} .$$

Die Schichtherstellung geschieht durch reaktives Aufstäuben auf Si im Rezipienten. Einflußfaktoren können deshalb Steuergrößen des technologischen Prozesses sein.
X_1 Heizleistung P_H in W, X_2 Magnetstrom I_m in mA, X_3 Targetspannung U_T in V, X_4 Substrattemperatur T_s in °C, X_5 Sauerstoffpartialdruck P_{O_2} in Torr, X_6 Schichtdicke d in nm.

Experimenteplanung. Es wird ein linearer Plan für sieben Einflußfaktoren genommen und die vierte Spalte ausgelassen. Dadurch sind sechs Einflußfaktoren in 8 + 1 Versuchen (1 Versuch zur Überprüfung der Adäquatheit im Nullpunkt) auf vorgeschriebenen Niveaus zu variieren und das Gütekriterium Q zu messen.
Die Pin-hole-Dichte wird mit einer Auszählmethode (Blasentest) auf den Scheiben ermittelt. Es werden jeweils m = 3 Messungen auf einer Scheibe, die in den Versuchen r = 0, 1, ..., 8 hergestellt wurden, durchgeführt.

Tafel 12. Al_2O_3-Schichtherstellung auf Halbleitersubstrat

Normierter Versuchsplan:

Versuch Nr. r	x_1	x_2	x_3	x_4	x_5	x_6	Q_r	s_r
1	+	+	+	+	+	+	Q_1	s_1
2	-	+	+	-	+	-	Q_2	s_2
3	+	-	+	+	-	-	Q_3	s_3
4	-	-	+	-	-	+	Q_4	s_4
5	+	+	-	-	-	-	Q_5	s_5
6	-	+	-	+	-	+	Q_6	s_6
7	+	-	-	-	+	+	Q_7	s_7
8	-	-	-	+	+	-	Q_8	s_8
0	0	0	0	0	0	0	Q_0	s_0

(Fortsetzung Tafel 12)

Versuchsplan in Originalwerten und Meßwerte:

Vers. Nr. r	$X_1 = P_H$ in W	$X_2 = I_m$ in mA	$X_3 = U_T$ in V	$X_4 = T_s$ in °C	$X_5 = P_{O_2}$ in Torr $\cdot 10^{-4}$	$X_6 = d$ in nm $\cdot 10^{-1}$	Q_r [PHD]	Q_{r1} [PHD]	Q_{r2} [PHD]	Q_{r3} [PHD]	s_r [PHD]
1	700	4	1000	300	1,7	2000	203,3	165	220	225	33,4
2	600	4	1000	50	1,7	1000	143,3	110	150	170	30,5
3	700	2	1000	300	1,3	1000	116,7	100	100	150	28,9
4	600	2	1000	50	1,3	2000	275	260	260	305	26
5	700	4	500	50	1,3	1000	203,3	180	200	230	25,2
6	600	4	500	350	1,3	2000	413,3	390	400	450	32,1
7	700	2	500	50	1,7	2000	126,7	95	135	150	28,6
8	600	2	500	300	1,7	1000	81,7	70	70	105	20,1
0	650	3	750	175	1,5	1500	$Q_0 = 100$	90	110	100	$s_0 = 10$

$s = 28,1$
$\bar{Q} = 195,4$

Beschreibungsfunktion.

$$Q[\mathrm{PHD}] = 195,4 - 32,9x_1 + 45,4x_2 - 10,8x_3 + 8,3x_4 - 56,7x_5 + 59,2x_6$$

In entnormierter Form lautet diese Gleichung:

$$Q[\mathrm{PHD}] = 195,4 - 32,9\,\frac{X_1 - 650\text{ W}}{50\text{ W}} + 45,4\,\frac{X_2 - 3\text{ mA}}{1\text{ mA}} - 10,8\,\frac{X_3 - 750\text{ V}}{250\text{ V}}$$

$$+ 8,3\,\frac{X_4 - 175\ ^\circ\mathrm{C}}{125\ ^\circ\mathrm{C}} - 56,7\,\frac{X_5 - 1,5\cdot 10^{4}\text{ Torr}}{0,2\cdot 10^{-4}\text{ Torr}} + 59,2\,\frac{X_6 - 150\text{ nm}}{50\text{ nm}}$$

$$= 769,2 - 0,66\,P_H[\mathrm{W}] + 45,4\,I_m\,[\mathrm{mA}] - 0,043\,U_T\,[\mathrm{V}] + 0,067\,T_s\,[^\circ\mathrm{C}]$$

$$-2,83\cdot 10^6\,P_{O_2}\ \text{Torr}\ + 1,2\,d\,[\mathrm{nm}]\,.$$

Der Student-Test ergibt

$$t = \frac{195,4 - 100}{\sqrt{\frac{27}{72\cdot 25}}\ \sqrt{23\cdot 28,1^2 + 2\cdot 10^2}} = 5,75\,.$$

Optimierungsaufgabe. Das Ziel ist es, möglichst wenige Pin-holes zu haben, also $|Q| \longrightarrow \min$. Es muß in den Grenzen $-1 \leqq x_i \leqq +1$ erreicht werden.

Lösung. Die bequemere Ersatzaufgabe ist $Q \longrightarrow \min$. Sie wird mit der Einstellung der Einflußfaktoren an den Grenzen ihres Gültigkeitsbereichs erreicht. Dabei muß der Wert x_i immer so gewählt werden, daß die $b_i x_i$ ihren größten negativen, aber zulässigen Wert annehmen. Das ist bei $x_i = \pm 1$ der Fall. Man erhält

$$Q_{min} = 195,4 - 32,9 - 45,4 - 10,8 - 8,3 - 56,7 - 59,2 = -17,9$$

bei den Einstellungen $x_1 = +1$, $x_2 = -1$, $x_3 = +1$, $x_4 = -1$, $x_5 = +1$, $x_6 = -1$.

Die Beschreibungsfunktion ist, wie aus dem nicht zulässigen negativen Wert für Q zu ersehen ist, für das Problem nicht in wünschenswerter Weise physikalisch adäquat. Die geringste Pinhole-Dichte kann nur $Q = 0$ sein (Fehlerfreiheit). Das Optimum ist deshalb so zu interpretieren, daß dort eine minimale Pin-hole-Dichte zu erwarten ist. Welche konkrete Größe tatsächlich vorhanden ist, muß durch eine experimentelle Einstellung ausgemessen werden.

Aufgabe 11.2.: Optimierung einer nichtlinearen Kapazität

Beschreibung. Ein parametischer Verstärker benötigt ein Bauelement mit einer nichtlinearen Kapazitäts-Spannungs-Kennlinie. Eingesetzt wird ein Dielektrikum, dessen nichtlineare Eigenschaften zu gewünschten Bauelementeeigenschaften führen sollen. Die Kapazität wird charakterisiert durch

$Q^{(1)}$ Anfangskapazität C(0) je Elementlänge in pF/mm

$Q^{(2)}$ Steilheit der C(U)-Kennlinie $C(0)/C(U_{meß})$

$Q^{(3)}$ Verlustwinkel tan δ.

Die Gütekriterien - das zeigen Vorversuche - hängen von etwa $\gtrapprox 20$ Einflußfaktoren ab. Diese große Zahl kompliziert eine Experimenteplanung. Deshalb wurden sie in mehrere Gruppen eingeteilt und in der ersten Optimierungsphase nur fünf Faktoren des Brennprozesses für die dielektrische Schicht betrachtet:

Temperatur des ersten Zyklus des Brennprozesses	X_1
Zeit des ersten Zyklus des Brennprozesses	X_2
Temperatur des zweiten Zyklus des Brennprozesses	X_3
Zeit des zweiten Zyklus des Brennprozesses	X_4
Korngröße des Ausgangsmaterials	X_5

Experimenteplanung. Ausgegangen wird von geschätzten Startpunkten $X_{i,0}$ und Untersuchungsbereichen $2\Delta X_i$. Durchgeführt werden m = 2 Parallelversuche. Das ist die unterste Anzahl, um Streuungen berechnen zu können.

Beschreibungsfunktion.

$$Q^{(1)} = 2,0 - 0,45x_3 - 0,16x_4 - 0,17x_1x_2$$

$$F = 2,94 > F_{0,05(12;16)} = 2,4$$

$$Q^{(2)} = 2,49 - 0,44x_3 - 0,13x_4 - 0,12x_1x_3$$

$$F = 3,07 > F_{0,05(12;16)} = 2,4$$

$$10^3 \cdot Q^{(3)} = 25,3 - 3,6x_1 - 3,3x_2 - 5,6x_3 - 0,63x_4 + 2,38x_5$$

$$F = 1,25 < F_{0,05(12;16)} = 2,4$$

Nur das Gütekriterium $Q^{(3)}$ ist mit $\alpha = 5\,\%$ Irrtumswahrscheinlichkeit adäquat beschrieben.

Optimierungsaufgabe. Es wird ausschließlich $Q^{(3)}$ betrachtet, da die anderen Beschreibungsfunktionen nicht ausreichend adäquat sind. Das vereinfacht die Optimierung erheblich. Es soll $Q^{(3)} \longrightarrow \min$ auf experimentellem Weg erreicht werden.

Lösung. Vom Startpunkt (Nullentwurf) wird in den in der Tafel 13 angegebenen Schritten eine Reihe r = 17, ..., 28 von Versuchspunkten längs des Gradienten berechnet, indem zu jedem Einflußfaktor der Schritt $\varepsilon b_i \Delta X_i$ hinzuaddiert wird.
Ab Versuchspunkt r = 20 werden für x_3 und ab r = 22 für x_1 technologische Grenzen erreicht. Sie werden fest eingestellt und nur noch x_2 in Richtung des Gradienten geändert. x_4 und x_5 werden infolge ihrer kleinen Werte nicht geändert, aber auf ihre günstigsten Niveaus für kleines Q eingestellt.
Zusätzlich ist zu bemerken, daß nicht alle der neu berechneten Versuchspunkte für die Versuchsdurchführung experimentell ausgeführt wurden. Das führt zur Einsparung von Versuchen. Das Minimum von Q wird im Versuch r = 24 gefunden. Der tan δ ist dort viermal kleiner als zu Beginn der Optimierung bei $x_i = 0$.

Tafel 13. Herstellung eines nichtlinearen Dielektrikums

Einfluß-faktoren	x_1	x_2	x_3	x_4	x_5	Q ⟶ min
b_i	$-3,6 \cdot 10^{-3}$	$-3,3 \cdot 10^{-3}$	$-5,6 \cdot 10^{-3}$	$-0,63 \cdot 10^{-3}$	$+2,38 \cdot 10^{-3}$	-
ΔX_i	50°	6 min	127 °C	10 min	-	-
$b_i \Delta X_i$	0,18 °C	0,0198 min	0,712 °C	-	-	-
Schrittweite $\varepsilon b_i \cdot \Delta X_i$ gewählt $\varepsilon = 100$	18 °C	1,98 min	71, 2 °C	-	-	-
gerundete Schrittweite	18 °C	2 min	70 °C	-	-	-
Ausgangsp. $-M_0$ (entspr. $x_i = 0$)	1368 °C	8 min	1027 °C	20 min	0,6 µm	0,025
Versuch-Nr. r = 17	1386 °C	10 min	1097 °C	30 min	0,6 µm	nicht ausgeführt
18	1404 °C	12 min	1167 °C	30 min	0,6 µm	"
19	1422 °C	14 min	1237 °C	30 min	0,6 µm	0,019
20	1440 °C	16 min	technol. Grenze	30 min	0,6 µm	0,015
21	1458 °C	18 min	"	30 min	0,6 µm	0,012
22	technol. Grenze	20 min	"	30 min	0,6 m	0,009
23	"	22 min	"	30 min	0,6 µm	nicht ausgeführt
24	"	24 min	"	30 min	0,6 µm	0,006
25	"	26 min	"	30 min	0,6 µm	nicht ausgeführt
26	"	28 min	"	30 min	0,6 µm	0,009
27	"	30 min	"	30 min	0,6 µm	nicht ausgeführt
28	"	32 min	"	30 min	0,6 µm	0,013

Aufgabe 11.3.: Optimierung einer p-Wanne

Beschreibung. Zur elektrischen Isolation von mikroelektronischen Bauelementen gegeneinander werden pn-Übergänge benutzt. In n-Si werden p-Wannen eindiffundiert, in denen weitere pn-Übergänge angeordnet werden, um bestimmte Bauelemente zu erzeugen, die gegenüber dem n-Si durch diesen genannten pn-Übergang isoliert sind. Dabei wird der pn-Übergang in Sperrichtung gepolt. Der technologische Prozeß der Diffusion aus der Gasphase zur Herstellung der p-Wanne gliedert sich in zwei Teilschritte:

Vorablagerung und Tiefendiffusion.

Während der Vorablagerung wird eine dünne, hochdotierte Schicht des Substrats mit Dotanten belegt und dann einer Tiefendiffusion in geeigneter Atmosphäre unterzogen.
Orientierende Messungen ergaben bei einer Diffusionstemperatur von 150 °C, einer Diffusionszeit von 20 h und einem trockenen O_2-Gasstrom mit 9 l/h für Si-Scheiben, bei denen die durch eine parallel ablaufende Oxydation entstehende Borglasschicht entfernt wurde, Schichtwiderstände von 800 bis 2 000 Ω, eine Eindringtiefe von 7 bis 9,5 µm und eine Oberflächen-

konzentration von 10^{16} bis 10^{17} cm^{-3}. Für den Einsatz in der MOS-Komplementärtechnik werden Oberflächenkonzentrationen N_{Ao} um 10^{16} cm^{-3} benötigt und eine Tiefe des pn-Übergangs x_B von etwa $\gtrapprox$ 7 µm.
Da Oberflächenkonzentrationen schlecht meßbar sind, wird der Schichtwiderstand zu $Q^{(1)}$ als Zielgröße (Gütekriterium) gewählt. Bei Annahme einer durch die Diffusion entstehenden Störstellenverteilung und bekannter Tiefe des pn-Übergangs läßt sich der Zusammenhang zwischen Oberflächenkonzentration und Schichtwiderstand ermitteln. Dadurch ist eine gewünschte Oberflächenkonzentration auch durch die Größe des dann vorhandenen Schichtwiderstands mittelbar auszudrücken. Die Tiefe des pn-Übergangs wird als $Q^{(2)}$ gewählt.
Technologische Einflußfaktoren auf die Gütekriterien sind u.a. die Quelltemperatur der Dotantenflüssigkeit X_1, die Vorablagerungszeit X_2 und der Nebenstrom X_3, der über die Dotantenflüssigkeit hinwegstreicht und die Dotantenmenge im Diffusionsrohr beeinflußt.

Experimenteplanung. Es werden m = 14 Parallelversuche vorgesehen, um die Sicherheit der statistischen Aussagen zu erhöhen. Es wurde angestrebt, allen anderen technologischen (z.B. Beschickungsgeschwindigkeit des Diffusionsrohrs) und meßtechnischen Faktoren (z.B. Meßdruck der Vierspitzensonde, Meßort usw.) auf möglichst konstantem Niveau in allen Versuchen zu halten. Ein Nullversuch zur Prüfung der Adäquatheit der linearen Approximationsfunktion wurde nicht vorgesehen.

Beschreibungsfunktion.

$$Q^{(1)} = 1\,942 - 527x_1 + 403x_2 + 604x_3 \text{ in } \Omega\,, \qquad b_i^{(1)} \pm 265 \text{ in } \Omega$$

$$Q^{(2)} = 6{,}65 + 0{,}23x_1 - 0{,}13x_2 - 0{,}34x_3 \text{ in } \Omega\,, \qquad b_i^{(2)} \pm 0{,}22 \text{ in } \mu\text{m}$$

$$\alpha = 0{,}05$$

Optimierungsaufgabe. Die Tiefe des pn-Übergangs soll maximal bei Einhaltung einer fest vorgegebenen Oberflächenkonzentration werden.

$$Q^{(2)} \longrightarrow \max$$

$$Q^{(1)} = 1\,200\ \Omega$$

$$-1 \leqq x_i \leqq +1\,; \quad i = 1,\ 2,\ 3$$

Lösung. Durch die Vorschrift von $Q^{(1)}$ erniedrigt sich die Dimension der Aufgabe, hat aber immer noch eine 2dimensionale Mannigfaltigkeit. Eine Lösung wird aufgesucht, indem $Q^{(1)} = 1\,200 = 1\,942 - 527x_1 + 403x_2 + 604x_3$ nach x_2 aufgelöst wird, $x_2 = (-1{,}84 + 1{,}31x_1) - 1{,}5x_3$. In einer Darstellung $x_2 = f(x_3)$ ist dann x_1 Parameter. Da x_1 in den Grenzen $-1 \leqq x_1 \leqq +1$ liegen darf, ergeben sich zwei Geraden, zwischen denen das Optimum liegt. Die Gerade für $x_1 = +1$ liegt dabei im Untersuchungsraum. Sie ist in der Tafel 14 eingezeichnet. In die Gleichung $Q^{(2)} = f(x_i)$ wird nun x_1 aus obiger Gleichung ersetzt und damit eine Darstellung $x_2 = f(Q^{(2)} x_3)$ gewonnen:

$$x_2 = \frac{Q^{(2)} - 6{,}99}{0{,}044} - 1{,}73x_3\,.$$

Es wurden für einige Werte von $Q^{(2)}$ diese Geraden gezeichnet. Der größte Wert $Q^{(2)}_{max}$ wird im zulässigen Bereich bei den Koordinaten $x_{2opt} = -1$, $x_{3opt} = +0{,}31$ und $x_{1opt} = +1$ ermittelt. Dort ist $Q^{(2)}_{max} = 6{,}90$. Werden die Streuungen der Koeffizienten b_i beachtet, so wird für die Oberflächenkonzentration erreicht

$$\sigma^2\left\{Q^{(1)}\right\} = \sigma^2\left\{b_o^{(1)}\right\} + x_{1opt}^2\,\sigma^2\left\{b_1^{(1)}\right\} + x_{2opt}^2\,\sigma^2\left\{b_2^{(1)}\right\} + x_{3opt}^2\,\sigma^2\left\{b_3^{(1)}\right\}$$

$$= \sigma^2\left\{b_i\right\}(1 + 1 + 1 + 0{,}096) = 3{,}096\,\sigma^2\left\{b_i\right\}\,.$$

Tafel 14. Isolierwanne für integrierte Schaltkreise

Struktur:

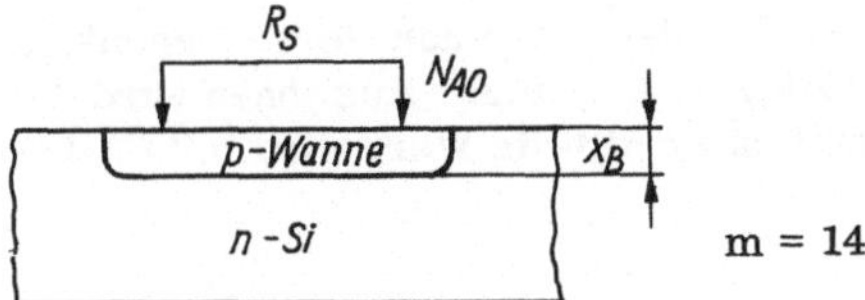

m = 14

Versuchsniveaus:

X_i	X_1	X_2	X_3
$X_{i,0}$	9 l/min	30 min	20 °C
ΔX_i	3 l/min	15 min.	5 °C
$x_i = +1$	12 l/min	45 min	15 °C
$x_i = -1$	6 l/min	15 min	15 °C

Versuchsplan mit Meßergebnissen:

Nr. r	x_1	x_2	x_3	$Q_r[\Omega]$	$Q_r^{(2)}[\mu m]$
1	+	-	+	1617	6,66
2	+	+	-	1212	7,09
3	-	+	+	3474	5,96
4	-	-	-	1463	6,89

Graphische Lösung:

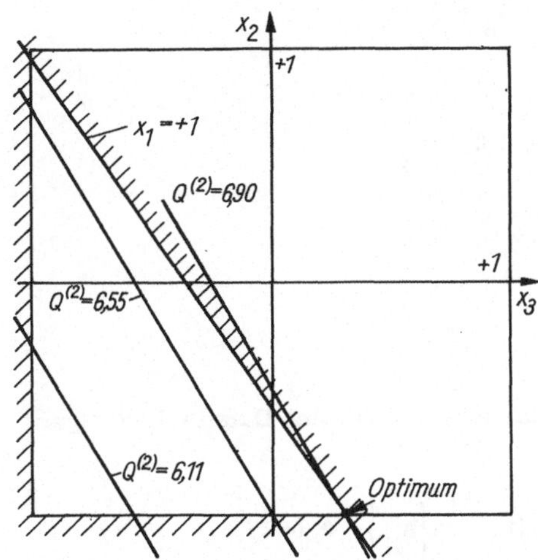

Wenn der geforderte Mittelwert $Q^{(1)} = 1\,200\,\Omega$ ist, liegen somit im Bereich

$$Q^{(1)} \pm \sigma\left\{Q^{(1)}\right\} = 1\,200\,\Omega \pm 467\,\Omega$$

bei Normalverteilung 68,3 % aller Zielwerte.
Der Wert für $Q^{(2)}_{max}$ wird mit der gleichen Trefferwahrscheinlichkeit erwartet im Bereich

$$Q^{(2)}_{max} \pm \sigma\left\{Q^{(2)}\right\} = 6{,}90\,\mu m + 0{,}39\,\mu m\ .$$

Aufgabe 11.4.: Optimierung eines ohmschen Metall-Halbleiter-Kontakts auf p-GaAsP

B e s c h r e i b u n g . Untersucht wird eine Meßstruktur für einen Al-Kontakt auf p-GaAsP. Sie enthält einen Ring, der von quadratischen Kontakten eingefaßt ist. Der Kontaktwiderstand des ringförmigen Kontakts R_k ergibt sich nach einer Stromeinspeisung zwischen den Kontakten aus einer Potentialmessung vom Ringkontakt bis in seine Mitte aus $R_k = U/I$. Dieser Kontaktwiderstand ist von konstruktiven und technologischen Einflußfaktoren sowie von den Kontakt-

und Substrateigenschaften abhängig. In dieser Aufgabe wird die Abhängigkeit von der Tempertemperatur X_1 und der Temperzeit X_2 untersucht und für die Kontaktoptimierung verwendet. Als Gütekriterium fungiert $R_k \triangleq Q$.

E x p e r i m e n t e p l a n u n g. Der Kontaktwiderstand R_k wird in den einzelnen Versuchspunkten gemessen. Die Wiederholung der geplanten Versuche erfolgt (m = 3)-fach. Aus ihnen wird der Mittelwert Q_r gebildet. Der nach der Approximationsfunktion ermittelte Wert wird mit $\hat{Q}_r$ bezeichnet.

B e s c h r e i b u n g s f u n k t i o n.

$$b_0 = \frac{1}{9}(Q_1 + Q_2 + Q_3 + Q_4 + Q_5 + Q_6 + Q_7 + Q_8 + Q_0) - 0,66\,b_{11} - 0,66\,b_{22} = +0,91$$

$$b_1 = \frac{1}{6}(Q_1 + Q_3 + Q_5) - \frac{1}{6}(Q_2 + Q_4 + Q_6) = -0,73$$

$$b_2 = \frac{1}{6}(Q_1 + Q_2 + Q_7) - \frac{1}{6}(Q_3 + Q_4 + Q_8) = -0,49$$

$$b_{12} = \frac{1}{4}(Q_1 + Q_4) - \frac{1}{4}(Q_2 + Q_3) = +0,37$$

$$b_{11} = \frac{1}{6}(Q_1 + Q_2 + Q_3 + Q_4 + Q_5 + Q_6) - \frac{1}{3}(Q_7 + Q_8 + Q_0) = +0,01$$

$$b_{22} = \frac{1}{6}(Q_1 + Q_2 + Q_3 + Q_4 + Q_7 + Q_8) - \frac{1}{3}(Q_5 + Q_6 + Q_0) = +0,37 .$$

Damit lautet die Beschreibungsfunktion:

$$Q = 0,91 - 0,73x_1 - 0,49x_2 + 0,37x_1x_2 + 0,01x_1^2 + 0,37x_2^2 .$$

Da $s_D^2 = 0,006$ und $s_e^2 = 0,001$ sind, ist

$$F = \frac{s_D^2}{s_e^2} = 6 < F_{0,05(3,18)} = 8,65$$

erfüllt. Daraus folgt, daß die Approximationsfunktion die experimentellen Daten mit weniger als 5 % Irrtumswahrscheinlichkeit beschreibt.
Die Koeffizienten haben gemäß Tafel A die Streuungen

$$s\{b_0\} = 0,024, \quad s\{b_i\} = 0,013, \quad s\{b_{i\vartheta}\} = 0,016, \quad s\{b_{ii}\} = 0,022 .$$

Sie liegen damit mit 5 % Irrtumswahrscheinlichkeit und dem Freiheitsgrad f = N(m - 1) = = 9(3 - 1) = 18 bei

$$b_0 \pm s\{b_0\}\, t_{0,05(18)} = +0,91 \pm 0,024 \cdot 2,1 = +0,91 \pm 0,05$$

$$b_1 \pm s\{b_i\}\, t_{0,05(18)} = -0,73 \pm 0,03$$

$$b_2 \pm s\{b_i\}\, t_{0,05(18)} = -0,49 \pm 0,03$$

$$b_{12} \pm s\{b_{i\vartheta}\}\, t_{0,05(18)} = +0,37 \pm 0,03$$

$$b_{11} \pm s\{b_{ii}\}\, t_{0,05(18)} = +0,01 \pm 0,05$$

$$b_{22} \pm s\{b_{ii}\}\, t_{0,05(18)} = +0,37 \pm 0,05$$

Da b_{11} kleiner als sein Streubereich bei 5 % Irrtumswahrscheinlichkeit ist, kann er gleich Null gesetzt werden, ohne die anderen Koeffizienten neu zu berechnen, da ein Versuchsplan

Tafel 15. Ohmscher Kontakt auf GaAsP

Meßstruktur:

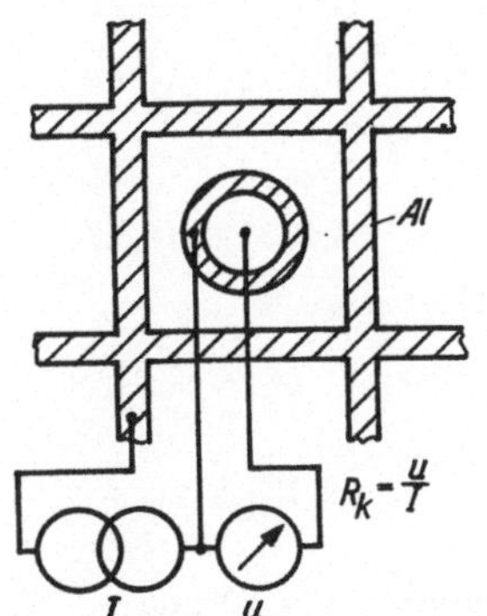

Gütekriterium und Einflußfaktoren:

$Q \triangleq R_k$

$X_1 \triangleq T$

$X_2 \triangleq t$

Versuchsniveaus:

X_i	X_1	X_2
$X_{i,0}$	500 °C	7,5 min
ΔX_i	50 °C	2,5 min
$x_i = +1$	550 °C	10 min
$x_i = -1$	450 °C	5 min

Versuchsplan mit Meßergebnissen:

Versuch Nr. r	x_1	x_2	Q_{r1}	Q_{r2}	Q_{r3}	Q_r	s_r^2	$\hat{Q}_r$
1	+	+	0,39	0,43	0,41	0,41	0,0004	0,48
2	-	+	1,16	1,12	1,11	1,13	0,0007	1,16
3	+	-	0,64	0,69	0,65	0,66	0,0007	0,66
4	-	-	2,83	2,88	2,85	2,86	0,00045	2,86
5	+	0	0,22	0,15	0,20	0,19	0,0013	0,18
6	-	0	1,68	1,58	1,60	1,62	0,0028	1,62
7	0	+	0,76	0,83	0,81	0,80	0,0012	0,80
8	0	-	1,70	1,75	1,77	1,74	0,0013	1,74
0	0	0	0,84	0,88	0,89	0,87	0,0007	0,88

Grafische Lösung:

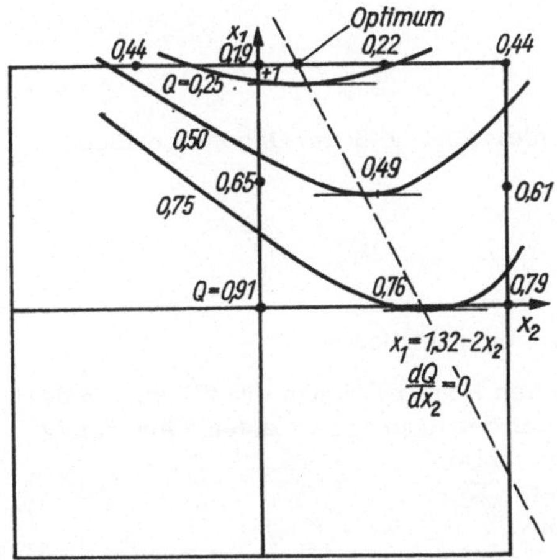

benutzt wurde, der die Eigenschaft der Orthogonalität hat. In jedem anderen Fall muß eine Neuberechnung der Koeffizienten vorgenommen werden.
In entnormierter Form lautet die Approximationsfunktion jetzt:

$$R_k\,[\Omega] = +\,0{,}91 - 0{,}73 \cdot \frac{X_1 - 500\ ^{\circ}C}{50\ ^{\circ}C}$$

$$-\,0{,}49 \cdot \frac{X_2 - 7{,}5\ \text{min}}{2{,}5\ \text{min}}$$

$$+\,0{,}37\ \frac{X_1 - 500\ ^{\circ}C}{50\ ^{\circ}C} \cdot \frac{X_2 - 7{,}5\ \text{min}}{2{,}5\ \text{min}}$$

$$+\,0{,}37 \left(\frac{X_2 - 7{,}5\ \text{min}}{2{,}5\ \text{min}}\right)^2 .$$

Sie gilt im Temperaturbereich von 450 bis 550 °C und im Zeitbereich von 5 bis 10 min.

Optimierungsaufgabe. Es wird die Dimensionierung der Einflußfaktoren gesucht, die im Untersuchungsbereich den kleinsten Kontaktwiderstand erwarten läßt.

$$Q \longrightarrow \min$$
$$-1 \leqq x_i \leqq +1\,; \quad i = 1,\ 2$$

Lösung. Die Lösung wird grafisch aufgesucht, da die zweidimensionale Darstellung dies ermöglicht. Zunächst werden die Geraden bestimmt, auf denen $dQ/dx_1 = 0$ und $dQ/dx_2 = 0$ sind. Von ihnen liegt $dQ/dx_2 = -0{,}49 + 0{,}37x_1 + 0{,}74x_2 = 0$ und daraus $x_1 = 1{,}32 - 2x_2$ in den zulässigen Grenzen $-1 \leqq x_i \leqq +1$, wie sich durch Einzeichnen bestätigen läßt. Da eine explizite Darstellung z.B. $x_1 = f(x_2, Q)$ wegen des Wechselglieds x_1x_2 nicht möglich ist, werden Kurven Q = konst. dadurch ermittelt, daß einige Wertepaare x_1, x_2 eingesetzt und Q berechnet wird. Zwischen diesen Werten wird für die Zeichnung der Kurven interpoliert. Ihre Steigung muß an der Geraden für $dQ/dx_2 = 0$, wie in der Darstellung angedeutet, Null werden. Durch diese Strukturaufklärung der Beschreibungsgleichung ist zu erkennen, daß dort, wo die Gerade für $dQ/dx_2 = 0$ den Rand $x_1 = 1$ schneidet, in dieser Aufgabe der minimale Wert für Q liegt. Somit ist

$$x_{1opt} = 1$$
$$x_{2opt} = 0{,}16$$
$$Q_{opt} = 0{,}18\,.$$

Die optimale Einstellung für den geringsten Kontaktwiderstand heißt im Originalbereich:

Tempertemperatur	550 °C
Temperzeit	7,9 min .

Der Kontaktwiderstand ist dann 0,18 kΩ.

Aufgabe 11.5.: Optimierung des Rückkontakts von Lumineszenzdioden

Beschreibung. Der Rückkontakt wird bei bestimmten Konstruktionen großflächig an der Unterseite des Bauelements angebracht. Dabei wird mit der dazu verwendeten Zinnschicht eine Verbindung zum Gehäuse bzw. Haltesubstrat verwirklicht.
Technologischer Einflußfaktor ist die Tempertemperatur X_1.
Konstruktiver Einflußfaktor ist die Zinnschichtdicke X_2.
Gütekriterien sind die mittlere Durchlaßspannung $\overline{U}_F \triangleq Q^{(1)}$ der Lumineszenzdioden und die mittlere Leuchtdichte $\overline{B} \triangleq Q^{(2)}$.
Um die Produktion nicht ständig mit der Messung von $\overline{U}_F$ und $\overline{B}$ zu belasten, werden Teststrukturen eingesetzt, auf denen der mittlere Kontaktwiderstand $\overline{R}_k \triangleq Q^{(3)}$ an einer speziellen Meßstruktur gemessen wird. Wenn x_{1opt} und x_{2opt} ermittelt sind, kann dies dann einfach

am Wert für $\overline{R}_k$ kontrolliert werden. Das ist eine mittelbare Meßtechnik für die Einhaltung des Optimums.

Experimenteplanung. Die Etalonscheiben mit der Teststruktur werden gleichen technologischen Bedingungen ausgesetzt wie die Bauelementescheiben mit den Lumineszenzdioden.

Beschreibungsfunktion.

$$Q^{(1)} = 1,62 + 0,0275x_1 + 0,0075x_2 + 0,0125x_1x_2 - 0,001x_1^2 \quad \text{in V}$$

$$s_e^2 = 0,0019 ; \quad s_D^2 = 0,1838 ; \quad F = 96,7$$

$$Q^{(2)} = 4\,507 - 808x_1 - 55x_2 - 697x_1x_2 - 72,7x_1^2 + 23,4x_2^2 \quad \text{in asb}$$

$$s_e^2 = 42\,000 ; \quad s_D^2 = 3\,570\,000 ; \quad F = 85$$

$$Q^{(3)} = 0,13 + 0,086x_1 + 0,004x_2 - 0,006x_1x_2 - 0,0025x_1^2 + 0,0175x_2^2 \quad \text{in k}\Omega$$

$$s_e^2 = 0,006 ; \quad s_D^2 = 0,1098 ; \quad F = 183$$

Optimierungsaufgabe. Die Leuchtdichte soll maximal bei Einhaltung eines kleinen Bereichs für die Durchlaßspannung sein.

$$Q^{(2)} \longrightarrow \max$$

$$1,62 \leqq Q^{(1)} \leqq 1,65$$

$$-1 \leqq x_i \leqq +1 ; \quad i = 1,\ 2$$

Lösung. Bei zwei Einflußfaktoren bietet sich eine grafische Lösung an. Die optimalen Werte sind $x_{1opt} = -1,000$, $x_{2opt} = +1,000$.
Dort sind $Q^{(2)}_{max} = 5\,907,7$ asb, $Q^{(1)} = 1,6265$ V.
Werden die Werte x_{iopt} in die Gleichung für $Q^{(3)}$ eingesetzt, so wird dann $Q^{(3)} = R_k = 0,069\,\text{k}\Omega$. Er ist somit der Zielwert bei der Prozeßkontrolle. Gemessen waren im Versuch 2, der sich nachträglich als der optimale erweist, $Q^{(2)} = 6\,130$ asb, $Q^{(1)} = 1,57$ V und $Q^{(3)} = 0,040\,\text{k}\Omega$.

Tafel 16. Rückkontakt für Halbleiterbauelemente

Rückkontaktanordnung:

Halbleiter

d

Sn-Rückkontakt

Versuchsniveaus:

X_i	X_1	X_2
$X_{i,0}$	500 °C	2 µm
ΔX_i	100 °C	1 µm
$x_i = +1$	600 °C	3 µm
$x_i = -1$	400 °C	1 µm

Gütekriterien und Einflußfaktoren:

$Q^{(1)} \triangleq \overline{U}_F$, $\quad Q^{(2)} \triangleq \overline{B}$, $\quad Q^{(3)} \triangleq \overline{R}_k$

$X_1 \triangleq T$, $\quad X_2 \triangleq d$

Versuchsplan mit Meßergebnissen:

Nr. r	x_1	x_2	$Q_r^{(1)}$ [V]	$Q_r^{(2)}$ [asb]	$Q_r^{(3)}$ [kΩ]
1	+	+	1,65	3 120	0,2
2	-	+	1,57	6 130	0,04
3	+	-	1,64	4 280	0,22
4	-	-	1,60	4 500	0,035
5	+	0	1,62	3 660	0,24
6	-	0	1,61	5 300	0,07
7	0	+	1,58	4 750	0,15
8	0	-	1,64	4 400	0,13
0	0	0	1,63	4 560	0,13

85

(Fortsetzung Tafel 16)

Graphische Lösung:

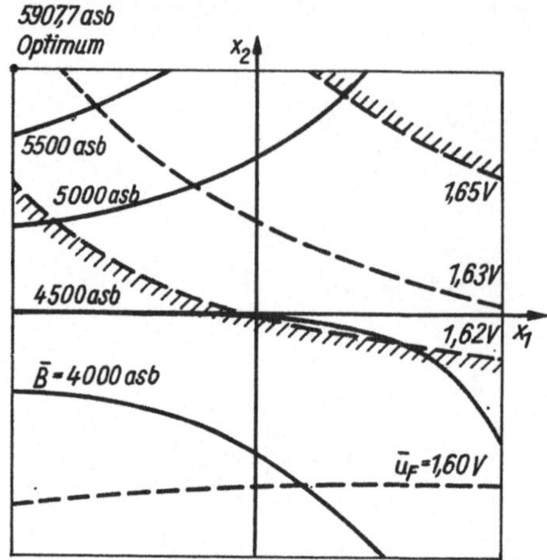

Aufgabe 11.6.: Optimierung des Parallelspaltbondens

Beschreibung. Das Bonden, d.h. das Anbringen eines Anschlußdrahts an ein Halbleiterbauelement, erfolgt hier mit einer besonders konstruierten, gabelförmigen Spitze, zwischen der sich der Bonddraht befindet, welcher durch Strom erhitzt wird. Wird dieser auf die Kontaktfläche des Bauelements aufgedrückt, so erfolgt eine innige Verbindung.

Technologische Einflußfaktoren sind
X_1 Bonddruck, X_2 Bondzeit, X_3 Spannungspegel.

Die Gütekriterien sind
$Q^{(1)}$ Ausbeute, $Q^{(2)}$ Mittelwert der Sperrspannung, $Q^{(3)}$ Streuung der Sperrspannung.

Experimenteplanung. Ein Versuchsplan für drei Einflußfaktoren wird aus Tafel A ausgewählt. Er soll Orthogonalitätseigenschaften aufweisen. Die Versuche der ersten Teilfaktorpläne mit r = 1, 2, 3, 4 und 0 sowie r = 5, 6, 7, 8 und r = 9, 10, 11, 12, 13, 14 (orthogonal) mit den Einstellungen bei $x_i = \pm 1,215$ sind notwendig, um die Koeffizienten der quadratischen Form der verallgemeinerten Beschreibungsgleichung zu bestimmen. Die Koeffizienten können von Hand, wie in den Formeln angegeben, oder vom Rechner mit dem Programm nach Tafel B berechnet werden.

Beschreibungsgleichung.

$$Q^{(1)} = 50,2 + 3,68x_1 - 7,13x_2 - 36x_3 - 7,1x_1x_3 - 12,6x_1^2 + 6,3x_2^2 + 5,3x_3^2$$

$$Q^{(2)} = 10,6 + 2,1x_1 - 0,8x_2 - 5,2x_3 - 6,8x_1x_3 + 1,8x_1x_2 + 3,9x_3^2$$

$$Q^{(3)} = 3,8 + 0,1x_1 + 2,1x_2 - 1,5x_3 + 0,2x_1x_2 - 0,7x_1x_3 + 0,2x_2^2 + 0,4x_3^2$$

Optimierungsaufgabe I. Die Ausbeute soll möglichst maximal bei Sperrspannungen größer als 8 V mit der Streuung 2 V im Untersuchungsbereich sein.

$$Q^{(1)} \longrightarrow \max$$
$$Q^{(2)} \geqq 8,0$$
$$Q^{(3)} \leqq 2,0$$
$$-1,215 \leqq x_i \leqq +1,215 ; \quad i = 1, 2, 3$$

L ö s u n g I. Es wird das Rechnerprogramm nach Tafel C.b für Aufgabe I abgearbeitet. Der Startpunkt ist $x_1^0 = 0$, $x_2^0 = -1$, $x_3^0 = 0$, die Genauigkeitsschranke $\varepsilon = 0{,}001$. Nach sieben Iterationen in 24 min am Rechner R 300 werden ermittelt:

$$x_{1opt} = 0{,}045\,, \quad x_{2opt} = -1{,}215\,, \quad x_{3opt} = -0{,}281\,.$$

Dort sind

$$Q^{(1)}_{opt} = 78{,}95\,, \quad Q^{(2)}_{opt} = 13{,}42\,, \quad Q^{(3)}_{opt} = 2{,}0\,.$$

Nachgemessen werden

$$Q^{(1)}_{opt\,meß} = 75\,, \quad Q^{(2)}_{opt\,meß} = 12{,}6\,, \quad Q^{(3)}_{opt\,meß} = 1{,}94\,.$$

Damit ist die Ausbeute von 50,2% auf theoretisch 78,95%, praktisch auf 75% angestiegen.

O p t i m i e r u n g s a u f g a b e II. Es werden jetzt geringste Streuungen der Sperrspannung gewünscht. Dabei soll die Ausbeute über 90% liegen und der Mittelwert der Sperrspannung wenigstens 8 V betragen.

$$Q^{(3)} \longrightarrow \min$$

$$Q^{(2)} \geqq 8{,}0$$

$$Q^{(1)} \geqq 90$$

$$-1{,}215 \leqq x_i \leqq +1{,}215\,; \quad i = 1,\ 2,\ 3$$

L ö s u n g II. Mit dem Startpunkt $x_1^0 = 0$, $x_2^0 = 0$, $x_3^0 = -1$ wird nach 11 Iterationen in 36 min Rechenzeit auf dem Rechner R 300 mit dem Programm nach Aufgabe I gefunden:

$$x_{1opt} = 0{,}098\,, \quad x_{2opt} = -1{,}215\,, \quad x_{3opt} = -0{,}546\,.$$

Damit ist

$$Q^{(1)}_{opt} = 90{,}02\,, \quad Q^{(2)}_{opt} = 15{,}93\,, \quad Q^{(3)}_{opt} = 2{,}51\,.$$

Nachgemessen werden:

$$Q^{(1)}_{opt\,meß} = 86\,, \quad Q^{(2)}_{opt\,meß} = 15{,}2\,, \quad Q^{(3)}_{opt\,meß} = 2{,}5\,.$$

Die Ausbeute erreicht bei dieser Aufgabenformulierung Werte um 90%. Das ist eine erhebliche Verbesserung gegenüber 50,2% des Nullentwurfs.

O p t i m i e r u n g s a u f g a b e III. In dieser Aufgabenformulierung wird von fest vorgegebenen Forderungen an die Gütekriterien ausgegangen und berechnet, welche technologischen Einstellungen möglichst nahe an diese Forderungen heranzukommen gestatten.

$$Q^{(1)}_{Ford} = 85$$

$$Q^{(2)}_{Ford} = 10$$

$$Q^{(3)}_{Ford} = 2$$

$$-1 \leqq x_i \leqq +1\,; \quad i = 1,\ 2,\ 3$$

L ö s u n g III. Das Rechnerprogramm nach Aufgabe IV auf dem Rechner R 300 ergibt:

$$x_{1opt} = -0{,}715\,, \quad x_{2opt} = -1{,}000\,, \quad x_{3opt} = -0{,}831\,.$$

Die Gütekriterien sind

$$Q^{(1)}_{opt} = 83,56\,, \qquad Q^{(2)}_{opt} = 14,15\,, \qquad Q^{(3)}_{opt} = 4,37\,.$$

Nachgemessen werden:

$$Q^{(1)}_{opt\,meß} = 83\,, \qquad Q^{(2)}_{opt\,meß} = 12,8\,, \qquad Q^{(3)}_{opt\,meß} = 3,7\,.$$

Die Forderungen an die Gütekriterien werden etwa bis auf $Q^{(3)}$ erfüllt. Wenn die Einhaltung von $Q^{(3)}_{Ford}$ strenger gefaßt werden soll, muß es auch in der Summe der Abweichungsquadrate mit größerem Gewicht eingehen. So bleibt die absolute Abweichung im Rahmen der anderen, während die relative groß ist.

Tafel 17. Parallelschaltbonden von Lumineszenzdioden

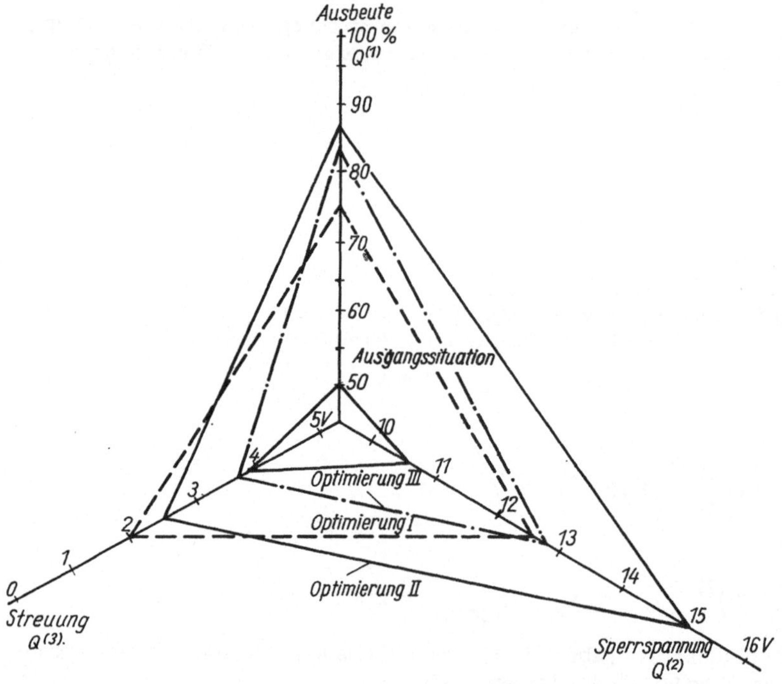

Aufgabe 11.7.: Optimierung des Ultraschallbondens

Beschreibung. Auf die Kontaktfläche einer Lumineszenzdiode wird ein Bonddraht (Anschlußdraht) durch Bonden angebracht. Eine Ultraschallsonde (Sonotrode) führt die notwendige Energie zu.

Am Bondgerät sind folgende Einflußfaktoren einstellbar:

x_1 Spannungspegel in V

x_2 Bonddruck in p

x_3 Bondzeit in ms.

Als Gütekriterien zur Beurteilung dieses Prozeßschritts werden genommen:

$Q^{(1)}$ Anzahl der Fehlbondungen

$Q^{(2)}$ Spannung U_B (der Lichtstärke proportionale Spannung beim Strom 20 mA nach dem Bonden in V)

$Q^{(3)}$ Durchlaßspannung U_F - 1,6 V (beim Strom 20 mA, in mV)

$Q^{(4)}$ Sperrspannung U_R - 15 V (beim Sperrstrom 75 µA, in V)

$Q^{(5)}$ Ausschußfaktor

$Q^{(6)}$ Spannung U_B vor dem Bonden - Spannung U_B nach dem Bonden, in V

$Q^{(7)}$ relative Änderung der Lichtstärke nach dem Bonden in %.

Tafel 18. Ultraschallbonden von Lumineszenzdioden

Versuchsniveaus:

X_i	X_1	X_2	X_3
$X_{i,0}$	1,5 V	30 p	155 ms
ΔX_i	0,5 V	10 p	65 ms
$x_i = +1$	2,0 V	40 p	220 ms
$x_i = -1$	1,0 V	20 p	90 ms
$x_i = 0$	1,5 V	30 p	155 ms
$x_i = +\alpha$	2,10 V	42,15 p	234 ms
$x_i = -\alpha$	0,89 V	17,85 p	76 ms

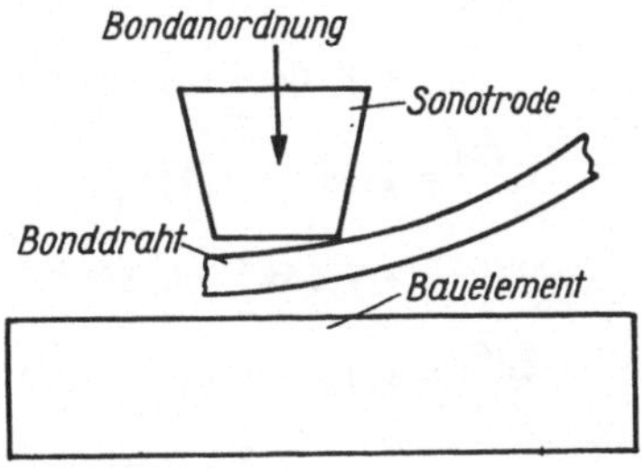

Versuchsplan mit Meßergebnissen:

Nr. r	x_1	x_2	x_3	$Q_r^{(1)}$	$Q_r^{(2)}$	$Q_r^{(3)}$	$Q_r^{(4)}$	$Q_r^{(5)}$	$Q_r^{(6)}$
1	+	+	+	47	23,802	19	0,576	6	15,28
2	-	+	-	39	24,970	18	0,490	0	10,30
3	+	-	-	84	26,389	24	0,824	2	-2,26
4	-	-	+	13	17,024	19	1,124	0	-0,24
5	+	+	-	20	15,723	19	1,300	2	0,41
6	-	+	+	6	15,414	19	1,667	0	0,52
7	+	-	+	82	15,039	46	1,282	1	1,09
8	-	-	-	44	16,105	17	1,786	2	3,77
9	+α	0	0	12	15,965	24	1,098	2	2,33
10	-α	0	0	52	16,025	19	1,188	0	2,79
11	0	+α	0	18	17,926	24	1,742	1	-1,04
12	0	-α	0	19	11,166	24	2,310	0	13,42
13	0	0	+α	72	17,089	34	1,808	11	-1,04
14	0	0	-α	34	11,193	26	1,789	3	13,30
0	0	0	0	5	16,236	16	0,702	0	0,39

Nr. r	x_1	x_2	x_3	$Q_r^{(1)}$	$Q_r^{(2)}$	$Q_r^{(3)}$	$Q_r^{(4)}$	$Q_r^{(5)}$	$Q_r^{(7)}$
16	-	0	-0,077	0	17,118	32	2,175	0	5,50
17	-	0,5	-0,077	0	17,785	34	1,819	0	9,63
18	-	+	-0,077	1	17,253	32	2,100	0	7,78
19	-	1,5	-0,077	2	18,506	31	2,001	1	15,60
20	-	2,0	-0,077	1	19,533	33	2,174	0	17,51
21	-	2,5	-0,077	0	18,737	31	0,884	0	12,72
22	0	0	-0,077	4	20,272	50	-0,646	3	22,25
23	0	0,5	-0,077	3	20,375	45	-0,323	1	22,87
24	0	+	-0,077	2	20,927	130	0,484	3	29,91
25	0	1,5	-0,077	0	20,412	15	0,000	1	26,71
26	0	2,0	-0,077	0	18,980	173	1,161	1	19,51
27	0	2,5	-0,077	0	20,048	46	2,201	0	26,25

Experimenteplanung. Es wird ein Plan für drei Einflußfaktoren gewählt, der N = 14 + 1 Versuche erfordert. Je Versuchspunkt r werden m = 200 Bondungen vorgenommen. Das sind insgesamt 3 000 gebondete Bauelemente. Für einen orthogonalen Versuchsplan ist $\alpha = 1,215$.

Beschreibungsfunktion.

$$Q^{(1)} = 23,40 + 7,51x_1 - 9,33x_2 + 7,78x_3 - 11,13x_1x_2 + 11,13x_1x_3 + 3,38x_2x_3 + 4,88x_1^2 - 4,03x_2^2 + 18,74x_3^2$$

$$Q^{(2)} = 14,71 + 0,67x_1 + 1,24x_2 - 1,75x_3 - 1,15x_1x_2 + 0,67x_1x_3 + 1,12x_2x_3 + 2,52x_1^2 + 0,69x_2^2 + 1,3x_3^2$$

$$Q^{(3)} = 25,49 + 3,75x_1 - 2,83x_2 + 3,17x_3 - 4,13x_1x_2 + 2,38x_1x_3 - 2,88x_2x_3 - 2,54x_1^2 - 0,89x_2^2 + 3,07x_3^2$$

$$Q^{(4)} = 1,14 - 0,11x_1 - 0,15x_2 + 0,03x_3 + 0,07x_1x_2 - 0,10x_1x_3 + 0,08x_2x_3 - 0,49x_1^2 + 0,10x_2^2 - 0,05x_3^2$$

$$Q^{(5)} = 2,60 + 1,04x_1 + 0,38x_2 + 0,98x_3 + 0,88x_1x_2 + 0,63x_1x_3 + 0,88x_2x_3 - 1,38x_1^2 - 1,71x_2^2 + 2,58x_3^2$$

$$Q^{(6)} = 4,89 + 1,26x_1 + 0,18x_2 - 1,19x_3 + 1,20x_1x_2 + 4,00x_1x_3 + 0,72x_2x_3 - 1,57x_1^2 + 0,83x_2^2 + 0,79x_3^2 .$$

Optimierungsaufgabe I. Gesucht wird die Einflußfaktorkombination, die Forderungen an die Gütekriterien möglichst gut erfüllt. Die Anzahl der Fehlbondungen soll Null sein, d.h. $Q^{(1)}_{Ford} = 0$. Die der Lichtstärke proportionale Spannung U_B nach dem Bonden sollte groß sein. Der angestrebte Wert wird etwas höher gewählt als der größte gemessene $Q^{(2)}_{Ford} = 30$. Für die Durchlaßspannung wird 1,6 V gefordert. Das entspricht einem $Q^{(3)}_{Ford} = 0$. Gleichfalls soll die Sperrspannung 16 V und damit $Q^{(4)}_{Ford} = 1$ sein. $Q^{(5)}$ ist der Ausschußfaktor. Er hat den Wunschwert $Q^{(5)}_{Ford} = 0$. Letztlich sollte die Lichtstärke durch den Bondvorgang positiv beeinflußt werden. Eine bei einigen Versuchsniveaus durchaus erreichte Größe ist $Q^{(6)}_{Ford} = -10$. Mit

$$Q^{(1)}_{Ford} = 0; \quad Q^{(2)}_{Ford} = 30; \quad Q^{(3)}_{Ford} = 0;$$

Q

$$Q^{(4)}_{Ford} = 1; \quad Q^{(5)}_{Ford} = 0; \quad Q^{(6)}_{Ford} = 0$$

ensteht die Optimierungsaufgabe I:

$$\sum_{j=1}^{6} (Q^{(j)}_{Ford} - Q^{(j)})^2 \longrightarrow \min .$$

$$-1,215 \leqq x_i \leqq 1,215 ; \quad i = 1, 2, 3 .$$

L ö s u n g I. Mit dem Startpunkt $x_1^0 = 0$, $x_2^0 = 0$, $x_3^0 = 0$ wird begonnen

Es ergibt sich die optimale Lösung bei $x_{1opt} = -0,476$, $x_{2opt} = 1,214$, $x_{3opt} = -0,006$. Dann haben die Gütekriterien die Werte

$$Q_{opt}^{(1)} = 10,05\,, \quad Q_{opt}^{(2)} = 18,15\,, \quad Q_{opt}^{(3)} = 20,78\,,$$

$$Q_{opt}^{(4)} = 1,00\,, \quad Q_{opt}^{(5)} = 0,20\,, \quad Q_{opt}^{(6)} = 4,70\,.$$

Die beim Nullentwurf vorhandene Zahl der Fehlbondungen geht von 23,40 auf 10,05 herunter. Der Ausschußfaktor verbessert sich von 2,60 auf 0,20. Die angestrebte Verbesserung der Lichtstärke nach dem Bonden tritt nicht auf; dagegen ist die Verschlechterung 4,70. Sie ist aber immer noch besser als der vorher vorhandene Mittelwert von 4,89. Die geforderte Durchlaßspannung von 1,6 V wird mit 1,62078 V realisiert, die Sperrspannung genau erreicht und die der Lichtstärke proportionale Spannung von 30 V mit 18,15 V angenähert, d.h. mit 3,44 über dem Anfangswert, aber noch 11,85 V unter dem gewünschten Wert liegend.

O p t i m i e r u n g s a u f g a b e II. Gebildet wird ein Ersatzgütekriterium nach Aufgabentyp III:

$$Q = -0,1\,Q^{(1)} + 0,2\,Q^{(2)} - Q^{(5)} \longrightarrow \max\,.$$

Durch die Vorzeichen wird die gewünschte Richtung eingestellt. Die Gewichtsfaktoren werden subjektiv vorgegeben, da objektive Kriterien für die Wichtigkeit fehlen. Die Begrenzungen und Randwerte sind nach Schätzung des Bearbeiters

$$0 \leqq Q^{(3)} \leqq 30$$

$$1 \leqq Q^{(4)} \leqq 10$$

$$-15 \leqq Q^{(6)} \leqq 0$$

$$-1,215 \leqq x_i \leqq 1,215\,; \quad i = 1,\ 2,\ 3\,.$$

Die ziemlich willkürliche Bildung der Zielfunktion stellt einen Unsicherheitsfaktor für die Praxis dar, da schon geringere Gewichtsveränderungen zu anderen optimalen Punkten führen können. Dann ist vom praktischen Standpunkt aus das berechnete Optimum durchaus anfechtbar, da die Formulierung der Optimierungsaufgabe kaum zu begründen ist. Vom mathematischen Standpunkt aus ist sie allerdings exakt.
Trotz der solchermaßen schwierigen Interpretation der Optimierungsaufgabe werden nach der Berechnung des Optimums die aktuellen Werte $Q_{opt}^{(j)}$ vom Rechner ausgedruckt. Dann kann immer noch entschieden werden, ob diese wünschenswert sind oder nicht.

L ö s u n g II. Mit dem Startpunkt $x_1^0 = -1$, $x_2^0 = -1$, $x_3^0 = 1$ wird vom Rechner mit dem Programm nach Tafel C die optimale Lösung errechnet zu

$$x_{1opt} = -1,134\,, \quad x_{2opt} = -1,147\,, \quad x_{3opt} = 0,679\,,$$

$$Q_{opt}^{(1)} = 14,77\,, \quad Q_{opt}^{(2)} = 13,22\,, \quad Q_{opt}^{(3)} = 18,65\,,$$

$$Q_{opt}^{(4)} = 1,04\,, \quad Q_{opt}^{(5)} = -0,19\,, \quad Q_{opt}^{(6)} = -0,77\,.$$

Der Ausschußfaktor ergibt sich in dem mathematischen Modell zu $Q_{opt}^{(5)} = -0,19$. Der geringste Wert kann aber nur $Q^{(5)} = 0$ sein. In solch einem Fall ist der Approximationsfehler zwischen dem Regressionsmodell und der Realität augenscheinlich. Es ist zu erwarten, daß der gemessene Ausschußfaktor an dieser Stelle sehr klein wird. Mehr ist an Aussagen zunächst nicht möglich.

$Q^{(1)}_{opt}$, $Q^{(2)}_{opt}$, $Q^{(4)}_{opt}$ und $Q^{(6)}_{opt}$ sind gegenüber der Optimierungsaufgabe I schlechter geworden, während $Q^{(3)}_{opt}$ sich etwas verbessert hat. Die Zielfunktion Q hat beim Optimum den Wert

$$Q = -0,1\,Q^{(1)}_{opt} + 0,2\,Q^{(2)}_{opt} - Q^{(5)}_{opt} = 2,26\,.$$

Optimierungsaufgabe III. Für die Optimierung werden weitere Versuche r=16, ..., 27 durchgeführt, da die Anzahl der Fehlbondungen $Q^{(1)}$ noch zu groß ist. Bei der Sichtung der Meßwerte wird allerdings festgestellt, daß das Gütekriterium $Q^{(1)}$ bei etwa gleichen Wertepaaren x_1, x_2, x_3 in den Versuchspunkten 1 bis 14 recht stark abweicht; ähnlich ist es bei $Q^{(3)}$ und $Q^{(4)}$. Das läßt den Verdacht zu, daß die Versuchsbedingungen unterschiedlich waren, d.h., die Meßwerte entstammen nicht der gleichen Grundgesamtheit. Bei der Koeffizientenberechnung können in diesem Fall deshalb die ersten Versuche von r = 1 ... 14 nicht verwendet werden.

Obwohl anzustreben ist, daß ein optimaler Versuchsplan nach Tafel A gewählt wird, um den weitere Versuchspunkte herum angeordnet werden können, ist dies wegen der unterschiedlichen Voraussetzungen bei der Versuchsdurchführung (beim zweiten Versuchsplan waren, wie sich herausstellte, veränderte Versuchsbedingungen vorhanden) nicht möglich.

Außerdem ist der Versuchsplan von r = 10 ... 27 für eine quadratische Regressionsgleichung nicht exakt aufgestellt.

Es ergibt sich keine eindeutige Lösung, da die Determinante der Koeffizientenmatrix gleich Null wird, d.h., es gibt linear abhängige Spalten. Wenn die Einflußfaktoren x_1 und x_3 noch auf andere Versuchsniveaus eingestellt worden wären, wäre dieser Mangel behoben worden. Für einen linearen Ansatz allerdings würden die Einstellungen ausreichen. Eine mathematische Optimierungsaufgabe läßt sich aus den genannten Gründen für quadratische Regressionsfunktionen deshalb nicht stellen.

Ungeachtet dieser Schwierigkeiten stehen die Meßdaten ohne Verwendung einer Approximationsfunktion für eine Auswahl geeigneter diskreter, technologischer Prozeßparameter zur Verfügung. Die erreichten Werte der Gütekriterien in den Versuchen 20, 21, 25, 27 zeigen eine geringe Anzahl von Fehlbondungen ($Q^{(1)} = 0$ oder 1), einen geringen Ausschußfaktor ($Q^{(5)} = 0$ oder 1), eine ausreichend große Lichtstärke ($Q^{(2)} = 18,737 \ldots 20,412$), einen normalen Wert der Durchlaßspannung von 1,615 bis 1,646 V ($Q^{(3)}$) und eine Sperrspannung von mindestens 15 V ($Q^{(4)} > 0$). Diese Versuchsniveaus können in die enge Wahl für geeignete Prozeßparameter genommen werden.

Aufgabe 11.8.: Optimierung eines Quarzresonators

Beschreibung. Optimiert werden soll ein Quarzresonator, der aus einem piezoelektrischen Kristall zwischen zwei Elektroden besteht. Die Beurteilung seiner Eigenschaften erfolgt durch die Haftfestigkeit $Q^{(1)}$ der Elektroden auf dem Kristall, gemessen in kp, und die elektrische Güte $Q^{(2)}$. Betrachtet werden aus der Zahl der Einflußfaktoren die Ätzzeit X_1 und die Dicke der Nickelschicht X_2 auf den Elektroden. Sie haben den größten Einfluß auf die Gütekriterien, wie Vorversuche gezeigt haben.

Experimenteplanung. Gewählt wird ein Plan für zwei Einflußfaktoren, der bei vier Versuchen auch den Wechselwirkungsfaktor $b^{(j)}_{12}$ zu bestimmen gestattet.

Beschreibungsfunktion. Im ersten Zyklus ergeben sich die Funktionen

$$Q^{(1)} = 1,75 + 0,4x_1 + 0,2x_2 + 0,05x_1x_2\,, \quad \sigma^2\{b_i\} = 0,00275$$

$$10^3 \cdot Q^{(2)} = 52,5 + 18,5x_1 + 0,5x_2 - 1,5x_1x_2\,, \quad \sigma^2\{b_i\} = 9,5 \cdot 10^6$$

Optimierungsaufgabe. Gewünscht wird $Q^{(1)} \longrightarrow \max$, $Q^{(2)} \longrightarrow \max$. Wie aus den Beschreibungsgleichungen zu sehen ist, müssen x_1 und x_2 dafür große Werte annehmen. Um diese Tendenz experimentell nachzuprüfen, werden um den besten Punkt $x_1 = 1$, $x_2 = 1$ erneut Versuchspunkte x_i mit kleinerem Variationsintervall angeordnet.

Lösung. Die eingetragenen Werte zeigen, daß sich $Q^{(1)}$ nicht verbessert, während für $Q^{(2)}$ als größter Wert $Q^{(2)} = 82 \cdot 10^3$ ausgemessen wird. Dazu gehören $x_1^\bullet = +1$ (3 min Ätzzeit) und $x_2^\bullet = +1$ (1,1 µm Nickelschicht). Diese Werte gehören zu der Optimierungsaufgabe $Q^{(2)} \rightarrow \max$, $Q^{(1)} > 1{,}5$, $-1 \leqq x_i \leqq +1$; $i = 1, 2$.

Tafel 19. Quarzresonator

Zyklus I

Versuchsniveaus:

X_i	X_1	X_2
$X_{i,0}$	1,5 min	0,8 µm
ΔX_i	1,0 min	0,2 µm
$x_i = +1$	0,5 min	0,6 µm
$x_i = -1$	2,5 min	1,0 µm

Versuchsplan mit Meßergebnissen:

Nr. r	x_1	x_2	$Q_r^{(1)}$	$Q_r^{(2)}$ $[10^3]$
1	-	-	1,2	32
2	+	-	1,9	72
3	-	+	1,5	36
4	+	+	2,4	70

Zyklus II

Versuchsniveaus:

$X_i^\bullet$	$X_1^\bullet$	$X_2^\bullet$
$X_{i,0}^\bullet$	2,5 min	1,0 µm
$\Delta X_i^\bullet$	0,5 min	0,1 µm
$x_i^\bullet = +1$	3,0 min	1,1 µm
$x_i^\bullet = -1$	2,0 min	0,9 µm

Versuchsplan mit Meßergebnissen:

Nr. r	$x_1^\bullet$	$x_2^\bullet$	$Q_r^{(1)}$	$Q_r^{(2)}$ $[10^3]$
5	-	-	2,3	60
6	+	-	2,0	76
7	-	+	1,7	56
8	+	+	2,2	82

Meßpunkte:

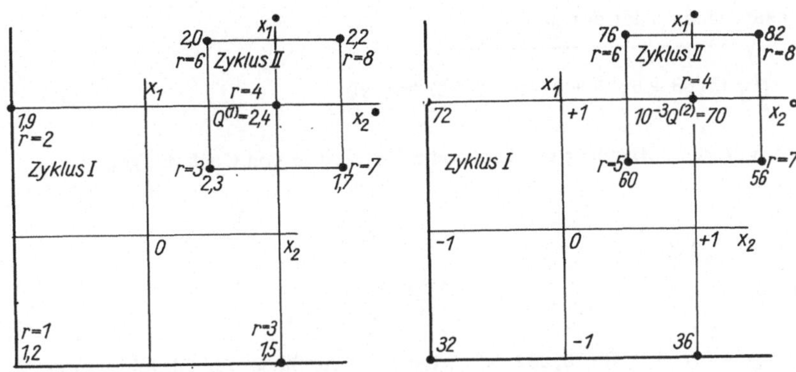

Aufgabe 11.9.: Optimierung einer Lötverbindung

Beschreibung. Eine Halbleiterdiode wird ohne Gehäuse in eine Dickfilmschaltung eingesetzt. Dazu wird ein speziell konstruierter „Lötkolben" verwendet, der sowohl die Diode andrückt als auch den Rückkontakt erwärmt, bis das Lot flüssig wird. Es hatte sich herausgestellt, daß eine Erwärmung der Dickfilmschaltung den Lötvorgang günstig beeinflußt. Mit der Experimenteplanung soll nun dieser Zusammenhang funktionell beschrieben werden. Als Kriterium der Güte des Lötvorgangs wird hier der Reststrom der Diode herangezogen, der sich beim Erwärmungsvorgang verändert. Q ist die relative Veränderung des Reststroms.

Experimenteplanung. Die Einflußfaktoren sind die Temperatur des Lötkolbens X_1 und die Temperatur der vorgewärmten Dickfilmschaltung X_2. Es wird ein Plan mit N = 4 Versuchen gewählt.

Tafel 20. Lötverbindung

Normierung

X_i	X_1	X_2
$X_{i,0}$	295 °C	125 °C
ΔX_i	25 °C	25 °C
$x_i = +1$	320 °C	150 °C
$x_i = -1$	270 °C	100 °C

Versuchsplanung mit Meß- und Rechenergebnissen:

Nr. r	x_1	x_2	Q_{r1}	Q_{r2}	Q_r	$\hat{Q}_r$
1	+	+	48,2	51,0	49,6	49,58
2	+	-	90,0	93,4	91,7	91,67
3	-	+	49,4	50,4	49,9	49,88
4	-	-	96,2	92,8	94,5	94,47

Beschreibungsfunktion. Die Ermittlung der Koeffizienten führt zu folgender Beschreibund des Lötvorgangs:

$$Q = 71,4 - 0,775x_1 - 21,67x_2 + 0,625x_1x_2 .$$

Die Berechnung der Dispersionen in den einzelnen Versuchen erfolgt nach Tafel 4.

$$s_r^2 = \frac{1}{m-1}\sum_{\nu=1}^{m}(Q_{r\nu} - Q_r)^2$$

$$s_1^2 = \frac{1}{2-1}(48,2 - 49,6)^2 + (51,0 - 49,6)^2 = 3,88$$

$$s_2^2 = \frac{1}{2-1}(90,0 - 91,7)^2 + (93,4 - 91,7)^2 = 5,70$$

$$s_3^2 = \frac{1}{2-1}(49,4 - 49,9)^2 + (50,4 - 49,9)^2 = 0,50$$

$$s_4^2 = \frac{1}{2-1}(96,2 - 94,5)^2 + (92,8 - 94,5)^2 = 5,70$$

Die empirische Versuchsstreuung s ist daraus

$$s = \sqrt{\frac{1}{N}\sum_{r=1}^{N}s_r^2} = \sqrt{\frac{1}{4}(3,88 + 5,70 + 0,50 + 5,70)} \approx 1,98 .$$

Die Gleichförmigkeit der Versuchsstreuung wird mit dem Kriterium von Cochran geprüft (s. Abschn. 6.).

$$G = \frac{s^2_{max}}{\sum_{r=1}^{N}s_r^2} = \frac{5,7}{15,78} = 0,362$$

Da $G_{\alpha(m-1,N)} = G_{0,05(1,4)} = 0,544 > G = 0,362$ ist, wird die Hypothese der Gleichförmigkeit nicht verworfen, d.h., daß die statistischen Aussagen für jeden Punkt des experimentell untersuchten Bereichs gleichermaßen gelten.
Die Dispersion der Approximationsfunktion mit den Meßwerten errechnet sich nach Tafel 4 zu

$$s_D^2 = \frac{m}{N-q}\sum_{r=1}^{N}(\hat{Q}_r - Q_r)^2 .$$

Da $N - q = 4 - 4 = 0$ ist, läßt sich s_D^2 nicht berechnen. Die statistische Prüfung über Annahme oder Ablehnung der Approximationsfunktion müßte mit einem zusätzlichen Versuch, z.B. im Nullpunkt, erfolgen. Vergleicht man aber die Werte Q_r (gemessene) mit den Werten $\hat{Q}_r$ (berechnete durch Einsetzen der Versuchsniveaus in die Approximationsfunktion), so ist für die Praxis eine ausreichend geringe Abweichung festzustellen.

Optimierungsaufgabe. Es soll erreicht werden

$$Q \longrightarrow \min$$
$$-1 \leqq x_i \leqq +1 ; \quad i = 1, 2.$$

Lösung. Das Minimum in der Approximationsfunktion wird nach Gauß-Seidel (s. Abschnitt 4.) durch Einsetzen nach dem dort angegebenen Suchalgorithmus ermittelt.

- $Q = 71{,}4 - 0{,}775x_1 - 21{,}67x_2 + 0{,}625x_1x_2 \qquad -1 \leqq x_i \leqq +1$

- Festlegen des Startpunktes. Für $Q \longrightarrow \min$ muß x_2 sicherlich sehr groß werden, d.h. an der oberen Grenze liegen: $x_2 = +1$. Für x_1 wird zu Beginn $x_1 = 0{,}95$ gewählt. Zunächst wird x_2 festgehalten.

-

Nr. r	Q_r	x_1	x_2	Nr. r	Q_r	x_1	x_2
1	49,5875	0,95	1,00	6	49,5815	0,99	1,00
2	49,5890	0,94	1,00	7	49,5800	1,00	1,00
3	49,5860	0,96	1,00	8	49,79045	1,00	0,99
4	49,5845	0,97	1,00	9	50,0009	1,00	0,98
5	49,5830	0,98	1,00				

Im Schritt r = 7 wird bereits der minimale Wert von Q erreicht. Die optimalen Werte der Einflußfaktoren sind somit $x_1 = +1$, $x_2 = +1$.

Aufgabe 11.10.: Formierung von Elektrolytkondensatoren

Beschreibung. Die Formierung von Elektrolytkondensatoren kann beschleunigt werden, wenn ein 3- bis 10mal größerer Strom als zulässig beaufschlagt wird, der zu einer Erwärmung führt. Diese Erwärmung fördert den Formierungsprozeß, so daß daraus eine Zeitverkürzung im technologischen Prozeß resultiert. Als Gütekriterium Q dient der Reststrom in mA. Er ist abhängig vom Formierungsstrom X_1 in mA, der Formierungszeit X_2 in min und einem Schutzwiderstand X_3 in Ω, der vor den Kondensator bei der Formierung geschaltet wird.

Experimenteplanung. Gewählt wird ein solcher Plan, der auch quadratische Glieder zu bestimmen gestattet. Je Versuchsniveau werden m = 10 Kondensatoren 800 µF/300 V ausgemessen.

Tafel 21. Elektrolytkondensator

Formierungsschaltung

$R \mathrel{\hat=} X_3$; $I \mathrel{\hat=} X_1$; 800µF/300V

Normierung:

$X_{1,0} \mathrel{\hat=} 60$ mA	$\Delta X_1 \mathrel{\hat=} 40$ mA
$X_{2,0} \mathrel{\hat=} 120$ min	$\Delta X_2 \mathrel{\hat=} 60$ min
$X_{3,0} \mathrel{\hat=} 2500\,\Omega$	$\Delta X_3 \mathrel{\hat=} 1000\,\Omega$

Lösung Optimierungsaufgabe I:

Nr. r	Q	x_1	x_3	$x_2 = -1$
1	4,09	0	-1	
2	5,35	0	+1	
3	4,34	0	0	Schritt I
4	10,24	-1	0	
5	2,10	+1	0	
6	2,23	+1	-1	Schritt II
7	2,73	+1	+1	
8	2,15	+1	-0,5	
9	2,06	+1	-0,25	
10	2,14	+1	-0,75	

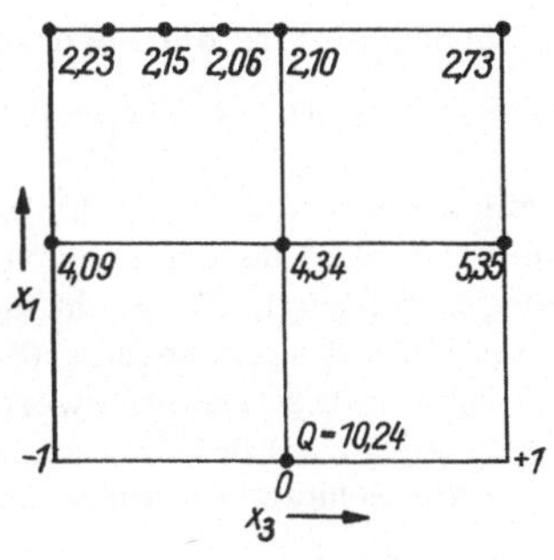

(Fortsetzung Tafel 21)

Lösung Optimierungsaufgabe III:

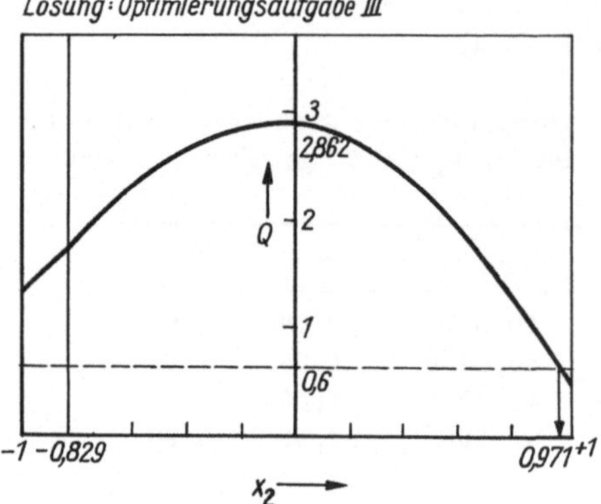

B e s c h r e i b u n g s f u n k t i o n .

$$Q = 3,82 - 2,47x_1 - 1,24x_2 + 0,68x_3 + 1,6x_1x_2 - 0,38x_1x_3 + 0,05x_2x_3 + 1,83x_1^2 - 1,72x_2^2 + 0,38x_3^2$$

$$s\{b_0\} = 0,47, \quad s\{b_i\} = 0,23, \quad s\{b_{i\vartheta}\} = 0,51, \quad s\{b_{ii}\} = 0,69$$

$$F = \frac{\frac{1}{N-q}\sum_{r=1}^{14}(Q_r - \hat{Q}_r)^2}{\frac{1}{N\,m}\sum_{r=1}^{14} s_r^2} = \frac{1,32}{0,53} = 2,5 < F_{0,05(7,\,14)} = 2,85$$

O p t i m i e r u n g s a u f g a b e I. Gesucht ist die Einstellung x_{iopt}; i = 1, 2, 3, bei der der Reststrom minimal wird. Es wird die kleinste Formierungszeit vorgesehen, d. h. $x_2 = -1$.

$$Q \longrightarrow \min$$
$$-1 \leqq x_1 \leqq +1$$
$$x_2 = -1$$
$$-1 \leqq x_3 \leqq +1$$

L ö s u n g I. Zunächst wird die Beschreibungsgleichung für $x_2 = -1$ ausgerechnet:

$$Q(x_2 = -1) = 4,34 - 4,07x_1 + 0,63x_3 - 0,38x_1x_3 + 1,83x_1^2 + 0,38x_3^2 .$$

Sie enthält nur noch zwei Einflußfaktoren und läßt sich damit gut grafisch darstellen. Eine schnelle Übersicht wird dadurch gewonnen, daß eine Reihe von Wertepaaren x_1, x_3 in die Gleichung eingesetzt wird, die leicht auszurechnen sind (Tafel 21). Zunächst wird auf den Nullachsen der Wert Q ausgerechnet (Schritt I). Es zeigt sich, daß das Optimum bei Werten von $x_1 = +1$ liegen müßte. Deshalb werden im Schritt II dort noch einige Punkte ausgerechnet. Der kleinste Q-Wert wird bei $x_1 = +1$, $x_3 = -0,25$ ermittelt. Da die Abhängigkeit von x_3 nicht stark ist, soll die Genauigkeit ausreichen. Der optimale Vektor heißt demnach

$$x^* = (+1,\ -1,\ -0,25) .$$

Im näherungsweise bestimmten optimalen Punkt ist Q = 2,06. Eine zweite Lösungsmöglichkeit wird mit der Methode von Gauß-Seidel (s. Abschn. 4.) erprobt. Da $x_2 = -1$ ist, wird ausgegangen von

$$Q(x_1, -1, x_3) = 4,34 - 4,07x_1 + 0,63x_3 - 0,38x_1x_3 + 1,83x_1^2 + 0,38x_3^2 .$$

Startpunkt ist $x^0 = (x_1, -1, 0)$.

Schritt 1: x_1 variabel, $x_3 = 0$, $-1 \leqq x_1 \leqq +1$

$$Q(x_1, -1, 0) = 4,34 - 4,07x_1 + 1,83x_1^2 \longrightarrow \min$$

Leicht ist zu sehen, daß großes positives x_1 den Wert von Q minimal werden läßt. Größtes zulässiges x_1 ist $x_1 = +1$. Dann hat Q den Wert Q = 2,10.

Schritt 2: x_3 variabel, $x_1 = 1$, $-1 \leqq x_3 \leqq +1$

$$Q(+1, -1, x_3) = 2,18 + 0,25x_3 + 0,38x_3^2 \longrightarrow \min$$

Das Minimum wird ermittelt bei

$$\frac{dQ}{dx_3} = 0 = 0,25 + 0,76x_3 \curvearrowright x_3 = -\frac{0,25}{0,76} = -0,33 .$$

Dann hat Q den Wert Q = 2,02.

Schritt 3: x_1 variabel, $x_3 = -0,33$, $-1 \leqq x_1 \leqq +1$

$$Q(x_1, -1, -0,33) = 4,13 - 3,94x_1 + 1,83x_1^2 \longrightarrow \min$$

$$\frac{dQ}{dx_1} = 0 = -3,94 + 3,66x_1 \curvearrowright x_1 = +\frac{3,94}{3,66} > 1 .$$

Da das größte zulässige x_1 bei $x_1 = +1$ liegt, muß dieser Wert genommen werden. Das Verfahren hat an eine Grenze geführt. Demnach wird als optimaler Vektor angenommen: $x^* = (1, -1, -0,33)$. Dann ist Q = 2,02.

Wie aus der grafischen und rechnerischen Lösungsermittlung zu ersehen ist, hängt Q nicht stark von x_3 ab. Der Widerstand ist also in seiner Toleranz nicht kritisch. Der unterschiedliche optimale Wert für x_3 bei den beiden Verfahren ist durch den unterschiedlichen Verfahrensabbruch zu erklären.

Optimierungsaufgabe II. Gesucht ist die Einstellung x_{iopt}; i = 1, 2, 3, die den geringsten Reststrom liefert.

$$Q \longrightarrow \min$$
$$-1 \leqq x_i \leqq +1 ; \quad i = 1, 2, 3$$

Lösung II. Diese Lösung wird ebenfalls nach Gauß-Seidel aufgesucht, indem der Suchalgorithmus auf die Beschreibungsgleichung angewendet wird.

$$Q(x_1, x_2, x_3) = 3,82 - 2,47x_1 - 1,24x_2 + 0,68x_3 + 1,6x_1x_2 - 0,38x_1x_3 + 0,05x_2x_3 + 1,83x_1^2 - 1,72x_2^2 + 0,38x_3^2$$

1. Schritt:
$Q(x_1, 0, 0) = 3,82 - 2,47x_1 + 1,83x_1^2 \longrightarrow \min$, $-1 \leqq x_1 \leqq +1$, $\curvearrowright x_1 = 0,68$

2. Schritt:
$Q(0,68, x_2, 0) = 2,98 - 0,15x_1 - 1,72x_2^2 \longrightarrow \min$, $-1 \leqq x_2 \leqq +1$, $\curvearrowright x_2 = +1$

3. Schritt:

$Q(0,68,\ 1,\ x_3) \quad = 1,11 - 0,47x_3 + 0,38x_3^2 \longrightarrow \min, \quad -1 \leqq x_3 \leqq +1, \ \curvearrowright\ x_3 = -0,62$

4. Schritt:

$Q(x_1,\ 1,\ -0,62) \quad = 0,56 - 0,63x_1 + 1,83x_1^2 \longrightarrow \min, \quad -1 \leqq x_1 \leqq +1, \ \curvearrowright\ x_1 = 0,17$

5. Schritt:

$Q(0,17,\ x_2,\ -0,62) = 3,22 - 1x_2 - 1,72x_2^2 \longrightarrow \min, \quad -1 \leqq x_2 \leqq +1, \ \curvearrowright\ x_2 = +1$ (wie 2. Schritt)

6. Schritt:

$Q(0,17,\ 1,\ x_3) \quad = 0,76 + 0,67x_3 + 0,38x_3^2 \longrightarrow \min, \quad -1 \leqq x_3 \leqq +1, \ \curvearrowright\ x_3 = -0,88$

7. Schritt:

$Q(x_1,\ 1,\ -0,88) \quad = 0,51 - 0,54x_1 + 1,83x_1^2 \longrightarrow \min, \quad -1 \leqq x_1 \leqq +1, \ \curvearrowright\ x_1 = 0,15$

8. Schritt:

$Q(0,15,\ 1,\ x_3) \quad = 0,77 + 0,67x_3 + 0,38x_3^2 \longrightarrow \min, \quad -1 \leqq x_3 \leqq +1, \ \curvearrowright\ x_3 = -0,88$ (wie 6. Schritt)

9. Schritt:

$Q(x_1,\ 1,\ -0,88) \quad = 0,51 - 0,54x_1 + 1,83x_1^2 \longrightarrow \min, \quad -1 \leqq x_1 < +1, \ \curvearrowright\ x_1 = 0,15$ (wie 7. Schritt)

Die optimale Lösung wird bei $x^* = (0,15,\ 1,\ -0,88)$ angenommen. Es müssen ein mittlerer Formierungsstrom, eine Formierungszeit und ein kleiner Schutzwiderstand genommen werden. Q hat dann den Wert $Q = 0,473$.

Wenn die Werte von $x_{i\,opt}$ mit 10% Toleranz eingehalten werden können, läßt sich die zu erwartende Abweichung von Q nach Abschn. 8. ausrechnen. Es ist

$$\frac{\partial Q}{\partial x_1} = -2,47 + 1,6x_{2opt} - 0,38_{3opt} + 3,76x_{1opt} = -2,47 + 1,6 + 0,38 \cdot 0,88 + 3,76 \cdot 0,15 = +0,0285$$

$$\frac{\partial Q}{\partial x_2} = -1,24 + 1,6x_{1opt} + 0,05x_{3opt} - 3,44x_{2opt} = -1,24 + 1,6 \cdot 0,15 - 0,05 \cdot 0,88 - 3,44 = -4,484$$

$$\frac{\partial Q}{\partial x_3} = 0,68 - 0,38x_{1opt} + 0,05x_{2opt} + 0,76x_{3opt} = 0,68 - 0,38 \cdot 0,15 + 0,05 - 0,76 \cdot 0,88 = +0,004\,.$$

Eingesetzt in die Formel für ΔQ, ergibt sich

$$\Delta Q \leqq \sqrt{20,2 \cdot 0,03} + 0,03\sqrt{9,14} = 0,87\,.$$

Bei 5% Toleranz ist $\Delta Q = 0,41$. Unter den ungünstigsten Umständen wird somit bei zehnprozentiger Einhaltung der optimalen Werte $Q = 0,473 \pm 0,87$, bei 5% Toleranz $Q = 0,473 \pm 0,41$ erreicht.

Optimierungsaufgabe III. Gesucht wird die minimal notwendige Formierungszeit x_2, bei der der Reststrom einen bestimmten Wert, z.B. 0,6 mA, nicht unterschreitet.

$$x_2 \longrightarrow \min$$
$$Q \leqq 0,6$$
$$-1 \leqq x_i \leqq +1\,; \quad i = 1,\ 3$$

Lösung III. Diese Aufgabe kann vom Rechner nach Tafel C.b, Aufgabentyp I, gelöst werden. In diesem Fall ist wegen des einfachen Aufbaus der Gleichung eine analytische Lösung gesucht worden.

Q kann parametrisch in Abhängigkeit von x_2 angegeben werden. Aus

$$\frac{\partial Q}{\partial x_1} = 0 \quad \text{und} \quad \frac{\partial Q}{\partial x_3} = 0$$

folgt

$$x_1 = 0,612 - 0,468x_2, \qquad x_3 = -0,605 - 0,297x_2, \qquad -0,829 \leqq x_2 \leqq +1$$

$$x_1 = 1, \qquad x_3 = -0,395 - 0,066x_2, \qquad -1 \leqq x_2 \leqq -0,829 .$$

Der Grenzwert von $x_2 = -0,829$ ergibt sich aus der Forderung $x_1 \leqq +1$. Die Gleichung für x_3 ist zufällig im zulässigen Bereich. Für jedes x_2 ist damit immer eine optimale Lösung anzugeben. In Tafel 21 ist die Kurve dargestellt, die für Q gilt, wenn x_1 und x_3 nach den angegebenen Formeln in Abhängigkeit von x_2 gewählt werden.

$$Q(x_2) = 2,862 - 0,288x_2 - 2,102x_2^2, \qquad -0,829 < x_2 \leqq +1$$

$$Q(x_2) = 3,121 - 0,140x_2 - 1,721x_2^2, \qquad -1 \leqq x_2 \leqq -0,829$$

Bei dem geforderten $Q \leqq 0,6$ ist x_2 zu ermitteln aus

$$2,862 - 0,288x_2 - 2,102x_2^2 = 0,6 \curvearrowright x_{2min} = 0,971 .$$

Die dazugehörigen optimalen Werte für x_1, x_3 sind bei $Q \leqq 0,6$

$$x_{1opt} = 0,158, \qquad x_{3opt} = -0,893 .$$

Der optimale Vektor ist demnach $x^* = (0,158,\ 0,971,\ -0,893)$.

12. Schaltungsoptimierungen

Bei der Schaltungsoptimierung sind die Gütekriterien $Q^{(j)}$ aus den gewünschten und unerwünschten Eigenschaften der Schaltung zu bilden. Die Einflußfaktoren X_i sind die Werte der Kapazitäten, Widerstände, Arbeitspunkte der Transistoren, Aussteuerungen, Umgebungsbedingungen, Bauelementeabstände usw.
In der Schaltungstechnik erreicht die theoretische Berechnung der Schaltungseigenschaften in vielen Fällen eine hohe Genauigkeit, so daß bereits durch den Nullentwurf die Annäherung an das in praxi vorhandene Optimum gut sein kann. Dann liegt der Vorteil der hier vorgenommenen Behandlungsweise in der meist einfacheren Beschreibung der Umgebung des Optimums, einer einfachen Toleranz- und Empfindlichkeitsanalyse, der genaueren Feststellung der optimalen Schaltungselemente (Einflußfaktoren) und der Möglichkeit der statistischen Absicherung der Ergebnisse. Letzteres ist für die Vorbereitung und Durchführung von Serien- und Massenproduktionen von nicht zu unterschätzender Bedeutung.
Die Bearbeitung der Lebensdauer- bzw. Ausfallproblematik kann darüber hinaus in vorteilhafter Weise algorithmiert und effektiver gestaltet werden. Durch die Betrachtung mehrerer Einflußfaktoren auf das Lebensdauerverhalten ist ein Informationsgewinn zu verzeichnen, der zur besseren Anpassung an Belastungsfälle im Einsatz führt, als es sonst der Fall ist.

Aufgabe 12.1.: Optimierung einer transistorisierten Brückenschaltung

Beschreibung. Zwei Siliziumtransistoren befinden sich in den Zweigen einer Brückenschaltung. Durch Widerstandsänderung im Basiskreis des einen wird eine Eingangssignaländerung erzeugt, die im Diagonalzweig der Brücke angezeigt wird. Die Stromänderung $\Delta I \triangleq Q$ im Diagonalzweig soll ein Maximum werden. Das ist gleichbedeutend mit der maximal erreichbaren Empfindlichkeit für die Brückenschaltung. Einflußfaktoren sind die Widerstände $R_E \triangleq X_1$, $R_C \triangleq X_2$, $R_{BU} \triangleq X_3$. Der Nullabgleich erfolgt mit dem Potentiometer P_{800}, um immer vom Nullpunkt des Instruments aus zu messen. Die Batteriespannung ist konstant $U_B = 6$ V. Zur Anzeige wird ein 50-µA-Instrument genommen. Zum Ausgleich von Exemplarstreuungen der Transistoren ist eine Emittergegenkopplung mit 180 Ω vorgesehen.

Tafel 22. Transistor-Brückenschaltung

Schaltung:

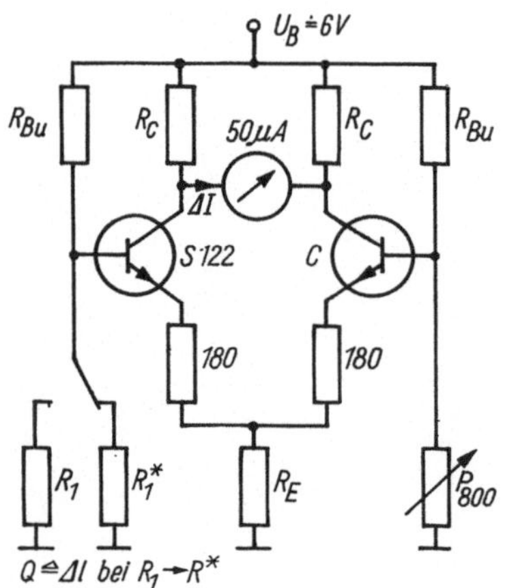

(Fortsetzung Tafel 22)

Experimentelle Suchpunkte:

Zyklus I

X_i	X_1	X_2	X_3
$X_{i,0}$	430 Ω	1500 Ω	2500 Ω
ΔX_i	40 Ω	500 Ω	500 Ω
$x_i = +1$	470 Ω	2000 Ω	3000 Ω
$x_i = -1$	390 Ω	1000 Ω	2000 Ω

Nr.	x_1	x_2	x_3	Q_r in Skt
1	+	+	+	31
2	-	+	-	43
3	+	-	-	32
4	-	-	+	24
0	0	0	0	30

$Q = b_0 + b_1x_1 + b_2x_2 + b_3x_3$

$b_0 = 32{,}5 \quad b_1 = -1$

$b_2 = +4{,}5 \quad b_3 = -5$

X_i	X_1	X_2	X_3	Q_r in Skt
b_i	- 1	+ 4,5	- 5	-
ΔX_i	40 Ω	500 Ω	500 Ω	-
$b_i \Delta X_i$	-40 Ω	+2250 Ω	-2500 Ω	-
$\varepsilon b_i \Delta X_i$ ($\varepsilon = 0{,}1$)	- 4 Ω	+ 225 Ω	- 250 Ω	-
M_0	430 Ω	1500 Ω	2500 Ω	theoretisch 32,5
Nr. 5	430 Ω	1500 Ω	2500 Ω	30
6	426 Ω	1725 Ω	2250 Ω	nicht gemessen
7	422 Ω	1950 Ω	2000 Ω	40
8	418 Ω	2175 Ω	1750 Ω	42
9	414 Ω	2400 Ω	1500 Ω	44
10	410 Ω	2600 Ω	1250 Ω	nicht gemessen
11	406 Ω	2850 Ω	1000 Ω	2

Zyklus II

X_i	X_1	X_2	X_3
$X_{i,0}$	414 Ω	2400 Ω	1500 Ω
ΔX_i	20 Ω	200 Ω	200 Ω
$x_i = +1$	434 Ω	2600 Ω	1700 Ω
$x_i = -1$	394 Ω	2200 Ω	1300 Ω

Nr.	x_1	x_2	x_3	Q_r in Skt
12	-	-	-	45
13	-	+	+	44
14	+	-	+	43
15	+	+	-	41

$Q = b_0 + b_1x_1 + b_2x_2 + b_3x_3$

$b_0 = 43{,}25 \quad b_1 = -1{,}25$

$b_2 = -0{,}75 \quad b_3 = +0{,}25$

X_i	X_1	X_2	X_3	Q_r in Skt max
b_i	- 1,25	- 0,75	+ 0,25	-
ΔX_i	20 Ω	200 Ω	200 Ω	-
$b_i \Delta X_i$	-25 Ω	-150 Ω	+ 50 Ω	-
$\varepsilon b_i \Delta X_i$ ($\varepsilon = 1$)	-25 Ω	-150 Ω	+ 50 Ω	-
M_0	414 Ω	2400 Ω	1500 Ω	theoretisch 43,25 gemessen 44
Nr. 16	389 Ω	2250 Ω	1550 Ω	nicht gemessen
17	364 Ω	2100 Ω	1600 Ω	41
18	339 Ω	1950 Ω	1650 Ω	39

E x p e r i m e n t e p l a n u n g und L ö s u n g . Ausgegangen wird von einem Nullentwurf bei $X_{1,0} \mathrel{\hat{=}} 430\,\Omega$, $X_{2,0} \mathrel{\hat{=}} 1500\,\Omega$ und $X_{3,0} \mathrel{\hat{=}} 2500\,\Omega$. Die Breiten der Untersuchungsgebiete sind $2\Delta X_1 \mathrel{\hat{=}} 80\,\Omega$, $2\Delta X_2 \mathrel{\hat{=}} 1000\,\Omega$ und $2\Delta X_3 \mathrel{\hat{=}} 1000\,\Omega$. Mit der nach dem Versuchsplan ermittelten linearen Beschreibungsfunktion $Q = 32{,}5 + x_1 + 4{,}5x_2 - 5x_3$ wird vom Startpunkt (Nullentwurf $X_{i,0}$) längs des Gradienten in den Schrittweiten $\varepsilon b_1 \Delta X_1 = -4\,\Omega$ in x_1-Richtung, $\varepsilon b_2 \Delta X_2 = +225\,\Omega$ in x_2-Richtung und $\varepsilon b_3 \Delta X_3 = -250\,\Omega$ in x_3-Richtung fortgeschritten. In den auf dem Gradienten liegenden neuen Versuchspunkten wird von 5 bis 11 gemessen und im Versuch 9 ein relatives Maximum festgestellt. Dieser Punkt ist Ausgangspunkt des Zyklus II, in dem in gleicher Weise vorgegangen wird. Es zeigt sich aber in diesem konkreten Beispiel keine Verbesserung. Nur der im Versuch 12 erreichte Wert überschreitet das relative Maximum des Zyklus I etwas. Deshalb wird er ohne weitere Verifizierung als optimal angesehen. In der Tafel sind nicht alle errechneten neuen Versuchspunkte eingestellt und ausgemessen worden. Der Optimierungsalgorithmus verlangt nur, längs des Gradienten Messungen vorzunehmen. Die Schrittweite (festgelegt mit dem Multiplikationsfaktor ε) und die tatsächlich ausgemessenen Punkte sind dem Ermessen des Anwenders überlassen; denn es geht in dieser Versuchsphase lediglich um das Auffinden eines relativen Maximums. Wie es auf dem Gradienten aufgefunden wird ist sekundär, obwohl der Zeitaufwand stark davon abhängen kann. Als optimal können die Werte

$$X_{1opt} \triangleq 394\,\Omega, \qquad X_{2opt} \triangleq 2\,200\,\Omega, \qquad X_{3opt} \triangleq 1300\,\Omega$$

gelten. Dort hat Q den Wert $Q_{max} = 45$ Skt. Er liegt um 50% höher als der Nullentwurf des Zyklus I, der Ausgangspunkt der experimentellen Optimierung war.

Aufgabe 12.2.: Optimierung einer Mikrostrip-Hybridschaltung zur Frequenzvervielfachung

Beschreibung. In eine Mikrostripschaltung werden zur Frequenzvervielfachung zwei MOS-Varaktoren antiseriell eingesetzt. Zu ihrer Ansteuerung werden zwei um 180° in der Phase gedrehte Signale benötigt. Dazu wird eine $\lambda/2$-Umwegleitung eingesetzt.
Die Vorspannung wird über Tiefpaßfilter eingekoppelt. Am Ein- und Ausgang sind Schwingkreise angebracht, die auf die Grundwelle und die auszukoppelnde Harmonische durch Metallplättchen abgestimmt werden können. Zur Aus- und Entkopplung dient der Hybridkoppler.
Die Beurteilung der Güte der Frequenzvervielfachung wird durch das Verhältnis der Ausgangsspannung bei 3ω zur Eingangsspannung bei 1ω vorgenommen.

$$Q \triangleq \text{konst.}\ \frac{U_{3\omega}}{U_{1\omega}}.$$

Es soll untersucht werden, welche Vorspannung der MOS-Varaktoren X_1 und welche Größe der Eingangsspannung X_2 zu wählen sind, damit der Wirkungsgrad der Frequenzvervielfachung möglichst hoch wird. $Q \longrightarrow \max$.

Experimenteplanung und Lösung. Angenommen wird, daß der optimale Wert für X_1 bei 0 V Vorspannung und für X_2 bei möglichst großen Werten liegt. Da die Aussteuerung nicht größer als 4 V gemacht werden kann, wurde dorthin das Niveau $x_2 = +1$ gelegt. Ebenfalls wird $X_1 = 0$ V durch geeignete Normierung mit erfaßt.
Um den Nullentwurf wird nach dem Versuchsplan folgende Beschreibungsfunktion ermittelt:

$$Q = 1,365 + 0,025x_1 - 0,055x_1.$$

Für die experimentelle Bewegung längs des Gradienten ist der konstante Faktor $b_0 = 1,365$ belanglos. Ausgehend vom Punkt M_0 $(X_{1,0}, X_{2,0})$ werden nun neue Versuchspunkte auf dem Gradienten berechnet.
In Richtung x_1: $\varepsilon b_1 \Delta X_1 = +1,0$-V-Schritte
in Richtung x_2: $\varepsilon b_2 \Delta X_2 = -1,1$-V-Schritte.
Gewählt wurde $\varepsilon = 20$. In den Punkten M_1 und M_2 wird gemessen. Bei M_1 wird der größte Wert ermittelt. Er ist Ausgangspunkt des nächsten Zyklus II. Das Optimum wird zwischen M_3 und M_4 liegend festgestellt.
Zur Kontrolle, ob beliebige Anfangspunkte zum gleichen Optimum führen, d.h., ob das gefundene Optimum auch ein absolutes ist, wird die experimentelle Suche nochmals von M_0' begonnen. Wie in der Tafel 23 zu sehen ist, führt es ebenfalls auf das gleiche Gebiet des Optimums. Nachträglich wurde der genaue nichtlineare Zusammenhang $Q = f(X_1, X_2)$ ausgemessen und eingezeichnet. Deutlich sind so die Bewegungen im Kennlinienfeld zum Optimum zu verfolgen. Sie zeigen, daß auch bei zunächst grober Approximation das optimale Gebiet nicht verfehlt wird.
Das Optimum hat in diesem Fall die Koordinaten $X_1 \triangleq 0$ V und $X_2 \triangleq 2,2 \ldots 2,4$ V, d.h., die Vorspannung der MOS-Varaktoren kann entfallen, gleichzeitig damit auch die nicht problem-

losen Zuführungen. Die volle Generatorspannung von 4 V wird nicht benötigt, sondern nur etwas mehr als die Hälfte.
Dieses Beispiel zeigt, daß der Folgenutzen durch Einhaltung optimaler Bedingungen den des eigentlichen Optimierungsziels bei weitem überschreiten kann.

Tafel 23. Vervielfacherschaltung

Schaltung:

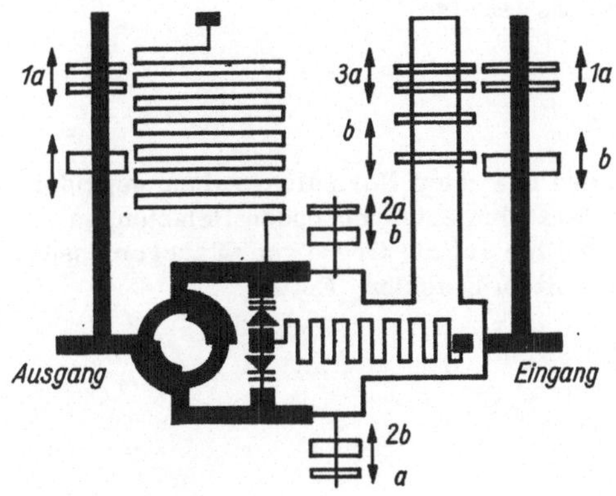

Versuchsniveaus:

X_i	X_1	X_2
$X_{i,0}$	-2 V	3 V
ΔX_i	2 V	1 V
$x_i = +1$	0 V	4 V
$x_i = -1$	-4 V	2 V

Versuchsplan um M_0:

Nr. r	x_1	x_2	Q_r
1	-	+	1,28
2	+	+	1,34
3	-	-	1,40
4	+	-	1,44

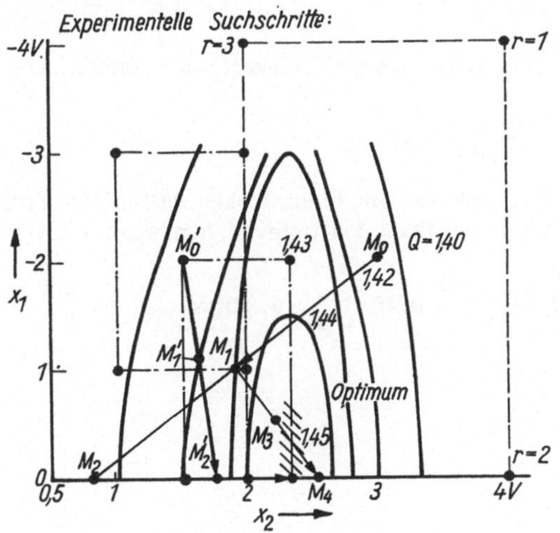

Aufgabe 12.3.: Optimierung des Lebensdauerverhaltens von Lumineszenzdioden

Beschreibung. Lumineszenzdioden auf der Basis GaAsP sind im Einsatz einer ständigen Alterung ausgesetzt: Die Lichtstärke verringert sich. Näherungsweise erfolgt eine monotone Absenkung nach dem Gesetz $I_L = a + b\sqrt{t} + c\,t$. Die Koeffizienten a, b und c hängen neben konstruktiven und technologischen Einflußfaktoren insbesondere von der Belastung ab. Soll die Zeit t_{LD}, bei der eine Absenkung der Lichtstärke auf die Hälfte erfolgt, untersucht und für die Lebensdauerangabe verwendet werden, so empfiehlt sich die Anwendung der verallgemeinerten Beschreibungsfunktion. In diesem Fall ist als ein Einflußfaktor die Zeit t aufzunehmen. Da die physikalische Voruntersuchung das Wurzelgesetz für den Lichtstärkeabfall ergab, ist zweckmäßigerweise $X_4 \mathrel{\hat{=}} \sqrt{t}$ zu wählen. Die quadratischen Glieder der Beschreibungsfunktion stellen dann $x_4^2 \sim t$ dar. Die weiteren Einflußfaktoren sind die Umgebungstenperatur X_1, die Einschaltfrequenz X_2 und der Strom X_3. Als Gütekriterium wurde die auf den Anfangswert bei t = 0 h bezogene Lichtstärke benutzt, da damit für jedes Einzelbauelement der prozentuale Lichtstärkeabfall berechenbar wird. Es ist also

$$Q \mathrel{\hat{=}} \frac{I_L}{I_L\,(0\ \mathrm{h})}\,.$$

E x p e r i m e n t e p l a n u n g. Je Versuchsniveau werden m = 8 auf Normalverteilung geprüfte Bauelemente angeordnet. Sie werden ab t = 0 h den dem Plan entsprechenden Belastungen ausgesetzt und an den für die X_4-Niveaus geltenden Zeiten auf die Größe von Q ausgemessen. Bei der Normierung ist die Wurzelabhängigkeit der Zeit zu beachten. Es ist

$$x_4 = \frac{X_4 - X_{4,0}}{\Delta X_4} = \frac{X_4 - 22{,}36\left[h^{1/2}\right]}{15{,}86\left[h^{1/2}\right]} = \frac{\sqrt{t} - 22{,}36\left[h^{1/2}\right]}{15{,}86\left[h^{1/2}\right]}\,.$$

Die Zeit läßt sich daraus wieder gewinnen zu

$$\left(15{,}86\left[h^{1/2}\right] x_4 + 22{,}36\left[h^{1/2}\right]\right)^2 = t \text{ in h}\,.$$

B e s c h r e i b u n g s f u n k t i o n.

$$Q = 97{,}03 - 0{,}81x_1 - 0{,}47x_2 - 1{,}01x_3 - 1{,}71x_4 - 0{,}34x_1x_2 - 0{,}15x_1x_3 + 0{,}02x_1x_4$$
$$+ 0{,}23x_2x_3 + 0{,}15x_2x_4 - 0{,}5x_3x_4 - 0{,}46x_1^2 + 0{,}05x_2^2 + 0{,}14x_3^2 - 0{,}21x_4^2$$

$$F = 1{,}04 < F_{0{,}05(10;\,175)} = 2{,}6\,.$$

Damit ist die Modellgleichung mit besser als 5% Irrtumswahrscheinlichkeit anzunehmen. Die Streubereiche der Koeffizienten sind

$$b_0 \pm 0{,}35, \qquad b_i \pm 0{,}41, \qquad b_{ii} \pm 0{,}56, \qquad b_{i\vartheta} \pm 0{,}45\,.$$

O p t i m i e r u n g s a u f g a b e. Interessant ist die Zeit, ab der ein Lichtstärkeabfall auf Q = 50% erfolgt. Das bedeutet, hier eine Extrapolation (Prognose) über den Untersuchungszeitraum von 2 000 h hinaus zu machen. Wird abgekürzt

$$A = 97{,}03 - 0{,}81x_1 - 0{,}47x_2 - 1{,}01x_3 - 0{,}34x_1x_2 - 0{,}15x_1x_3 + 0{,}23x_2x_3 - 0{,}46x_1^2$$
$$+ 0{,}05x_2^2 + 0{,}14x_3^2$$

$$B = 1{,}71 - 0{,}62x_1 - 0{,}15x_2 + 0{,}5x_3$$

$$C = 0{,}21\,,$$

so kann geschrieben werden

$$Q = A - Bx_4 - Cx_4^2\,.$$

Wird Q = 50 gesetzt (Lebensdauer), so hat x_4 die Lösung

$$x_4 = -\frac{B}{2C} \pm \sqrt{\frac{B^2}{4C^2} - \frac{50 - A}{C}}\,.$$

Tafel 24. Lumineszenzdiodenbelastung

Einflußfaktoren bei Leuchtdichte-erniedrigung auf 50%: **Stromabhängigkeit der Lebensdauer:**

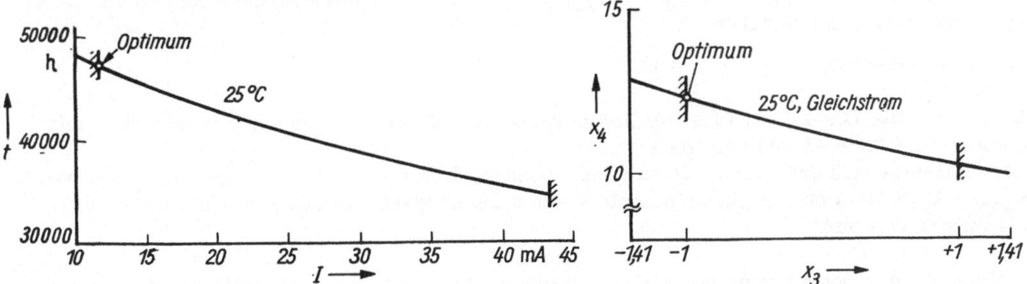

Versuchsplan mit Meßergebnissen:

Nr. r	x_1	x_2	x_3	x_4	Q_r	s_r^2
1	+	+	+	+	92,33	12,10
2	-	+	+	-	99,17	2,59
3	+	-	+	-	97,42	5,82
4	-	-	+	+	95,23	5,98
5	+	+	-	-	96,17	2,19
6	-	+	-	+	97,38	5,99
7	+	-	-	+	96,63	3,78
8	-	-	-	-	100,09	3,61
9	+	+	+	-	95,78	6,07
10	-	+	+	+	94,32	12,67
11	+	-	+	+	92,30	7,47
12	-	-	+	-	98,29	4,81
13	+	+	-	+	94,68	6,65
14	-	+	-	-	98,82	3,97
15	+	-	-	-	98,84	2,93
16	-	-	-	+	96,85	4,75
17	+1,41	0	0	0	96,17	12,84
18	-1,41	0	0	0	96,31	1,86
19	0	+1,41	0	0	96,40	8,56
20	0	-1,41	0	0	98,09	11,38
21	0	0	+1,41	0	95,45	18,90
22	0	0	-1,41	0	99,43	5,33
23	0	0	0	+1,41	93,47	6,09
24	0	0	0	-1,41	100,00	0,00
0	0	0	0	0	96,53	2,92

Versuchsniveaus:

X_i	X_1	X_2	X_3	X_4
ΔX_i	31,9 °C	496 Hz	15,9 mA	15,86 $h^{-1/2}$
$X_{i,0}$ ($x_i = 0$)	25 °C	700 Hz	27,5 mA	22,36 $h^{-1/2}$
$x_i = +1$	56,9 °C	1196 Hz	43,4 mA	38,22 $h^{-1/2}$
$x_i = -1$	- 6,9 °C	204 Hz	11,6 mA	6,50 $h^{-1/2}$
$x_i = +1{,}41$	70 °C	1400 Hz	50 mA	44,72 $h^{-1/2}$
$x_i = -1{,}41$	-20 °C	0 Hz	5 mA	0 $h^{-1/2}$

Sie stellt die Größe der Lebensdauer $x_4 \sim \sqrt{t_{LD}}$ dar. Die Koeffizienten A und B hängen von x_1, x_2 und x_3 ab. Da x_1 und x_2 vorgegeben werden, bleibt nur eine Funktion von x_3 übrig $x_4 = f(x_3)$.
Die Optimierungsaufgabe hat sich damit auf eine eindimensionale Aufgabe reduziert. Sie gestattet für das Maximum von $x_4 \sim \sqrt{t_{LD}}$ die optimale Stromeinstellung $x_3 \sim I$ im Untersuchungsbereich aufzusuchen.

$$x_4 \longrightarrow \max, \qquad -1 \leqq x_3 \leqq +1$$

Lösung. Die Lösung wird für die Temperatur +25 °C ($x_1 = 0$) und die Aussteuerung mit Gleichstrom ($x_2 = -1,41$) ermittelt.
Das Optimum befindet sich am Rande des Lösungsgebiets bei $x_3 = -1$. Dort hat x_4 den Wert $x_{4opt} = 12,3$. Das entspricht entnormiert einer Lebensdauer von 47 270 h beim optimalen Strom von 11,6 mA.

Aufgabe 12.4.: Optimierung der Belastung eines Flüssigkristallanzeigeelements

Beschreibung. Anzeigetableaus aus Flüssigkristallen nutzen die von der angelegten elektrischen Spannung abhängige Änderung der Lichtreflexion aus. Damit können bei geeigneter Formgebung Buchstaben und Zeichen gebildet werden, die zur Betrachtung eine Lichtquelle (z.B. Tageslicht) benötigen. Ihr Vorteil liegt in dem geringen Stromverbrauch. Zur Beurteilung des Bauelements werden zwei Punkte aus der Kennlinie „optoelektronische Kenngröße als Funktion der Spannung" herausgegriffen. Es seien $P_1 \triangleq Q^{(1)}$ und $P_2 \triangleq Q^{(2)}$. Sie werden am Ende einer Garantiezeit für das Bauelement gemessen (t = 600 h). P_1 hat die Tendenz, im Laufe der Zeit anzusteigen und P_2 die zu fallen. Dadurch fällt der Kontrast, der als Quotient dieser beiden Werte gebildet wird, und das Bauelement beendet seine Lebensdauer. Zum Aufstellen eines Lebensdauermodells kann $Q^{(3)}$ als die Zeit genommen werden, die verstreicht, bis P_1 einen bestimmten Grenzwert überschreitet. In gleicher Weise kann als $Q^{(4)}$ die Zeit für P_2 bis zum Erreichen eines unteren Wertes zählen. Einflußfaktoren auf $Q^{(1)}, \ldots, Q^{(4)}$ seien solche, die sich aus der beim Anwender entstehenden Belastung rekrutieren.

X_1 Umgebungstemperatur T

X_2 angelegte Dauerspannung U

Experimenteplanung. Je Versuchsniveau wurden m = 8 Bauelemente vorgesehen, die auf Normalverteilung geprüft waren. Bei unterschiedlicher Belastung (entsprechend den Versuchsniveaus) werden nach 600 h $Q_r^{(1)}$ und $Q_r^{(2)}$ gemessen, während für $Q^{(3)}$ und $Q^{(4)}$ die Einsatzzeiten ermittelt werden, bis P_1 den Wert 2,9% über- und P_2 den Wert 27,5% unterschreitet.

Beschreibungsfunktion.

$$Q^{(1)} = 3,2 - 0,15x_1 + 0,05x_2 + 0,2x_1x_2$$

$$Q^{(2)} = 22,7 - 3,4x_1 + 2,05x_2 + 0,55x_1x_2$$

$$Q^{(3)} = 126,3 - 13,8x_1 - 43,8x_1 - 3,8x_1x_2$$

$$Q^{(4)} = 93,8 + 16,3x_1 + 56,3x_2 + 33,8x_1x_2$$

Optimierungsaufgabe I. Am Ende der Garantiezeit (hier 600 h) soll die Belastung ermittelt werden, die folgende Daten erreicht:

$$Q^{(2)} \longrightarrow \max, \qquad -1 \leqq x_1 \leqq 0$$

$$Q^{(1)} \leqq 3,25, \qquad -1 \leqq x_2 \leqq +1 .$$

Lösung I. Diese Aufgabe wird wegen der Abhängigkeit von zwei Einflußfaktoren und ihrer geringen Nichtlinearität (Glieder x_1x_2) noch grafisch gut lösbar. Die vorgeschriebene Grenze

Zeitverhalten:

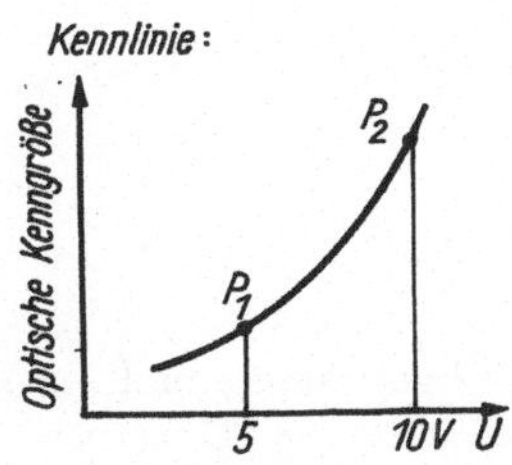

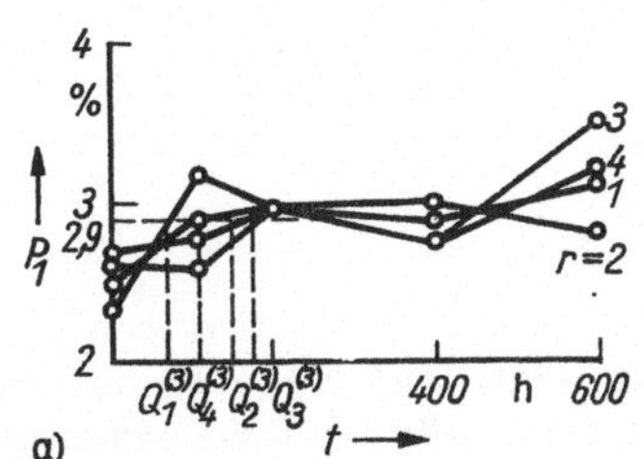

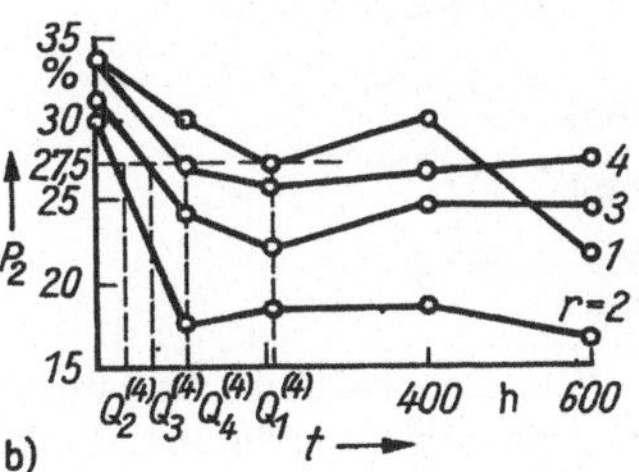

Gütekriterien und Einflußfaktoren:

$Q^{(1)} \triangleq P_1$ } nach 600 h
$Q^{(2)} \triangleq P_2$ }

$Q^{(3)} \triangleq t\,(P_1 \geqq 2,9\,\%)$

$Q^{(4)} \triangleq t\,(P_2 \leqq 27,5\,\%)$

$X_1 \triangleq T \qquad X_2 \triangleq U$

Versuchsniveaus:

X_i	X_1	X_2
$X_{i,0}$	38 °C	7,5 V
ΔX_i	12 °C	2,5 V
$x_i = +1$	50 °C	10 V
$x_i = -1$	26 °C	5 V

Versuchsplan mit Meßergebnissen:

Nr. r	x_1	x_2	$Q_r^{(1)}$	$Q_r^{(2)}$	$Q_r^{(3)}$	$Q_r^{(4)}$
1	+	+	3,3	21,9	65 h	200 h
2	+	-	2,8	16,7	160 h	20 h
3	-	-	3,5	24,6	180 h	55 h
4	-	+	3,2	27,6	100 h	100 h

Minmax-Lösung II: Iterationen I:

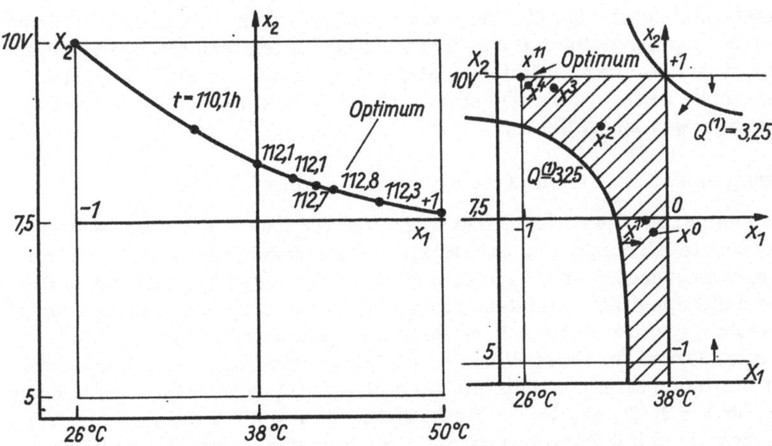

$Q^{(1)} = 3,25$ stellt eine Hyperbel dar und grenzt das Gebiet für das Optimum von unten her ein. Der Wert $x_1 = 0$ schneidet alle Temperaturwerte $\geqq$ 38 °C ab. Die Ränder bei $x_2 = 1$ und $x_1 = -1$ liefern das endgültige Gebiet, in dem der maximale Wert von $Q^{(2)}$ zu ermitteln ist. Einige gezeichnete Kurven für $Q^{(2)}$ = konst. deuten auf Zunahme von $Q^{(2)}$ in Richtung $x_1 = -1$, $x_2 = +1$

hin. Dort wird tatsächlich $Q^{(2)}_{max} = 27,6\,\%$ festgestellt. Zur Kontrolle wird diese Aufgabe mit dem Rechner R 300 nach dem Aufgabentyp I gelöst. Startpunkt ist $X^0 = (-0,1; -0,1)$. Die Iterationen sind in der Tafel 25 eingezeichnet. Nach 11 Iterationen in der Rechenzeit von 12 min war das Optimum bei

$$x_{1opt} = -1,000$$
$$x_{2opt} = +0,999$$
$$Q^{(2)}_{max} = 27,6$$

bestimmt. Wie die grafische Darstellung zeigt, sind große Werte von $Q^{(2)}$ vorrangig auch bei großen Spannungen zu finden. Insbesondere gilt das für Temperaturen unter 38 °C (z.B. bei Gebrauch in Armbanduhren). Es ist deshalb günstig, das Bauelement ständig unter Spannung zu betreiben.

Optimierungsaufgabe II. Durch die richtige Belastung soll erreicht werden, daß die Einsatzzeit, die durch $Q^{(3)}$ und $Q^{(4)}$ gegeben ist, maximal wird. Dabei bestimmt derjenige Punkt P_1 oder P_2 die Gesamtlebensdauer des Bauelements, der als erster seinen vorgeschriebenen Grenzwert überschreitet. Diese kleinste Zeit muß deshalb möglichst maximal gemacht werden. Das heißt mathematisch

$$\min_{j=3,\,4} Q^{(j)} \longrightarrow \max$$

$$-1 \leqq x_i \leqq +1 \,; \quad i = 1,\ 2 .$$

Lösung II. Die Lösung der Minimax-Aufgabe ist hier noch ohne Rechner möglich. In der Grafik (Tafel 25) stellt die Kurve die Kompromißmenge für $Q^{(3)} = Q^{(4)}$ dar. Ihre Parametrisierung gestattet, das Optimum zu finden. Wird die Belastung auf $x_{1opt} = 0,4$ ($\hat{=}$ 42,8 °C) und $x_{2opt} = 0,18$ ($\hat{=}$ 7,95 V) eingestellt, ist die Einsatzdauer des Bauelements maximal. Die vergleichsweise durchgeführte Rechneroptimierung für dieses Problem wurde mit dem Startpunkt $x^0 = (0; 0)$ und dem Aufgabentyp II nach Tafel C.a begonnen und ergab nach 14 Iterationen die optimale Lösung

$$x^{14} = (0,398;\ 0,179) .$$

Auch diese Optimierungsaufgabe zeigt, daß ähnlich wie bei Aufgabe I für Temperaturen unter 38 °C höhere Dauerlastspannungen günstiger für größere Einsatzzeiten sind als niedrigere. Die ansonsten etwas subjektive Wahl des Optimierungstyps zeigt in diesem Fall die gleiche zu ergreifende Maßnahme (hohe Dauerspannung), so daß die Entscheidung für die Höhe der anzuwendenden Spannung unschwer zu treffen ist.

Aufgabe 12.5.: Beschaltung eines integrierten Operationsverstärkers

Beschreibung. Ein integrierter Operationsverstärker soll von außen so beschaltet werden, daß er bestimmte optimale Eigenschaften erreicht. Da eine Beschreibung mit linearen, quadratischen und Wechselwirkungsgliedern normierte Niveaus $x_i = 0/\pm 1/\pm\alpha$ erfordert, die aber für die Widerstände und Kapazitäten meistens keinen Standardwerten entsprechen, wird ein lineares Gleichungssystem ermittelt. Dieses verlangt nur zwei unterschiedliche Bauelementewerte. Ein weiterer Grund für diese Wahl ist die in der Schaltungstechnik anzutreffende oft große Zahl von Einflußfaktoren, so daß die Versuchsanzahl unverhältnismäßig hoch werden müßte. Da Pläne für k = 3, 7, 11, 15 ... Einflußfaktoren mit k + 1 notwendigen Versuchen zur Verfügung stehen, sind bei Zwischenwerten höchstens drei Versuche mehr zu machen, als Einflußfaktoren vorhanden sind. Das ist vom Aufwand her zu vertreten. In dieser Aufgabe sind k = 6 Einflußfaktoren vorhanden. Um alle möglichen 2er-Werte-Kombinationen durchzuvariieren, wären $2^6 = 64$ Versuche notwendig. Mit der aktiven Versuchsplanung kann die Versuchszahl auf 7 + 1 Versuche reduziert werden.

Experimenteplanung. Es werden immer zwei unterschiedliche Widerstands-, Kapazitäts- und Spannungswerte ausgesucht, die so normiert werden, daß sie den Niveaus ±1 entsprechen.
Als Einflußfaktoren werden folgende angesehen:

$$x_1 \triangleq R_1, \quad x_2 \triangleq C, \quad x_3 \triangleq R_3, \quad x_4 \triangleq R_4, \quad x_5 \triangleq R_5, \quad x_6 \triangleq E.$$

Zur Beschreibung der Güte der Schaltung werden herangezogen: $Q^{(1)} \triangleq f_{max}$ in MHz (bei 3-dB-Abfall), $Q^{(2)}$ Verstärkung bei f_{max} und 20 °C, $Q^{(3)}$ Rauschspannung in mV an einem Millivoltmeter mit 10-MΩ-Eingangswiderstand und 100 kHz Grenzfrequenz bei Eingangsabschluß mit 75 kΩ, $Q^{(4)}$ Verstärkung bei 200 kHz und einer Erhöhung der Umgebungstemperatur auf 50 °C, $Q^{(5)}$ Offsetspannung in mV.
Es wird ein Versuchsplan für sieben Einflußfaktoren gewählt. Der Faktor x_7 ist fiktiv und könnte zur Berechnung der Versuchsstreuung benutzt werden (s. Tafel 4).
Durch ein Versehen waren zunächst die Spalten für x_1 und x_5 gleich. Damit wird die im Abschnitt 2. geforderte Abwesenheit einer Korrelation gröblichst verletzt, da zwischen beiden der Korrelationsfaktor so den Wert 1 hat.
In dem Beschreibungssystem waren die Koeffizienten $b_1^{(j)}$ und $b_5^{(j)}$ deshalb auch jeweils gleich.
Bei dieser Gelegenheit wird klar, welche Bedeutung der Einhaltung der durch die Versuchsplanung geforderten Voraussetzungen zukommt. Ein Abarbeiten des Optimierungsalgorithmus ließe sich aber trotzdem bewerkstelligen, allerdings ohne die Einflüsse von R_1 ($\triangleq x_1$) und R_5 ($\triangleq x_5$) trennen zu können.
Eine nochmalige Durchführung der Versuche mit einem orthogonalen Teilfaktorplan ergab dann eine Beseitigung der aufgetretenen Schwierigkeit.

Tafel 26. Integrierter Verstärker

Schaltung:

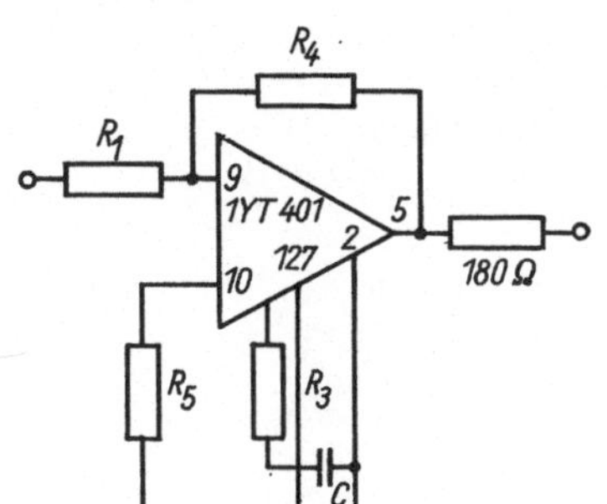

Einflußfaktoren:

$R_1 \triangleq x_1$
$C \triangleq x_2$
$R_3 \triangleq x_3$
$R_4 \triangleq x_4$
$R_5 \triangleq x_5$
$E \triangleq x_6$

Versuchsniveaus:

x_i	x_1	x_2	x_3	x_4	x_5	x_6
$x_{i,0}$	1,75 kΩ	1075 pF	42Ω	9,1 kΩ	1,75 kΩ	12 V
Δx_i	0,65 kΩ	325 pF	14Ω	0,9 kΩ	0,65 kΩ	0,5 V
$x_i = +1$	2,40 kΩ	1300 pF	56Ω	10 kΩ	2,40 kΩ	12,5 V
$x_i = -1$	1,10 kΩ	750 pF	28Ω	8,2 kΩ	1,10 kΩ	11,5 V

(Fortsetzung Tafel 26)

Versuchsplan:

Nr. r	x_1	x_2	x_3	x_4	x_5	x_6	x_7	$Q_r^{(1)}$	$Q_r^{(2)}$	$Q_r^{(3)}$	$Q_r^{(4)}$	$Q_r^{(5)}$
1	-	-	-	+	+	+	-	1,0	5,7	0,7	8,0	14
2	+	-	-	-	-	+	+	5,8	2,4	1,0	3,4	3,8
3	-	+	-	-	+	-	+	1,6	5,0	0,9	7,0	1,2
4	+	+	-	+	-	-	-	3,8	2,7	0,5	3,8	5,3
5	-	-	+	+	-	-	+	2,6	5,7	1,4	8,0	5,3
6	+	-	+	-	+	-	-	6,7	2,4	0,5	3,4	1,8
7	-	+	+	-	-	+	-	3,9	4,6	4,5	6,4	4,0
8	+	+	+	+	+	+	+	7,5	2,8	0,6	3,9	3,0

Beschreibungsfunktion.

$$Q^{(1)} = 4,1125 + 1,8375x_1 + 0,0875x_2 + 1,0625x_3 - 0,3875x_4 + 0,0875x_5 + 0,4375x_6$$

$$Q^{(2)} = 3,9125 - 1,3375x_1 - 0,1375x_2 - 0,0375x_3 + 0,3125x_4 + 0,0625x_5 - 0,0375x_6$$

$$Q^{(3)} = 1,2625 - 0,6125x_1 + 0,3625x_2 + 0,4875x_3 - 0,4625x_4 - 0,5875x_5 + 0,4375x_6$$

$$Q^{(4)} = 5,4875 - 1,8625x_1 - 0,2125x_2 - 0,85795x_3 + 0,4375x_4 + 0,0875x_5 + 0,5125x_6$$

$$Q^{(5)} = 4,8 \quad - 1,325x_1 \quad - 1,425x_2 \quad - 1,275x_3 \quad + 2,1x_4 \quad + 0,2x_5 \quad + 1,4x_6$$

Optimierungsaufgabe I. Die Rauschspannung soll minimal werden. Dazu sind die folgenden Grenzwerte einzuhalten:

Verstärkung bei der Grenzfrequenz ≧ 4fach
Grenzfrequenz ≧ 2 MHz
Offsetspannung ≦ 5 mV
Verstärkungsänderung bei Temperaturerhöhung von 20 auf 50 °C = 0,2fach.

Mathematisch heißt die Aufgabe dann

$$Q^{(3)} \longrightarrow \min$$

$$Q^{(1)} \geqq 2 \qquad -1 \leqq x_i \leqq +1 \; ; \quad i = 1, \ldots, 6$$

$$Q^{(2)} \geqq 4$$

$$\left| Q^{(4)} - Q^{(2)} \right| \leqq 0,2$$

$$Q^{(5)} \leqq 5 .$$

Die Betragsbildung wird umgangen, indem umformuliert wird

$$-0,2 \leqq (Q^{(4)} - Q^{(2)}) \leqq \pm 0,2 .$$

Lösung I. Die Berechnung erfolgt mit dem Rechnerprogramm nach Tafel C.d. Ausgegangen werden muß von einer zulässigen Lösung für das Suchprogramm. In diesem Fall stellt sich heraus, daß die Forderungen so streng sind, daß eine solche nicht zu finden ist. Insbesondere muß die Grenze für $Q^{(4)} - Q^{(2)}$ weiter herausgeschoben werden. Es wird in der Optimierungsaufgabe deshalb neu gefordert:

$$-1,2 \leqq (Q^{(4)} - Q^{(2)}) \leqq +1,2 .$$

Damit ist eine Lösung möglich. Sie ergibt sich bei

$x_{1opt} = 0,1040$ (1,818 kΩ), $x_{3opt} = 0,9475$ (55,25 Ω), $x_{5opt} = 1$ (2,4 kΩ),
$x_{2opt} = 0,3913$ (1 202 pF), $x_{4opt} = 1$ (10 kΩ), $x_{6opt} = 0$ (12 V).

Die Gütekriterien haben bei diesen optimalen Werten der Einflußfaktoren die Größe

$$Q^{(1)}_{opt} = 4,9523$$

$$Q^{(2)}_{opt} = 4,0$$

$$Q^{(3)}_{opt} = 0,7541$$

$$Q^{(4)}_{opt} = 5,2$$

$$Q^{(5)}_{opt} = 5,0 .$$

Genau an den Grenzen des zulässigen Bereichs liegen $Q^{(3)}_{opt}$, $Q^{(4)}_{opt}$ (d.h. $Q^{(4)} - Q^{(2)} = +1,2$) und $Q^{(5)}_{opt}$.

$Q^{(1)}_{opt}$ (Grenzfrequenz) ist bedeutend größer als verlangt. $Q^{(3)}_{opt}$ erreicht sein Minimum bei 0,7541 in mV.

R_1 ($\triangleq x_1$), C ($\triangleq x_2$) und R_3 ($\triangleq x_3$) entsprechen nicht Standardwerten. In der Nähe der optimalen Werte liegen

$$R_1 = 1,8\ \text{k}\Omega, \qquad C = 1\,200\ \text{pF} \ \text{ und } \ R_3 = 56\ \Omega .$$

Werden diese Werte für die Beschaltung des integrierten Verstärkers gewählt, so ist durch Einsetzen in das Beschreibungssystem die zu erwartende Abweichung von den optimalen Zielwerten der Gütekriterien zu berechnen.

Das ist

$$x_1 = 0,077, \quad x_2 = 0,385, \quad x_3 = 1,$$
$$x_4 = 1, \quad x_5 = 1, \quad x_6 = 0 .$$

Dann sind

$$Q^{(1)} = 5,05, \quad Q^{(2)} = 4,094, \quad Q^{(3)} = 0,659,$$
$$Q^{(4)} = 4,929, \quad Q^{(5)} = 5,174 .$$

Wie zu sehen ist, sind die Abweichungen zur optimalen Lösung gering. Außer der Offsetspannung ($\triangleq Q^{(5)}$) sind sogar die anderen Zielwerte günstiger ausgefallen.

Optimierungsaufgabe II. Es wird jetzt eine minimale Offsetspannung gefordert: $Q^{(5)} \longrightarrow \min$. Die Verstärkungsänderung bei Temperaturerhöhung soll kleiner als 1,2fach sein, weiterhin Grenzfrequenz $\geqq$ 2 MHz und Verstärkung $\geqq$ 4fach. $Q^{(3)}$ muß mindestens 2,8425 mV bei dieser Aufgabenstellung haben, wie sich bei der Berechnung herausstellt, damit eine Lösung möglich wird.

Also

$$Q^{(5)} \longrightarrow \min$$
$$-1,2 \leqq (Q^{(4)} - Q^{(2)}) \leqq +1,2$$
$$Q^{(3)} \leqq 2,8425 \qquad\qquad -1 \leqq x_i \leqq +1 ; \quad i = 1, \ldots, 6$$
$$Q^{(2)} \geqq 4$$
$$Q^{(1)} \geqq 2 .$$

Lösung II. Die optimalen Bauelemente sind dafür

$$R_1 = 1,592\ \text{k}\Omega \ (x_{1opt} = -0,2425), \qquad C = 1300\ \text{pF} \ (x_{2opt} = 1),$$
$$R_3 = 56\,\Omega \ (x_{3opt} = 1), \qquad R_4 = 9,1\ \text{k}\Omega \ (x_{4opt} = 0),$$
$$R_5 = 1,7567\ \text{k}\Omega \ (x_{5opt} = 0,0103), \qquad E = 12\ \text{V} \ (x_{6opt} = 0) .$$

Die Gütekriterien erreichen dann die Werte

Grenzfrequenz 4,730 MHz ($\hat{=} Q_{opt}^{(1)}$), Verstärkung 4fach ($\hat{=} Q_{opt}^{(2)}$), Rauschspannung 2,8425 mV ($\hat{=} Q_{opt}^{(3)}$), Verstärkungsänderung 1,1421fach ($\hat{=} Q_{opt}^{(4)} - Q_{opt}^{(2)}$) und Offsetspannung 2,423 mV ($\hat{=} Q_{opt}^{(5)}$).

Die Offsetspannung sollte eigentlich unabhängig von $R_3 \hat{=} X_3$ und $C \hat{=} X_2$ sein. Die hier ermittelte Abhängigkeit muß der Anlaß für eine genauere experimentelle Nachprüfung sein.

Aufgabe 12.6.: Optimierung der Ausfallrate eines hybridintegrierten Schaltkreises

Beschreibung. Eine mikroelektronische Schaltung in RTL-Logik besteht aus einer Dünnschichtanordnung, die die Widerstände enthält, und einer Halbleiterblockanordnung, in der die Transistoren integriert sind.
Die hybridintegrierte Zusammenschaltung ist in bezug auf die Ausfälle zu betrachten. Sie treten insbesondere bei höheren Temperaturen und zunehmender Konzentration von H_2 in der Umgebung auf. Die Voruntersuchungen ergaben für die Ausfallrate λ die funktionelle Abhängigkeit

$$\lambda = \lambda_0(p_0, T_0, I_0)\, p^{\alpha} e^{-\frac{\beta}{T}} I^{\gamma}$$

bzw.

$$\lg \lambda = \lg \lambda_0 + \alpha \lg p - \frac{\beta}{T} \lg e + \gamma \lg I;$$

p Konzentration des Wasserstoffs in der Umgebung, T Umgebungstemperatur, I Strom, α, β, γ Koeffizienten.
Mit der Experimenteplanung sollen diese Koeffizienten für die Beschreibungsgleichungen bestimmt werden. Dazu wird umgeschrieben

$$Q = b_0 + b_1x_1 + b_2x_2 + b_3x_3$$

$$X_1 \hat{=} \lg p, \quad X_2 \hat{=} -\frac{1}{T}, \quad X_3 \hat{=} \lg I, \quad b_0 = \lg \lambda_0, \quad Q = \lg \lambda .$$

Experimenteplanung. Bei der Einstellung der Versuchsniveaus ist zu beachten, daß sie für $\lg p$, $-\frac{1}{T}$, $\lg I$ zu wählen sind. Die Umrechnung in die Originalgrößen muß also immer über diese Transformationen erfolgen. Gewählt wird ein vollständiger Versuchsplan für drei Einflußfaktoren mit acht Versuchen. Bei m = 2 Parallelversuchen läßt sich auch eine Streuung berechnen.

Beschreibungsfunktion. Nach Berechnung der Koeffizienten ergibt sich folgende Beschreibungsfunktion:

$$Q = -4,36 + 0,295x_1 + 0,115x_2 + 0,048x_3 + 0,0075x_1x_2 + 0,0775x_1x_3 - 0,005x_2x_3 .$$

Die Berechnung der Originalfunktion erfolgt über

$$\lg \lambda = -4,36 + 0,295 \frac{\lg p - 1,15}{0,15} + 0,115 \frac{-\frac{1}{T} + 0,035}{0,015} + 0,048 \frac{\lg I - (-0,05)}{0,05}$$

$$+ 0,0075 \frac{\lg p - 1,15}{0,15} \frac{-\frac{1}{T} + 0,035}{0,015} + 0,0775 \frac{\lg p - 1,15}{0,15} \frac{\lg I - (-0,05)}{0,05}$$

$$- 0,005 \frac{-\frac{1}{T} + 0,035}{0,015} \frac{\lg I - (-0,05)}{0,05} .$$

Hybridschaltkreis:

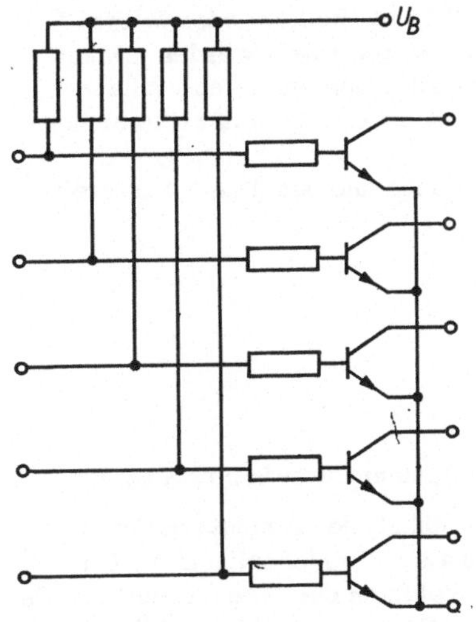

Versuchsplanung mit Meßergebnissen:

Nr. r	x_1	x_2	x_3	Q_1	Q_2	$10^5\lambda_1$	$10^5\lambda_2$
1	-	-	-	1	0	1,96	0,99
2	-	+	-	2	1	3,05	1,96
3	+	-	-	5	5	6,50	6,50
4	+	+	-	8	9	10,0	11,0
5	-	-	+	1	1	1,96	1,96
6	-	+	+	3	2	4,15	3,05
7	+	-	+	5	6	6,5	7,45
8	+	+	+	9	10	11,0	12,3

$$\sigma^2\left\{b_i\right\} = 0,024$$

$$F = \frac{0,006}{0,0046} = 1,3 < F_{0,05(4,\,8)} = 3,84$$

$$X_1 \mathrel{\hat=} \lg p, \quad X_2 \mathrel{\hat=} -\frac{1}{T}, \quad X_3 \mathrel{\hat=} \lg I$$

$$Q = \lg \lambda$$

Normierung:

X_i	X_1	X_2	X_3
$X_{i,0}$	1,15	-0,035	-0,05
ΔX_i	0,15	-0,015	0,05
$x_i = +1$	1,00	-0,020	-0,10
$x_i = -1$	1,30	-0,050	0,00

Die Approximation ist wegen

$$F = \frac{0,006}{0,0046} = 1,3 < F_{0,05(4,\,8)} = 3,84$$

mit 5 % Irrtumswahrscheinlichkeit statistisch gesichert.

Interessant ist, daß eine nichtlineare Ausgangsfunktion ebenfalls mit der Experimenteplanung zu behandeln ist. Die Einflußfaktoren hängen nichtlinear mit den Originalgrößen zusammen. Die Koeffizienten werden also im transformierten Bereich bestimmt. Dann kann wieder zur Originalfunktion zurücktransformiert werden.

Optimierungsaufgabe. Das Ziel ist eine möglichst geringe Ausfallrate. Damit wird gefordert

$$Q \longrightarrow \min$$
$$-1 \leqq x_i = +1\,; \quad i \leqq 1,\ 2,\ 3\,.$$

Lösung. Über x_1 (Konzentration H_2) und x_2 (Temperatur) kann nur soviel ausgesagt werden, daß sie möglichst gering sein sollten. Optimale Werte auszurechnen ist zwar möglich, aber für die Praxis wertlos, da ein Arbeitstemperaturbereich vorhanden sein muß und selten eine feste Umgebungstemperatur garantiert werden kann. Außerdem muß die H_2-Konzentration, die gerade vorhanden ist, genommen werden. Ein Ausweg wäre die völlige Hermetisierung. Übrig bleibt x_3. Der kleinste Wert liegt an der unteren Grenze $x_3 = -1$. Er ist nach dieser Überlegung der optimale.

Aufgabe 12.7.: Aussteuerung eines Thermo-LED

B e s c h r e i b u n g. Ein Thermo-LED ist eine Lumineszenzdiode, die so konstruiert ist, daß die entstehende Verlustwärme für einen Thermodruck mit einem Thermopapier genutzt werden kann. Durch geeignete Ansteuerung von Punktrastern (z.B. 5 × 7-Raster) oder Balkenanordnungen kann ein Buchstaben- oder Zifferndruck bzw. beides realisiert werden. Dabei erfolgt gleichzeitig eine Anzeige. Dadurch ist ein Bauelement mit Doppelfunktion vorhanden, das nach einer Seite den Druck ausführt und nach der anderen Seite eine Sichtanzeige ermöglicht.
Zur Beurteilung sind die Strom-Spannungs-Kennlinie, das optische und das Temperaturverhalten heranzuziehen.

$Q^{(1)}$ Leuchtdichte B in μcd

$Q^{(2)}$ Durchlaßspannung U in V

$Q^{(3)}$ Verlustleistung P in W

$Q^{(4)}$ Drucktemperatur T in °C .

Als Einflußfaktor wird der Strom $I = X_1$ genommen. Das Bauelement ist in SiC hergestellt.

E x p e r i m e n t e p l a n u n g. Zur Illustration der Unterschiedlichkeit der Approximation werden ein D-optimaler, ein G-optimaler und ein G- und D-optimaler Versuchsplan nach Tafel A benutzt. Ein D-optimaler Plan der Meßpunkte minimiert das Volumen des Streuungsellipsoids, ein G-optimaler den maximalen Wert der Streuung. Bei einem G- und D-optimalen Plan fallen beide Extrema zusammen. In der Tafel 28 sind für alle drei Optimalitäten bei $Q^{(2)} = f(X_1)$ die Approximationskurven gezeichnet.
Vergleicht man die dazu korrespondierenden Meßpunkte, so kann die Art der Approximation gut verglichen werden. Die Auswertung wird für die G- und D-optimale Approximation der Objektinformation vorgenommen.
Zwischen Verlustleistung und Drucktemperatur besteht ein linearer Zusammenhang nach $T = R_{th} P$ über die Definition eines thermischen Widerstands. Das gleiche gilt für die Verlustleistung P und die Spannung U. Es ist $P = UI$. Damit können $Q^{(3)}$ und $Q^{(4)}$ aus $Q^{(2)}$ berechnet werden. Zur Objektbeschreibung bleiben nur die Gleichungen für $Q^{(1)}$ und $Q^{(2)}$ übrig.
Es ergeben sich folgende Beschreibungsgleichungen:

D-optimale Approximation

$$Q^{(1)} = 68,665 + 42,35x_1 - 2,33x_1^2$$

$$Q^{(2)} = 7,55 + 2,23x_1 - 1,2x_1^2$$

G-optimale Approximation

$$Q^{(1)} = 67,33 + 42,825x_1 - 0,998x_1^2$$

$$Q^{(2)} = 7,48 + 2,18x_1 - 1,5x_1^2$$

G- und D-optimale Approximation

$$Q^{(1)} = 67 + 42,665x_1 - 0,67x_1^2$$

$$Q^{(2)} = 7,25 + 2,25x_1 - 0,9x_1^2 .$$

O p t i m i e r u n g s a u f g a b e . Gewünscht wird, daß das Bauelement eine möglichst hohe Leuchtdichte $Q^{(1)}$ bei einer Temperatur von mindestens 100 °C hat.
Es ist

$$Q^{(3)} = Q^{(2)} X_1 = (7,25 + 2,25x_1 - 0,9x_1^2)\,(x_1 \Delta X_1 + X_{1,0})$$

und

$$Q^{(4)} = R_{th}\, Q^{(2)} X_1 .$$

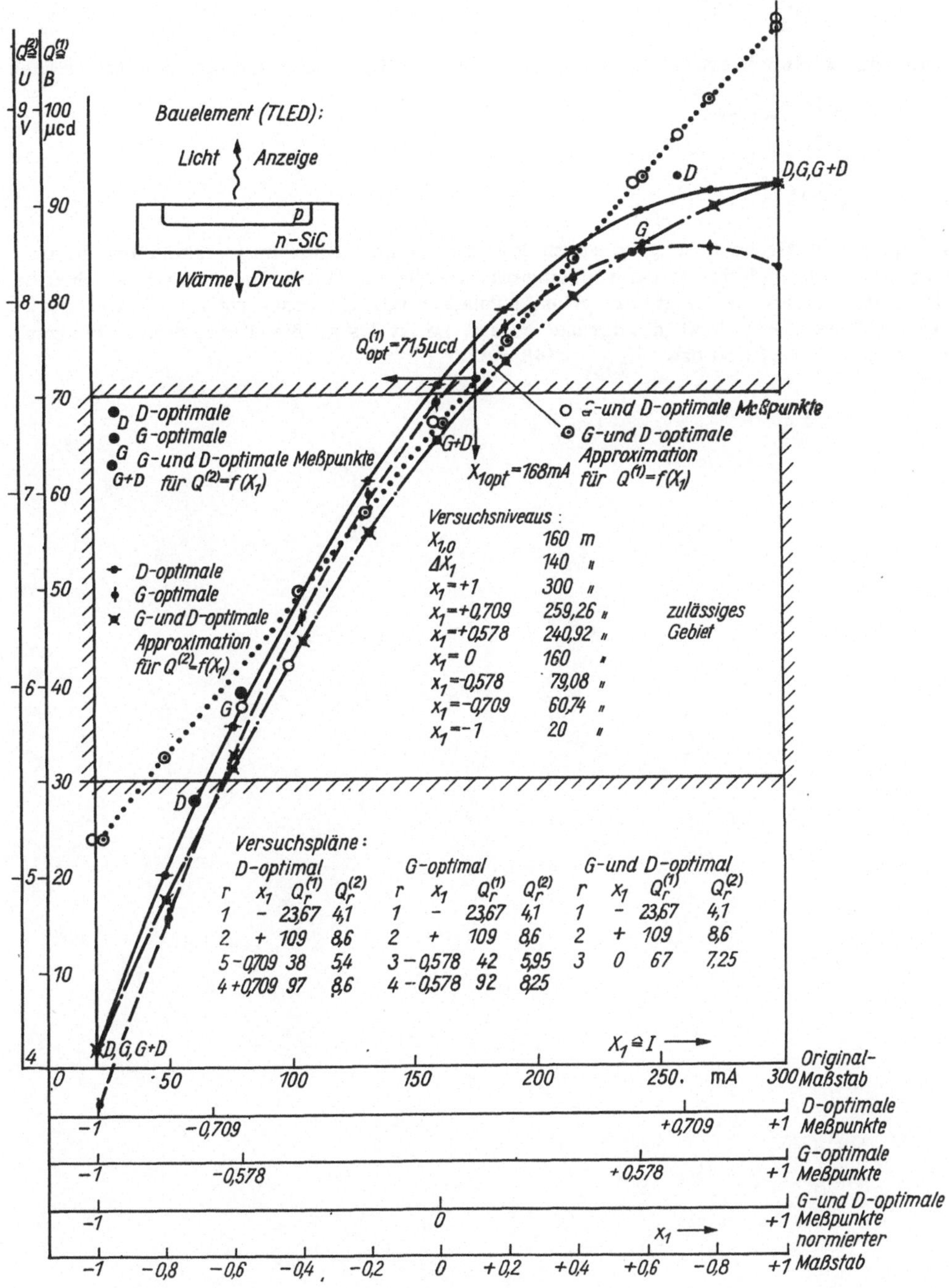

Bauelement (TLED):
Licht
Anzeige
p
n-SiC
Wärme
Druck
D-optimale
G-optimale
G-und D-optimale Meßpunkte
für Q(2)=f(X1)
G-und D-optimale Meßpunkte
G-und D-optimale
Approximation
für Q(1)=f(X1)
D-optimale
G-optimale
G-und D-optimale
Approximation
für Q(2)=f(X1)
Qopt(1)=71,5µcd
X1opt=168mA
Versuchsniveaus:
X1,0 160 m
ΔX1 140
x1=+1 300
x1=+0,709 259,26
x1=+0,578 240,92
x1=0 160
x1=-0,578 79,08
x1=-0,709 60,74
x1=-1 20
zulässiges
Gebiet
Versuchspläne:
D-optimal
G-optimal
G-und D-optimal
r x1 Qr(1) Qr(2)
1 - 23,67 4,1
2 + 109 8,6
5 -0,709 38 5,4
4 +0,709 97 8,6
1 - 23,67 4,1
2 + 109 8,6
3 -0,578 42 5,95
4 -0,578 92 8,25
1 - 23,67 4,1
2 + 109 8,6
3 0 67 7,25
X1 ≙ I
Original-
Maßstab
mA
D-optimale
Meßpunkte
G-optimale
Meßpunkte
G-und D-optimale
Meßpunkte
normierter
Maßstab

Das notwendige X_1 ergibt sich aus dieser Gleichung 3. Grades näherungsweise zu

$$X_1 = U = \frac{T}{IR_{th}} \approx 5,5 \text{ V}.$$

Der zulässige Maximalwert der Spannung ist 7,5 V. Die Optimierungsaufgabe heißt demnach

$$Q^{(1)} \longrightarrow \max$$
$$5,5 \leqq Q^{(2)} \leqq 7,5$$
$$-1 \leqq x_1 \leqq +1.$$

Lösung. Die grafische L' ɜung ist wegen der Eindimensionalität am zweckmäßigsten. Durch die Grenzen ergibt sich da s in Tafel 28 eingerahmte Gebiet. Durch die unterschiedlichen Approximationsgenauigk⸗ en liegt der optimale Punkt an verschiedenen Stellen. Werden die Kurven für G- und D-Optimalität zugrunde gelegt, so ist das größte $Q^{(1)}$ in dem zulässigen Gebiet bei $Q^{(1)}_{opt} \approx 71,5\,\mu$cd bzw. $X_{1opt} \approx 168$ mA.

Literaturverzeichnis

Literatur zur Versuchsplanung

[1] Adler, Ju.P.; Markova, E.V.; Granovskij, Ju.V.: Planirovanie eksperimenta pri poiske optimalnych uslovij. Moskva: Isd. Nauka 1971.

[2] Adler, Ju.P.: Vvedenie v planirovanie eksperimenta. Moskva: Isd. Metallurgija 1969.

[3] Adler, Ju.P.; Granovskij, Ju.V.: Obzor prikladnych rabot po planirovaniju eksperimenta. Moskva: Isd. MGU 1967.

[4] Ahlers, H.; Waldmann, J.; Gaskarow, D.W.; Dubowitzkaja, I.M.; Busse, R.; Loos, G.D.: Geplante Experimente für Konstruktion und Technologie elektronischer Bauelemente. Nachrichtentechnik 25 (1975) 2, S. 57-63.

[5] Bandemer, H.; Bellmann, A.; Jung, W.; Richter, K.: Optimale Versuchsplanung. Berlin: Akademie-Verlag 1973.

[6] Bandemer, H.; Bellmann, A.: Statistische Versuchsplanung. Leipzig: BSB B. G. Teubner Verlagsgesellschaft 1976.

[7] Bandemer, H.: Theorie und Anwendung der optimalen Versuchsplanung. Berlin: Akademie-Verlag 1977.

[8] Biometrische Versuchsplanung. Berlin: Deutscher Landwirtschaftsverlag 1972.

[9] Booth, K.H.V.; Cox, D.R.: Some systematic supersaturated designs. Technometrics 4 (1962) 4, S. 489.

[10] Fedorow, V.V.: Teorija optimal'nogo eksperimenta. Moskva: Isd. Nauka 1971.

[11] Golikova, T.I.; Pančenho, L.A.; Fridman, M.Z.: Katalog planov vtorogo porjadka. I, II. Moskva: Isd. MGU 1974.

[12] Hartley, H.O.: Smallest composite design for quadratic response surface. Biometrics (1959) 15, S. 611.

[13] Hartmann, K.; Lezki, E.; Schäfer, W.: Statistische Versuchsplanung und Auswertung in der Stoffwirtschaft. Leipzig: VEB Deutscher Verlag für Grundstoffindustrie 1974.

[14] Chiks, Č.: Osnovnye principy planirovanija eksperimenta. Moskva: Isd. Nauka 1971.

[15] Chimmel'blau, D.: Analiz prozessov statisticeskimi metodami. Moskva: Isd. Mir 1973.

[16] Kaplick, K.; Lorenz, G.: Experimentelle Verfahren zur Prozeßanalyse. Leipzig: VEB Deutscher Verlag für Grundstoffindustrie 1977.

[17] Kiefer, J.: Optimum design in regression problems. The Annales of math. Stat. 30 (1959) S. 271-294; 32 (1961) S. 298-325.

[18] McLean, R.H.; Anderson, V.L.: Extreme vertice design of mixture experiments. Technometrics 8 (1966) 3, S. 447.

[19] Mozgalevskij, A.V.; Gaskarow, D.W.: Diagnostika sudovoj avtomatiki metodami planirovanija eksperimenta. Leningrad: Isd. Sudostroenie 1977.

[20] Nalimov, V.V.; Černova, N.A.: Statističeskije metody planirovanija ekstremal'nych eksperimentov. Moskva: Isd. Nauka 1965.

[21] Nalimov, V.V.: Novye idei v planirovanie eksperimenta. Moskva: Isd. Nauka 1969.

[22] Nalimov, V.V.: Teorija eksperimenta. Moskva: Isd. Nauka 1971.

[23] Ordyncev, V.M.: Matematičeskoje opisanie objektov avtomatizacii. Moskva: Isd. Mašinostroenie 1969.

[24] Plackett, R.L.; Burmann, P.: The design of optimum multifactorial experiments. Biometrika (1946) 33, S. 305-325.

[25] Rechtschaffner, R.L.: Saturated fractions of 2^n and 3^n factorial designs. Technometrics 9 (1967) 4.

[26] Ruzinov, L.P.: Statističeskie metody optimisazii chimitscheskich prozessov. Moskva: Isd. chimija 1972.

[27] Scheffe, H.: Experiments with mixtures. J. Roy. Statistic. Soc. B 20 (1958) 2, S. 344.

[28] Scheffler, E.: Einführung in die Praxis der statistischen Versuchsplanung. Leipzig: VEB Deutscher Verlag für Grundstoffindustrie 1974.

[29] Zerginidse, J.G.: Matematičkoe planirovanie eksperimenta dlja issledovanija. optimizacii svojst smesej. Tbilissi: Isd. Mecnireba 1971.

[30] Teoretičeskie osnovi planirovanija ekstremal'nych issledovanij. Pod redakciej Kruga, G.K. Moskva: Isd. MGU 1974.

[31] Waldmann, J.; Reuter, F.; Ahlers, H.: Experimentell gestützte Optimierungsverfahren in der Injektionstechnik. Freiberger Forschungsheft A 570. Leipzig: VEB Deutscher Verlag für Grundstoffindustrie 1977.

[32] Westlake, W.J.: Composite design based on irregular of factorials. Biomectrics 21 (1965) 2, S. 324.

Literatur zur Statistik

[33] Ahrens, H.; Läufer, J.: Mehrdimensionale Varianzanalyse. Berlin: Akademie-Verlag 1974.

[34] Billeter E.P.: Grundlagen der erforschenden Statistik. Statistische Testtheorie. Wien, New York: Springer-Verlag 1972.

[35] Bradley, J.V.: Distribution - free statistical tests. Englewood - cliffs 1960.

[36] Budne, T.A.: Random balance. Industrial Qual. Controll. (April 1959) S. 8-10, (Mai 1959) S. 11-16, (Juni 1959) S. 16-19.

[37] Fisz, M.: Wahrscheinlichkeitsrechnung und mathematische Statistik. Berlin: VEB Deutscher Verlag der Wissenschaften 1973.

[38] Kendall, M.G.: Rank correlation method. Hafner Publishing Co., Nr. 4, 1955.

[39] Maibaum, G.: Wahrscheinlichkeitstheorie und mathematische Statistik. Berlin: VEB Deutscher Verlag der Wissenschaften 1976.

[40] Müller, P.H.; Neumann, P.; Storm, R.: Tafeln der mathematischen Statistik. Leipzig: VEB Fachbuchverlag 1975.

[41] Müller, P.H.: Wahrscheinlichkeitsrechnung und mathematische Statistik, Lexikon. Berlin: Akademie-Verlag 1970.

[42] Nollau, V.: Statistische Analyse. Leipzig: VEB Fachbuchverlag 1976.

[43] Ouen, D.B.: Sbornik statističeskich tablic. Moskva: Vyčislitel'nyj centr AN SSSR 1966.

[44] Sachs, L.: Statistische Auswertungsmethoden. Berlin, Heidelberg, New York: Springer-Verlag 1969.

[45] Scheffě, E.: The analysis of variance. New York: Wiley & Sons 1959.

[46] Smirnov, N.W.; Dunin-Barkowski, J.W.: Mathematische Statistik in der Technik. Berlin: Deutscher Verlag der Wissenschaften 1963.

[47] Storm, R.: Wahrscheinlichkeitsrechnung. Mathematische Statistik. Statische Qualitätskontrolle. Leipzig: VEB Fachbuchverlag 1974.

[48] Weber, E.: Grundriß der biologischen Statistik. Jena: Gustav Fischer Verlag 1967.

[49] Weber, E.: Einführung in die Faktorenanalyse. Jena: Gustav Fischer Verlag 1974.

Literatur zur Optimierung

[50] Ahlers, H.: Dimensionierungsoptimierung. Feingerätetechnik 24 (1975) 9, S. 402-404.

[51] Ahlers, H.; Waldmann, J.; Schwartz, B.; Sommer, R.: Experimentell gestützte Optimierung, Teil I, II. messen, steuern, regeln 20 (1977) 5, S. 252-253; H. 6, S. 308-310.

[52] Ahlers, H.; Waldmann, J.; Schwartz, B.: Nichtlineare Dinensionierungsoptimierung. Feingerätetechnik 26 (1977) 7, S. 289-300.

[53] Box, G.E.P.; Wilson, K.B.: On the experimental attainment of optimum conditions. J. Royal Statistical Soc. Ser. B 13 (1951) S. 1-45.

[54] Dinkelbach, W.: Sensitivitätsanalysen und parametrische Programmierung. Berlin, Heidelberg, New York: Springer-Verlag 1969.

[55] Draper, N.R.: Ridge analysis of response surfaces. Technometrics 5 (1963) 4, S. 469-479.

[56] Dresig, H.; Golinski, J., u.a.: Methoden zur rechnergestützten Optimierung von Konstruktionen. KDT-Broschüre Karl-Marx-Stadt 1973.

[57] Dresig, H., u.a.: Beispiele zur rechnergestützten Optimierung von Konstruktionen. KDT-Broschüre Karl-Marx-Stadt 1974.

[58] Elster, K.-H.: Nichtlineare Optimierung. Leipzig: BSB B. G. Teubner Verlagsgesellschaft 1978.

[59] Ester, J.: Eine Kompromißstrategie zur statischen Optimierung additiver und vektorieller Gütefunktionen. Dissertation TH Karl-Marx-Stadt 1975.

[60] Fandel, G.: Optimale Entscheidung bei mehrfacher Zielsetzung. Berlin, Heidelberg, New York: Springer-Verlag 1972.

[61] Focke, J.: Vektormaximierungsprobleme und parametrische Programmierung. Math. Operationsforschung und Statistik 4 (1973) S. 365-369.

[62] Hadley, G.: Nonlinear and Dynamic Programming. Addison-Wesley, Mess. 1964.

[63] Hunter, J.S.: Determination of optimum operating conditions by experimental methods. Industrial Qual. Controll (Dez. 1958) S. 16-24, (Jan. 1959) S. 7-15, (Feb. 1959) S. 6-14.

[64] Ißbrücher, I.: Zweistufige Strategien der Polyoptimierung unter Verwendung vektorieller Gütekriterien. Dissertation TH Ilmenau 1976.

[65] Kummer, B.: Algorithmen zur deterministischen und stochastischen Extremwertsuche. Dissertation TH Karl-Marx-Stadt 1974.

[66] Kunzi, H.P.; Krelle, W.: Nichtlineare Programmierung. Berlin, Heidelberg, New York: Springer-Verlag 1962.

[67] Krug, W.; Schönfeld, S.; Wolf, C.-D.: Programmsysteme zur rechnergestützten Optimierung von Konstruktionen. KDT-Broschüre Karl-Marx-Stadt 1977.

[68] Lange, O.: Optimale Entscheidungen. Berlin: Akademie-Verlag 1968.

[69] Peschel, M.; Riedel, C.: Polyoptimierung. Berlin: VEB Verlag Technik 1976.

[70] Peschel, M.: Kybernetische Systeme. REIHE AUTOMATISIERUNGSTECHNIK, Bd. 100. Berlin: VEB Verlag Technik 1970.

[71] Peschel, M.: Modellbildung für Signale und Systeme. Berlin: VEB Verlag Technik 1978.

[72] Peschel, M.: Ingenieurtechnische Entscheidungen - Modellbildung und Steuerung mit Hilfe der Polyoptimierung. Berlin: VEB Verlag Technik 1980.

[73] Polyoptimierung. Wissenschaftliche Schriftenreihe der TH Karl-Marx-Stadt Bd. 1, 2 (1975).

[74] Rastrigin, L.A.: Statističeskie metody poiska. Moskva: Isd. Nauka 1968.

[75] Riedel, C.; Ahlers, H.: Kompromißmenge für die Dimensionierungsoptimierung. Feingerätetechnik 26 (1977) 7, S. 298-300.

[76] Schönfeld, S.: Zusammenstellung von EDV-Programmen nichtlinearer Optimierungsstrategien. Rechentechnik/Datenverarbeitung (1976) 4, S. 30-33.

[77] Salunvadze, M.E.: Zadači vektornoj optimizacii v teorii upravlenija. Tbilissi: Isd. Mecniereba 1975.

[78] Timmel, G.: Ein globales stochastisches Suchverfahren zur Bestimmung der Menge funktional effizienter Steuerungen und Kompromißmenge bei statischen Optimierungsaufhaben mit mehrfacher Zielstellung. Dissertation TH Karl-Marx-Stadt 1980.

[79] Wilde, D.I.: Optimum seeking methods. Prentice-Hall 1964.

Tafelanhang

Tafel A. Versuchspläne unterschiedlicher Optimalitätseigenschaften

1 Einflußfaktor k = 1

Approximationsfunktion:

$$Q = b'_0 + b'_1 x_1$$

Versuchsplan (G-, D-optimal):

Versuch Nr. r	x_1	Q_r
1	-	Q_1
2	+	Q_2

Koeffizientenberechnung:

$$b'_0 = \frac{1}{2}\left[Q_1 + Q_2\right]$$

$$b'_1 = \frac{1}{2}\left[Q_2 - Q_1\right]$$

Approximationsfunktion:

$$Q = b''_0 + b''_1 x_1 + b''_{11} x_1^2$$

Versuchsplan (G-optimal):

Versuch Nr. r	x_1	Q_r
3	-0,578	Q_3
4	+0,578	Q_4

Koeffizientenberechnung:

$$b''_0 = \frac{1}{4}(-Q_1 - Q_2 + 3Q_3 + 3Q_4)$$

$$b''_1 = \frac{3}{8}(-Q_1 + Q_2 - \frac{\sqrt{3}}{3}Q_3 + \frac{\sqrt{3}}{3}Q_4)$$

$$b''_{11} = \frac{3}{4}(+Q_1 + Q_2 - Q_3 - Q_4)$$

Versuchsplan (D-optimal):

Versuch Nr. r	x_1	Q_r
3	-0,709	Q_3
4	+0,709	Q_4

Koeffizientenberechnung:

$$b''_0 = \frac{1}{2}(-Q_1 - Q_2 + 2Q_3 + 2Q_4)$$

$$b''_1 = \frac{1}{3}(-Q_1 + Q_2 - \frac{\sqrt{2}}{2}Q_3 + \frac{\sqrt{2}}{2}Q_4)$$

$$b''_{11} = Q_1 + Q_2 - Q_3 - Q_4$$

Versuchsplan (G-, D-optimal):

Versuch Nr. r	x_1	Q_r
3	0	Q_3

Koeffizientenberechnung:

$$b''_0 = Q_3$$

$$b''_1 = \frac{1}{2}(-Q_1 + Q_2)$$

$$b''_{11} = \frac{1}{2}(+Q_1 + Q_2 - 2Q_3)$$

(Fortsetzung Tafel A)

2 Einflußfaktoren k = 2

Approximationsfunktion:

$$Q = b'_0 + b'_1 x_1 + b'_2 x_2 + b'_{12} x_1 x_2$$

Versuchsplan (G-, D-, A-, E-optimal, orthogonal):

Versuch Nr. r	x_1	x_2	Q_r
1	+	+	Q_1
2	-	+	Q_2
3	+	-	Q_3
4	-	-	Q_4
0	0	0	Q_0

Koeffizientenberechnung:

$$b'_0 = \frac{1}{4}\left[Q_1 + Q_2 + Q_3 + Q_4\right]$$

$$b'_1 = \frac{1}{4}\left[(Q_1 + Q_3) - (Q_2 + Q_4)\right]$$

$$b'_2 = \frac{1}{4}\left[(Q_1 + Q_2) - (Q_3 + Q_4)\right]$$

$$b'_{12} = \frac{1}{4}\left[(Q_1 + Q_4) - (Q_2 + Q_3)\right]$$

$$s\left\{b'_i\right\} = 0{,}50\ s$$

Approximationsfunktion:

$$Q = b''_0 + b''_1 x_1 + b''_2 x_2 + b''_{12} x_1 x_2 + b''_{11} x_1^2 + b''_{22} x_2^2$$

Versuchsplan (orthogonal):

Versuch Nr. r	x_1	x_2	Q_r
5	+	0	Q_5
6	-	0	Q_6
7	0	+	Q_7
8	0	-	Q_8

Koeffizientenberechnung:

$$b''_0 = \frac{1}{9}(Q_1 + Q_2 + Q_3 + Q_4 + Q_5 + Q_6 + Q_7 + Q_8 + Q_0) - 0{,}66 b''_{11} - 0{,}66 b''_{22}$$

$$b''_1 = \frac{1}{6}\left[(Q_1 + Q_3 + Q_5) - (Q_2 + Q_4 + Q_6)\right]$$

$$b''_2 = \frac{1}{6}\left[(Q_1 + Q_2 + Q_7) - (Q_3 + Q_4 + Q_8)\right]$$

$$b''_{12} = b'_{12}$$

$$b''_{11} = \frac{1}{6}(Q_1 + Q_2 + Q_3 + Q_4 + Q_5 + Q_6) - \frac{1}{3}(Q_7 + Q_8 + Q_0)$$

$$b''_{22} = \frac{1}{6}(Q_1 + Q_2 + Q_3 + Q_4 + Q_7 + Q_8) - \frac{1}{3}(Q_5 + Q_6 + Q_0)$$

$s\left\{b''_0\right\} = 0{,}75\ s$, $s\left\{b''_i\right\} = 0{,}41\ s$, $s\left\{b''_{i\vartheta}\right\} = 0{,}50\ s$, $s\left\{b''_{ii}\right\} = 0{,}71\ s$

(Fortsetzung Tafel A)

Versuchsplan (drehbar):

Versuch Nr. r	x_1	x_2	Q_r
5	-1,414	0	Q_5
6	+1,414	0	Q_6
7	0	-1,414	Q_7
8	0	+1,414	Q_8
9	0	0	Q_9
10	0	0	Q_{10}
11	0	0	Q_{11}
12	0	0	Q_{12}

Koeffizientenberechnung:

$$b_0'' = 0,2 \sum_{r=0}^{12} Q_r - 0,1 \sum_{r=1}^{8} x_{1r}^2 Q_r - 0,1 \sum_{r=1}^{8} x_{2r}^2 Q_r$$

$$b_i'' = 0,1667 \sum_{r=1}^{8} x_{ir} Q_r = b_i'$$

$$b_{12}'' = 0,25 \sum_{r=1}^{8} x_{1r} x_{2r} Q_r$$

$$b_{ii}'' = 0,125 \sum_{r=1}^{8} x_{ir}^2 Q_r + 0,0188 \sum_{r=1}^{8} x_{1r}^2 Q_r + 0,0188 \sum_{r=1}^{8} x_{2r}^2 Q_r - 0,1 \sum_{r=0}^{12} Q_r$$

$s\{b_i''\} = 0,45\ s,\quad s\{b_{ii}''\} = 0,38\ s,\quad s\{b_{12}''\} = 0,50\ s,\quad s\{b_0''\} = 0,35\ s$

Versuchsplan (gesättigt, quasi-D-optimal):

Versuch Nr. r	x_1	x_2	Q_r
5	0	-	Q_5

3 Einflußfaktoren k = 3

Approximationsfunktion:

$$Q = b_0' + b_1' x_1 + b_2' x_2 + b_3' x_3$$

Versuchsplan (G-, D-, E-, A-optimal, orthogonal, drehbar):

Versuch Nr. r	x_1	x_2	x_3	Q_r	Versuch Nr. r	x_1	x_2	x_3	Q_r
1	+	+	+	Q_1	4	-	-	+	Q_4
2	-	+	-	Q_2	0	0	0	0	Q_0
3	+	-	-	Q_3					

(Fortsetzung Tafel A)

Koeffizientenberechnung:

$$b'_0 = \frac{1}{4}(Q_1 + Q_2 + Q_3 + Q_4)$$

$$b'_1 = \frac{1}{4}\left[(Q_1 + Q_3) - (Q_2 + Q_4)\right]$$

$$b'_2 = \frac{1}{4}\left[(Q_1 + Q_2) - (Q_3 + Q_4)\right]$$

$$b'_3 = \frac{1}{4}\left[(Q_1 + Q_4) - (Q_2 + Q_3)\right]$$

$$s\left\{b'_0\right\} = s\left\{b'_i\right\} = 0,50\ s$$

Approximationsfunktion:

$$Q = b''_0 + b''_1 x_1 + b''_3 x_3 + b''_{12} x_1 x_2 + b''_{13} x_1 x_3 + b''_{23} x_2 x_3$$

Versuchsplan (G-, D-, E-, A-optimal, orthogonal):

Versuch Nr. r	x_1	x_2	x_3	Q_3
5	+	+	-	Q_5
6	-	+	+	Q_6
7	+	-	+	Q_7
8	-	-	-	Q_8

Koeffizientenberechnung:

$$b''_0 = \frac{1}{8}(Q_1 + Q_2 + Q_3 + Q_4 + Q_5 + Q_6 + Q_7 + Q_8)$$

$$b''_1 = \frac{1}{8}\left[(Q_1 + Q_3 + Q_5 + Q_7) - (Q_2 + Q_4 + Q_6 + Q_8)\right]$$

$$b''_2 = \frac{1}{8}\left[(Q_1 + Q_2 + Q_5 + Q_6) - (Q_3 + Q_4 + Q_7 + Q_8)\right]$$

$$b''_3 = \frac{1}{8}\left[(Q_1 + Q_4 + Q_6 + Q_7) - (Q_2 + Q_3 + Q_5 + Q_8)\right]$$

$$b''_{12} = \frac{1}{8}\left[(Q_1 + Q_4 + Q_5 + Q_8) - (Q_2 + Q_3 + Q_6 + Q_7)\right]$$

$$b''_{13} = \frac{1}{8}\left[(Q_1 + Q_2 + Q_7 + Q_8) - (Q_3 + Q_4 + Q_5 + Q_6)\right]$$

$$b''_{23} = \frac{1}{8}\left[(Q_1 + Q_3 + Q_6 + Q_8) - (Q_2 + Q_4 + Q_5 + Q_7)\right]$$

$$s\left\{b''_0\right\} = s\left\{b''_i\right\} = s\left\{b''_{i\vartheta}\right\} = 0,35\ s$$

Approximationsfunktion:

$$Q = b'''_0 + b'''_1 x_1 + b'''_2 x_2 + b'''_3 x_3 + b'''_{12} x_1 x_2 + b'''_{13} x_1 x_3 + b'''_{23} x_2 x_3 + b'''_{11} x_1^2 + b'''_{22} x_2^2 + b'''_{33} x_3^2$$

Versuchsplan (orthogonal):

Versuch Nr. r	x_1	x_2	x_3	Q_r
9	+1, 215	0	0	Q_9
10	-1, 215	0	0	Q_{10}
11	0	+1, 215	0	Q_{11}
12	0	-1, 215	0	Q_{12}
13	0	0	+1, 215	Q_{13}
14	0	0	-1, 215	Q_{14}

(Fortsetzung Tafel A)

effizientenberechnung:

$$b_0''' = -0,547 b_0'' + 0,205\,(Q_9 + \ldots + Q_{14}) + 0,432\,Q_0$$

$$b_1''' = 0,73 b_1'' + 0,111\,(Q_9 - Q_{10})$$

$$b_2''' = 0,73 b_2'' + 0,111\,(Q_{11} - Q_{12})$$

$$b_3''' = 0,73 b_3'' + 0,111\,(Q_{13} - Q_{14})$$

$$b_{12}''' = b_{12}'' \qquad b_{13}''' = b_{13}'' \qquad b_{23}''' = b_{23}''$$

$$b_{11}''' = 0,5 b_0'' - 0,168\,(Q_9 + \ldots + Q_{14} + Q_0) + 0,33\,(Q_9 + Q_{10})$$

$$b_{22}''' = 0,5 b_0'' - 0,168\,(Q_9 + \ldots + Q_{14} + Q_0) + 0,33\,(Q_{11} + Q_{12})$$

$$b_{33}''' = 0,5 b_0'' - 0,168\,(Q_9 + \ldots + Q_{14} + Q_0) + 0,33\,(Q_{13} + Q_{14})$$

$$s\left\{b_0'''\right\} = 0,66\ s$$

$$s\left\{b_i'''\right\} = 0,30\ s$$

$$s\left\{b_{i\vartheta}''\right\} = 0,35\ s$$

$$s\left\{b_{ii}'''\right\} = 0,48\ s$$

Versuchsplan (drehbar):

Versuch Nr. r	x_1	x_2	x_3	Q_r
9	-1,682	0	0	Q_9
10	+1,682	0	0	Q_{10}
11	0	-1,682	0	Q_{11}
12	0	+1,682	0	Q_{12}
13	0	0	-1,682	Q_{13}
14	0	0	+1,682	Q_{14}
15	0	0	0	Q_{15}
16	0	0	0	Q_{16}
17	0	0	0	Q_{17}
18	0	0	0	Q_{18}
19	0	0	0	Q_{19}

Koeffizientenberechnung:

$$b_0''' = 0,1663 \sum_{r=0}^{19} Q_r - 0,0568 \sum_{\vartheta=1}^{3} \sum_{r=1}^{14} x_{\vartheta r}^2 Q_r$$

$$b_i''' = 0,0732 \sum_{r=1}^{14} x_{ir} Q_r$$

(Fortsetzung Tafel A)

(Fortsetzung Koeffizientenberechnung von Seite 124)

$$b'''_{i\vartheta} = 0,1250 \sum_{r=1}^{14} x_{ir} x_{\vartheta r} Q_r$$

$$b'''_{ii} = 0,0625 \sum_{r=1}^{14} x_{ir}^2 Q_r + 0,0069 \sum_{\vartheta=1}^{3} \sum_{r}^{14} x_{\vartheta r}^2 Q_r - 0,0568 \sum_{r=0}^{19} Q_r$$

$s\{b'''_0\} = 0,41\ s$

$s\{b'''_i\} = 0,27\ s$

$s\{b'''_{i\vartheta}\} = 0,35\ s$

$s\{b'''_{ii}\} = 0,18\ s$

Versuchsplan (unsymmetrisch, quasi-D-optimal):

Versuch Nr. r	x_1	x_2	x_3	Q_r
1	+	-	+	Q_1
2	+	+	-	Q_2
3	+	-	-	Q_3
4	+	+	+	Q_4
5	-	0	-	Q_5
6	-	0	+	Q_6
7	-	-	0	Q_7
8	-	+	0	Q_8
9	0	-	+	Q_9
10	0	0	0	Q_{10}

Versuchsplan (gesättigt, Rechtschaffner):

Versuch Nr. r	x_1	x_2	x_3	Q_r
9	+	0	0	Q_9
10	0	+	0	Q_{10}
11	0	0	+	Q_{11}
1	nicht erforderlich			
2 bis 8	aus orthogonalem Plan			

4 Einflußfaktoren k = 4

Approximationsfunktion:

$$Q = b'_0 + b'_1 x_1 + b'_2 x_2 + b'_3 x_3 + b'_4 x_4$$

Versuchsplan (G-, D-, E-, A-optimal, orthogonal, drehbar):

Versuch Nr. r	x_1	x_2	x_3	x_4	Q_r
1	+	+	+	+	Q_1
2	-	+	+	-	Q_2
3	+	-	+	-	Q_3
4	-	-	+	+	Q_4
5	+	+	+	-	Q_5
6	-	+	-	+	Q_6
7	+	-	-	+	Q_7
8	-	-	-	-	Q_8
0	0	0	0	0	Q_0

(Fortsetzung Tafel A)

Koeffizientenberechnung:

$$b_0' = \frac{1}{8}\left[Q_1 + Q_2 + Q_3 + Q_4 + Q_5 + Q_6 + Q_7 + Q_8\right]$$

$$b_1' = \frac{1}{8}\left[(Q_1 + Q_3 + Q_5 + Q_7) - (Q_2 + Q_4 + Q_6 + Q_8)\right]$$

$$b_2' = \frac{1}{8}\left[(Q_1 + Q_2 + Q_5 + Q_6) - (Q_3 + Q_4 + Q_7 + Q_8)\right]$$

$$b_3' = \frac{1}{8}\left[(Q_1 + Q_2 + Q_3 + Q_4) - (Q_5 + Q_6 + Q_7 + Q_8)\right]$$

$$b_4' = \frac{1}{8}\left[(Q_1 + Q_4 + Q_6 + Q_7) - (Q_2 + Q_3 + Q_5 + Q_8)\right]$$

$$s\left\{b_i'\right\} = 0,35\ s$$

Approximationsfunktion:

$$Q = b_0'' + b_1''x_1 + b_2''x_2 + b_3''x_3 + b_4''x_4 + b_{12}''x_1x_2 + b_{13}''x_1x_3 + b_{14}''x_1x_4 + b_{23}''x_2x_3 + b_{24}''x_2x_4 + b_{34}''x_3x_4$$

Versuchsplan (G-, D-, E-, A-optimal, orthogonal):

Versuch Nr. r	x_1	x_2	x_3	x_4	Q_r
9	-	-	-	+	Q_9
10	+	-	-	-	Q_{10}
11	-	+	-	-	Q_{11}
12	+	+	-	+	Q_{12}
13	-	-	+	-	Q_{13}
14	+	-	+	+	Q_{14}
15	-	+	+	+	Q_{15}
16	+	+	+	-	Q_{16}

Koeffizientenberechnung:

$$b_0'' = \frac{1}{16}\left[8b_0' + Q_9 + Q_{10} + Q_{11} + Q_{12} + Q_{13} + Q_{14} + Q_{15} + Q_{16}\right]$$

$$b_1'' = \frac{1}{16}\left[8b_1' + (Q_{10} + Q_{12} + Q_{14} + Q_{16}) - (Q_9 + Q_{11} + Q_{13} + Q_{15})\right]$$

$$b_2'' = \frac{1}{16}\left[8b_2' + (Q_{11} + Q_{12} + Q_{15} + Q_{16}) - (Q_9 + Q_{10} + Q_{13} + Q_{14})\right]$$

$$b_3'' = \frac{1}{16}\left[8b_3' + (Q_{13} + Q_{14} + Q_{15} + Q_{16}) - (Q_9 + Q_{10} + Q_{11} + Q_{12})\right]$$

$$b_4'' = \frac{1}{16}\left[8b_4' + (Q_9 + Q_{12} + Q_{14} + Q_{15}) - (Q_{10} + Q_{11} + Q_{13} + Q_{16})\right]$$

$$b_{12}'' = \frac{1}{16}\left[(Q_1 + Q_4 + Q_5 + Q_8 + Q_9 + Q_{12} + Q_{13} + Q_{16}) - (Q_2 + Q_3 + Q_6 + Q_7 + Q_{10} + Q_{11} + Q_{14} + Q_{15})\right]$$

$$b_{13}'' = \frac{1}{16}\left[(Q_1 + Q_3 + Q_6 + Q_8 + Q_9 + Q_{11} + Q_{14} + Q_{16}) - (Q_2 + Q_4 + Q_5 + Q_7 + Q_{10} + Q_{12} + Q_{13} + Q_{15})\right]$$

(Fortsetzung Tafel A)

(Fortsetzung Koeffizientenberechnung von Seite 126)

$$b''_{14} = \frac{1}{16}\left[(Q_1+Q_2+Q_7+Q_8+Q_{11}+Q_{12}+Q_{13}+Q_{14}) - (Q_3+Q_4+Q_5+Q_6+Q_9+Q_{10}+Q_{15}+Q_{16})\right]$$

$$b''_{23} = \frac{1}{16}\left[(Q_1+Q_2+Q_7+Q_8+Q_9+Q_{10}+Q_{15}+Q_{16}) - (Q_3+Q_4+Q_5+Q_6+Q_{11}+Q_{12}+Q_{13}+Q_{14})\right]$$

$$b''_{24} = \frac{1}{16}\left[(Q_1+Q_3+Q_6+Q_8+Q_{10}+Q_{12}+Q_{13}+Q_{15}) - (Q_2+Q_4+Q_5+Q_7+Q_9+Q_{11}+Q_{14}+Q_{16})\right]$$

$$b''_{34} = \frac{1}{16}\left[(Q_1+Q_4+Q_5+Q_8+Q_{10}+Q_{11}+Q_{14}+Q_{15}) - (Q_2+Q_3+Q_6+Q_7+Q_9+Q_{12}+Q_{13}+Q_{16})\right]$$

$$s\left\{b''_0\right\} = s\left\{b''_i\right\} = s\left\{b''_{i\vartheta}\right\} = 0,250\ s$$

Approximationsfunktion:

$$Q = b'''_0 + b'''_1 x_1 + b'''_2 x_2 + b'''_3 x_3 + b'''_4 x_4 + b'''_{12}x_1x_2 + b'''_{13}x_1x_3 + b'''_{14}x_1x_4 + b'''_{23}x_2x_3 + b'''_{24}x_2x_4$$
$$+ b'''_{34}x_3x_4 + b'''_{11}x_1^2 + b'''_{22}x_2^2 + b'''_{33}x_3^2 + b'''_{44}x_4^2$$

Versuchsplan (orthogonal):

Versuch Nr. r	x_1	x_2	x_3	x_4	Q_r
17	+1,414	0	0	0	Q_{17}
18	-1,414	0	0	0	Q_{18}
19	0	+1,414	0	0	Q_{19}
20	0	-1,414	0	0	Q_{20}
21	0	0	+1,414	0	Q_{21}
22	0	0	-1,414	0	Q_{22}
23	0	0	0	+1,414	Q_{23}
24	0	0	0	-1,414	Q_{24}

Koeffizientenberechnung:

$$b'''_0 = -0,64b''_0 + 0,16\,(Q_{17}+Q_{18}+Q_{19}+Q_{20}+Q_{21}+Q_{22}+Q_{23}+Q_{24}) + 0,36Q_0$$

$$b'''_1 = 0,8b''_1 + 0,071\,(Q_{17} - Q_{18})$$

$$b'''_2 = 0,8b''_2 + 0,071\,(Q_{19} - Q_{20})$$

$$b'''_3 = 0,8b''_3 + 0,071\,(Q_{21} - Q_{22})$$

$$b'''_4 = 0,8b''_4 + 0,071\,(Q_{23} - Q_{24})$$

$$b'''_{12} = b''_{12} \qquad b'''_{14} = b''_{14} \qquad b'''_{24} = b''_{24}$$

$$b'''_{13} = b''_{13} \qquad b'''_{23} = b''_{23} \qquad b'''_{34} = b''_{34}$$

$$b'''_{11} = 0,4b''_0 - 0,1\,(Q_{17}+Q_{18}+Q_{19}+Q_{20}+Q_{21}+Q_{22}+Q_{23}+Q_{24}+Q_0) + 0,25\,(Q_{17}+Q_{18})$$

$$b'''_{22} = 0,4b''_0 - 0,1\,(Q_{17}+Q_{18}+Q_{19}+Q_{20}+Q_{21}+Q_{22}+Q_{23}+Q_{24}+Q_0) + 0,25\,(Q_{19}+Q_{20})$$

(Fortsetzung Tafel A)

(Fortsetzung Koeffizientenberechnung von Seite 127)

$$b_{33}^{'''} = 0,4b_0^{''} - 0,1(Q_{17} + Q_{18} + Q_{19} + Q_{20} + Q_{21} + Q_{22} + Q_{23} + Q_{24} + Q_0) + 0,25(Q_{21} + Q_{22})$$

$$b_{44}^{'''} = 0,4b_0^{''} - 0,1(Q_{17} + Q_{18} + Q_{19} + Q_{20} + Q_{21} + Q_{22} + Q_{23} + Q_{24} + Q_0) + 0,25(Q_{23} + Q_{24})$$

$s\left\{b_0^{'''}\right\} = 0,60\ s,\quad s\left\{b_i^{'''}\right\} = 0,22\ s,\quad s\left\{b_{i\vartheta}^{'''}\right\} = 0,25\ s,\quad s\left\{b_{ii}^{'''}\right\} = 0,35\ s$

Versuchsplan (drehbar):

Versuch Nr. r	x_1	x_2	x_3	x_4	Q_r
17	-2	0	0	0	Q_{17}
18	+2	0	0	0	Q_{18}
19	0	-2	0	0	Q_{19}
20	0	+2	0	0	Q_{20}
21	0	0	-2	0	Q_{21}
22	0	0	+2	0	Q_{22}
23	0	0	0	-2	Q_{23}
24	0	0	0	+2	Q_{24}
25	0	0	0	0	Q_{25}
26	0	0	0	0	Q_{26}
27	0	0	0	0	Q_{27}
28	0	0	0	0	Q_{28}
29	0	0	0	0	Q_{29}
30	0	0	0	0	Q_{30}

Koeffizientenberechnung:

$$b_0^{'''} = 0,1429 \sum_{r=0}^{30} Q_r - 0,0357 \sum_{\vartheta=1}^{4} \sum_{r=1}^{24} x_{\vartheta r}^2 Q_r$$

$$b_i^{'''} = 0,041667 \sum_{r=1}^{24} x_{ir} Q_r$$

$$b_{i\vartheta}^{'''} = 0,0625 \sum_{r=1}^{24} x_{ir} x_{\vartheta r} Q_r$$

$$b_{ii}^{'''} = 0,0313 \sum_{r=1}^{24} x_{ir}^2 Q_r + 0,0037 \sum_{\vartheta=1}^{4} \sum_{r=1}^{24} x_{\vartheta r}^2 Q_r - 0,0357 \sum_{r=0}^{30} Q_r$$

$s\{b_0^{'''}\} = 0,38\ s$

$s\{b_i^{'''}\} = 0,20\ s$

$s\{b_{ij}^{'''}\} = 0,25\ s$

$s\{b_{ii}^{'''}\} = 0,19\ s$

(Fortsetzung Tafel A)

Versuchsplan (quasi-D-optimal, Typ B_4):

Versuch Nr. r	x_1	x_2	x_3	x_4	Q_r
17	+	0	0	0	Q_{17}
18	-	0	0	0	Q_{18}
19	0	+	0	0	Q_{19}
20	0	-	0	0	Q_{20}
21	0	0	+	0	Q_{21}
22	0	0	-	0	Q_{22}
23	0	0	0	+	Q_{23}
24	0	0	0	-	Q_{24}

Versuchsplan (gesättigt, quasi-D-optimal):

Versuch Nr. r	x_1	x_2	x_3	x_4	Q_r
1	-	+	+	+	Q_1
2	+	-	+	+	Q_2
3	+	+	-	+	Q_3
4	+	+	-	-	Q_4
5	+	-	+	-	Q_5
6	-	-	-	+	Q_6
7	-	-	-	-	Q_7
8	0	+	+	-	Q_8
9	-	0	+	-	Q_9
10	-	+	0	-	Q_{10}
11	+	-	-	0	Q_{11}
12	-	+	-	0	Q_{12}
13	-	-	+	0	Q_{13}
14	+	+	+	0	Q_{14}
15	0	0	0	0	Q_{15}

Versuchsplan (gesättigt, Rechtschaffner):

Versuch Nr. r	x_1	x_2	x_3	x_4	Q_r
1	-	-	-	-	Q_1
2	+	0	0	0	Q_2
3	0	+	0	0	Q_3
4	0	0	+	0	Q_4
5	0	0	0	+	Q_5
6	-	+	+	+	Q_6
7	+	-	+	+	Q_7
8	+	+	-	+	Q_8
9	+	+	+	-	Q_9
10	-	-	+	+	Q_{10}
11	-	+	-	+	Q_{11}
12	-	+	+	-	Q_{12}
13	+	+	-	-	Q_{13}
14	+	-	+	-	Q_{14}
15	+	-	-	+	Q_{15}

(Fortsetzung Tafel A)

5 Einflußfaktoren k = 5

Approximationsfunktion:

$$Q = b'_0 + b'_1 x_1 + b'_2 x_2 + b'_3 x_3 + b'_4 x_4 + b'_5 x_5$$

Versuchsplan (G-, D-, A-, E-optimal, orthogonal, drehbar):

Versuch Nr. r	x_1	x_2	x_3	x_4	x_5	Q_r
1	-	-	-	-	-	Q_1
2	+	+	-	-	-	Q_2
3	+	-	+	+	+	Q_3
4	-	+	+	+	+	Q_4
5	+	-	+	-	-	Q_5
6	-	+	+	-	-	Q_6
7	-	-	-	+	+	Q_7
8	+	+	-	+	+	Q_8
0	0	0	0	0	0	Q_0

Koeffizientenberechnung:

$$b'_0 = \frac{1}{8}\left[Q_1 + Q_2 + Q_3 + Q_4 + Q_5 + Q_6 + Q_7 + Q_8\right]$$

$$b'_1 = \frac{1}{8}\left[(Q_2 + Q_3 + Q_5 + Q_8) - (Q_1 + Q_4 + Q_6 + Q_7)\right]$$

$$b'_2 = \frac{1}{8}\left[(Q_2 + Q_4 + Q_6 + Q_8) - (Q_1 + Q_3 + Q_5 + Q_7)\right]$$

$$b'_3 = \frac{1}{8}\left[(Q_3 + Q_4 + Q_5 + Q_6) - (Q_1 + Q_2 + Q_7 + Q_8)\right]$$

$$b'_4 = \frac{1}{8}\left[(Q_3 + Q_4 + Q_7 + Q_8) - (Q_1 + Q_2 + Q_5 + Q_6)\right]$$

$$b'_5 = \frac{1}{8}\left[(Q_3 + Q_4 + Q_7 + Q_8) - (Q_1 + Q_2 + Q_5 + Q_6)\right]$$

$$s\left\{b'_i\right\} = 0{,}35\ s$$

Approximationsfunktion:

$$Q = b''_0 + b''_1 x_1 + b''_2 x_2 + b''_3 x_3 + b''_4 x_4 + b''_5 x_5 + b''_{12} x_1 x_2 + b''_{13} x_1 x_3 + b''_{14} x_1 x_4 + b''_{15} x_1 x_5$$
$$+ b''_{23} x_2 x_3 + b''_{24} x_2 x_4 + b''_{25} x_2 x_5 + b''_{34} x_3 x_4 + b''_{35} x_3 x_5 + b''_{45} x_4 x_5$$

Versuchsplan (G-, D-, A-, E-optimal, orthogonal):

Versuch Nr. r	x_1	x_2	x_3	x_4	x_5	Q_r
9	+	-	-	-	+	Q_9
10	-	+	-	-	+	Q_{10}
11	-	-	+	+	-	Q_{11}
12	+	+	+	+	-	Q_{12}
13	+	-	-	+	-	Q_{13}
14	-	+	-	+	-	Q_{14}
15	-	-	+	-	+	Q_{15}
16	+	+	+	-	+	Q_{16}

Koeffizientenberechnung:

$$b''_0 = \frac{1}{16}\left[8b'_0 + \sum_{r=9}^{16} Q_r\right]$$

$$b''_i = \frac{1}{16}\left[8b'_i + \sum_{r=9}^{16} x_{ir} Q_r\right]$$

$$b''_{i\vartheta} = \frac{1}{16}\sum_{r=1}^{16} x_{ir} x_{\vartheta r} Q_r$$

$$s\left\{b''_0\right\} = s\left\{b''_1\right\} = 0{,}25\ s$$

(Fortsetzung Tafel A)

Approximationsfunktion:

$$Q = b'''_0 x_0 + b'''_1 x_1 + b'''_2 x_2 + b'''_3 x_3 + b'''_4 x_4 + b'''_5 x_5 + b'''_{11} x_1^2 + b'''_{12} x_1 x_2 + b'''_{13} x_1 x_3 + b'''_{14} x_1 x_4$$

$$+ b'''_{15} x_1 x_5 + b'''_{22} x_2^2 + b'''_{23} x_2 x_3 + b'''_{24} x_2 x_4 + b'''_{25} x_2 x_5 + b'''_{33} x_3^2 + b'''_{34} x_3 x_4 + b'''_{35} x_3 x_5$$

$$+ b'''_{44} x_4^2 + b'''_{45} x_4 x_5 + b'''_{55} x_5^2$$

Versuchsplan (orthogonal):

Versuch Nr. r	x_1	x_2	x_3	x_4	x_5	Q_r
17	+1,547	0	00	00	0	Q_{17}
18	-1,547	0	0	0	0	Q_{18}
19	0	+1,547	0	0	0	Q_{19}
20	0	-1,547	0	0	0	Q_{20}
21	0	0	+1,547	0	0	Q_{21}
22	0	0	-1,547	0	0	Q_{22}
23	0	0	0	+1,547	0	Q_{23}
24	0	0	0	-1,547	0	Q_{24}
25	0	0	0	0	+1,547	Q_{25}
26	0	0	0	0	-1,547	Q_{26}

Koeffizientenberechnung:

$$b''_0 = 0,0370 \sum_{r=0}^{26} Q_r - 0,7700 \sum_{i=1}^{5} b'''_{ii}$$

$$b'''_i = 0,0481 \sum_{r=1}^{26} x_{ir} Q_r$$

$$b'''_{i\vartheta} = b''_{i\vartheta}$$

$$b'''_{ii} = 0,0871 \sum_{r=1}^{26} x_{ir}^2 Q_r$$

$s\left\{b'''_0\right\} = 0,54\ s$, $s\left\{b'''_i\right\} = 0,22\ s$, $s\left\{b'''_{i\vartheta}\right\} = 0,25\ s$, $s\left\{b'''_{ii}\right\} = 0,30\ s$

Versuchsplan (drehbar):

Versuch Nr. r	x_1	x_2	x_3	x_4	x_5	Q_r
17	-2	0	0	0	0	Q_{17}
18	+2	0	0	0	0	Q_{18}
19	0	-2	0	0	0	Q_{19}
20	0	+2	0	0	0	Q_{20}
21	0	0	-2	0	0	Q_{21}

(Fortsetzung Tafel A)

(Fortsetzung Versuchsplan von Seite 131)

Versuch Nr. r	x_1	x_2	x_3	x_4	x_5	Q_r
22	0	0	+2	0	0	Q_{22}
23	0	0	0	-2	0	Q_{23}
24	0	0	0	+2	0	Q_{24}
25	0	0	0	0	-2	Q_{25}
26	0	0	0	0	+2	Q_{26}
27	0	0	0	0	0	Q_{27}
28	0	0	0	0	0	Q_{28}
29	0	0	0	0	0	Q_{29}
30	0	0	0	0	0	Q_{30}
31	0	0	0	0	0	Q_{31}

Koeffizientenbestimmung:

$$b_0^{III} = 0{,}1591 \sum_{r=0}^{31} Q_r - 0{,}0341 \sum_{\vartheta=1}^{5} \sum_{r=1}^{26} x_{\vartheta r}^2 Q_r$$

$$b_i^{III} = 0{,}0417 \sum_{r=1}^{26} x_{ir} Q_r$$

$$b_{i\vartheta}^{III} = 0{,}0625 \sum_{r=1}^{16} x_i x_\vartheta Q_r$$

$$b_{ii}^{III} = 0{,}3125 \sum_{r=1}^{26} x_{ir}^2 Q_r + 0{,}0028 \sum_{\vartheta=1}^{5} \sum_{r=1}^{26} x_{\vartheta r}^2 Q_r - 0{,}0034 \sum_{r=0}^{31} Q_r$$

$s\left\{b_0^{III}\right\} = 0{,}40\ s$, $\quad s\left\{b_i^{III}\right\} = 0{,}20\ s$, $\quad s\left\{b_{i\vartheta}^{III}\right\} = 0{,}25\ s$, $\quad s\left\{b_{ii}^{III}\right\} = 0{,}19\ s$

Versuchsplan (unsymmetrisch, quasi-D-optimal):

Versuch Nr. r	x_1	x_2	x_3	x_4	x_5	Q_r
1	+	+	-	-	+	Q_1
2	+	-	+	-	+	Q_2
3	+	+	-	+	-	Q_3
4	-	0	+	+	+	Q_4
5	0	-	+	+	+	Q_5
6	-	+	-	+	0	Q_6
7	0	+	+	-	-	Q_7
8	0	-	-	-	-	Q_8
9	+	+	+	+	0	Q_9
10	-	+	+	0	-	Q_{10}
11	+	+	0	-	-	Q_{11}
12	-	+	0	-	+	Q_{12}
13	-	-	+	-	0	Q_{13}
14	+	+	0	+	+	Q_{14}
15	-	0	-	-	-	Q_{15}
16	-	-	0	+	-	Q_{16}
17	+	-	+	0	-	Q_{17}
18	-	-	-	0	+	Q_{18}
19	+	+	+	0	+	Q_{19}
20	+	-	-	+	0	Q_{20}
21	0	0	0	0	0	Q_{21}
22	+	0	+	+	-	Q_{22}
23	+	-	-	-	+	Q_{23}
24	+	0	-	+	+	Q_{24}
25	-	+	-	-	-	Q_{25}
26	-	-	-	+	-	Q_{26}
27	-	+	-	+	+	Q_{27}
28	-	+	+	-	+	Q_{28}

(Fortsetzung Tafel A)

Versuchsplan (gesättigt, Rechtschaffner):

Versuch Nr. r	x_1	x_2	x_3	x_4	x_5	Q_r
1	-	-	-	-	-	Q_1
2	+	0	0	0	0	Q_2
3	0	+	0	0	0	Q_3
4	0	0	+	0	0	Q_4
5	0	0	0	+	0	Q_5
6	0	0	0	0	+	Q_6
7	-	+	+	+	+	Q_7
8	+	-	+	+	+	Q_8
9	+	+	-	+	+	Q_9
10	+	+	+	-	+	Q_{10}
11	+	+	+	+	-	Q_{11}
12	+	+	-	-	-	Q_{12}
13	+	-	+	-	-	Q_{13}
14	+	-	-	+	-	Q_{14}
15	+	-	-	-	+	Q_{15}
16	-	+	-	-	+	Q_{16}
17	-	+	-	+	-	Q_{17}
18	-	+	+	-	-	Q_{18}
19	-	-	+	+	-	Q_{19}
20	-	-	+	-	+	Q_{20}
21	-	-	-	+	+	Q_{21}

6 Einflußfaktoren k = 6

Approximationsfunktion:

$$Q = b_0' + b_1'x_1 + b_2'x_2 + b_3'x_3 + b_4'x_4 + b_5'x_5 + b_6'x_6$$

Versuchsplan (G-, D-, E-, A-optimal, orthogonal, drehbar):

Versuch Nr. r	x_1	x_2	x_3	x_4	x_5	x_6	Q_r
1	+	-	+	-	+	+	Q_1
2	-	+	+	+	+	-	Q_2
3	-	+	+	+	-	+	Q_3
4	-	+	+	-	+	+	Q_4
5	+	-	-	+	-	-	Q_5
6	+	-	-	-	+	-	Q_6
7	+	-	-	-	-	+	Q_7
8	-	+	-	+	-	-	Q_8
0	0	0	0	0	0	0	Q_0

(Fortsetzung Tafel A)

Koeffizientenberechnung:

$$b_0' = \frac{1}{8}\left[Q_1 + Q_2 + Q_3 + Q_4 + Q_5 + Q_6 + Q_7 + Q_8\right]$$

$$b_1' = \frac{1}{8}\left[(Q_1 + Q_5 + Q_6 + Q_7) - (Q_2 + Q_3 + Q_4 + Q_8)\right]$$

$$b_2' = \frac{1}{8}\left[(Q_2 + Q_3 + Q_4 + Q_8) - (Q_1 + Q_5 + Q_6 + Q_7)\right]$$

$$b_3' = \frac{1}{8}\left[(Q_1 + Q_2 + Q_3 + Q_4) - (Q_5 + Q_6 + Q_7 + Q_8)\right]$$

$$b_4' = \frac{1}{8}\left[(Q_2 + Q_3 + Q_5 + Q_8) - (Q_1 + Q_4 + Q_6 + Q_7)\right]$$

$$b_5' = \frac{1}{8}\left[(Q_1 + Q_2 + Q_4 + Q_6) - (Q_3 + Q_5 + Q_7 + Q_8)\right]$$

$$b_6' = \frac{1}{8}\left[(Q_1 + Q_3 + Q_4 + Q_7) - (Q_2 + Q_5 + Q_6 + Q_8)\right]$$

$$s\left\{b_0'\right\} = s\left\{b_i'\right\} = 0,35\ s$$

Approximationsfunktion:

$$Q = b_0'' + b_1''x_1 + b_2''x_2 + b_3''x_3 + b_4''x_4 + b_5''x_5 + b_6''x_6 + b_{12}''x_1x_2 + b_{13}''x_1x_3 + b_{14}''x_1x_4 + b_{15}''x_1x_5 + b_{16}''x_1x_6 + b_{23}''x_2x_3 + b_{24}''x_2x_4 + b_{25}''x_2x_5 + b_{26}''x_2x_6 + b_{34}''x_3x_4 + b_{35}''x_3x_5 + b_{36}''x_3x_6 + b_{45}''x_4x_5 + b_{46}''x_4x_6 + b_{56}''x_5x_6$$

Versuchsplan (G-, D-, E-, A-optimal, orthogonal):

Versuch Nr. r	x_1	x_2	x_3	x_4	x_5	x_6	Q_r
9	-	-	-	-	-	-	Q_9
10	-	-	-	+	+	-	Q_{10}
11	-	-	-	+	-	+	Q_{11}
12	-	-	-	-	+	+	Q_{12}
13	+	+	-	-	-	-	Q_{13}
14	+	-	+	-	-	-	Q_{14}
15	-	+	+	-	-	-	Q_{15}
16	+	+	-	+	+	-	Q_{16}
17	+	+	-	+	-	+	Q_{17}
18	+	+	-	-	+	+	Q_{18}
19	+	-	+	+	+	-	Q_{19}
20	+	-	+	+	-	+	Q_{20}
21	-	+	-	-	+	-	Q_{21}
22	-	+	-	-	-	+	Q_{22}
23	-	-	+	+	-	-	Q_{23}
24	-	-	+	-	+	-	Q_{24}
25	-	-	+	-	-	+	Q_{25}
26	+	-	-	+	+	+	Q_{26}
27	-	+	-	+	+	+	Q_{27}
28	-	-	+	+	+	+	Q_{28}
29	+	+	+	+	-	-	Q_{29}
30	+	+	+	-	+	-	Q_{30}
31	+	+	+	-	-	+	Q_{31}
32	+	+	+	+	+	+	Q_{32}

(Fortsetzung Tafel A)

Koeffizientenberechnung:

$$b''_0 = \frac{1}{32}\left[8b'_0 + Q_9 + Q_{10} + \ldots + Q_{31} + Q_{32}\right]$$

$$b''_1 = \frac{1}{32}\Big[(8b'_1 + Q_{13} + Q_{14} + Q_{16} + Q_{17} + Q_{18} + Q_{19} + Q_{20} + Q_{26} + Q_{29} + Q_{30} + Q_{31} + Q_{32}) - (Q_9 + Q_{10} + Q_{11} + Q_{12} + Q_{15} + Q_{21} + Q_{22} + Q_{23} + Q_{24} + Q_{25} + Q_{27} + Q_{28})\Big]$$

$$b''_2 = \frac{1}{32}\Big[(8b'_2 + Q_{13} + Q_{15} + Q_{16} + Q_{17} + Q_{18} + Q_{21} + Q_{22} + Q_{27} + Q_{29} + Q_{30} + Q_{31} + Q_{32}) - (Q_9 + Q_{10} + Q_{11} + Q_{12} + Q_{14} + Q_{19} + Q_{20} + Q_{23} + Q_{24} + Q_{25} + Q_{26} + Q_{28})\Big]$$

$$b''_3 = \frac{1}{32}\Big[(8b'_3 + Q_{14} + Q_{15} + Q_{19} + Q_{20} + Q_{23} + Q_{24} + Q_{25} + Q_{28} + Q_{29} + Q_{30} + Q_{31} + Q_{32}) - (Q_9 + Q_{10} + Q_{11} + Q_{12} + Q_{13} + Q_{16} + Q_{17} + Q_{18} + Q_{21} + Q_{22} + Q_{26} + Q_{27})\Big]$$

$$b''_4 = \frac{1}{32}\Big[(8b'_4 + Q_{10} + Q_{11} + Q_{16} + Q_{17} + Q_{19} + Q_{20} + Q_{23} + Q_{26} + Q_{27} + Q_{28} + Q_{29} + Q_{32}) - (Q_9 - Q_{12} + Q_{13} + Q_{14} + Q_{15} + Q_{18} + Q_{21} + Q_{22} + Q_{24} + Q_{25} + Q_{30} + Q_{31})\Big]$$

$$b''_5 = \frac{1}{32}\Big[(8b'_5 + Q_{10} + Q_{12} + Q_{16} + Q_{18} + Q_{19} + Q_{21} + Q_{24} + Q_{26} + Q_{27} + Q_{28} + Q_{30} + Q_{32}) - (Q_9 + Q_{11} + Q_{13} + Q_{14} + Q_{15} + Q_{17} + Q_{20} + Q_{22} + Q_{23} + Q_{25} + Q_{29} + Q_{31})\Big]$$

$$b''_6 = \frac{1}{32}\Big[(8b'_6 + Q_{11} + Q_{12} + Q_{17} + Q_{18} + Q_{20} + Q_{22} + Q_{25} + Q_{26} + Q_{27} + Q_{28} + Q_{31} + Q_{32}) - (Q_9 + Q_{10} + Q_{13} + Q_{14} + Q_{15} + Q_{16} + Q_{19} + Q_{21} + Q_{23} + Q_{24} + Q_{29} + Q_{30})\Big]$$

$$b''_{i\vartheta} = \frac{1}{32}\sum_{r=1}^{32} x_{ir} x_{i\vartheta} Q_r$$

$$s\left\{b''_0\right\} = s\left\{b''_i\right\} = s\left\{b''_{i\vartheta}\right\} = 0{,}18\ s$$

Approximationsfunktion:

$$Q = b'''_0 + b'''_1 x_1 + b'''_2 x_2 + b'''_3 x_3 + b'''_4 x_4 + b'''_5 x_5 + b'''_6 x_6 + b'''_{12} x_1 x_2 + b'''_{13} x_1 x_3 + b'''_{14} x_1 x_4 + b'''_{15} x_1 x_5 + b'''_{16} x_1 x_6 + b'''_{23} x_2 x_3 + b'''_{24} x_2 x_4 + b'''_{25} x_2 x_5 + b'''_{26} x_2 x_6 + b'''_{34} x_3 x_4 + b'''_{35} x_3 x_5 + b'''_{36} x_3 x_6 + b'''_{45} x_4 x_5 + b'''_{46} x_4 x_6 + b'''_{56} x_5 x_6 + b'''_{11} x_1^2 + b'''_{22} x_2^2 + b'''_{33} x_3^2 + b'''_{44} x_4^2 + b'''_{55} x_5^2 + b'''_{66} x_6^2$$

Versuchsplan (orthogonal):

Versuch Nr. r	x_1	x_2	x_3	x_4	x_5	x_6	Q_r
33	+1,722	0	0	0	0	0	Q_{33}
34	-1,722	0	0	0	0	0	Q_{34}
35	0	+1,722	0	0	0	0	Q_{35}
36	0	-1,722	0	0	0	0	Q_{36}

(Fortsetzung Tafel A)

(Fortsetzung Versuchsplan von Seite 135)

Versuch Nr. r	x_1	x_2	x_3	x_4	x_5	x_6	Q_r
37	0	0	+1,722	0	0	0	Q_{37}
38	0	0	-1,722	0	0	0	Q_{38}
39	0	0	0	+1,722	0	0	Q_{39}
40	0	0	0	-1,722	0	0	Q_{40}
41	0	0	0	0	+1,722	0	Q_{41}
42	0	0	0	0	-1,722	0	Q_{42}
43	0	0	0	0	0	+1,722	Q_{43}
44	0	0	0	0	0	-1,722	Q_{44}

Koeffizientenberechnung:

$$b_0^{IIII} = 0,0222 \sum_{r=0}^{44} Q_r - 0,8430 \sum_{i=1}^{6} b_i^{IIII}$$

$$b_i^{IIII} = 0,0222 \sum_{r=1}^{44} x_{ir} Q_r$$

$$b_{i\vartheta}^{IIII} = 0,0313 \sum_{r=1}^{32} x_{ir} x_{\vartheta r} Q_r$$

$$b_{ii}^{IIII} = 0,0564 \sum_{r=1}^{44} x_{ir}^2 Q_r$$

$s\{b_0^{IIII}\} = 0,51\ s$

$s\{b_i^{IIII}\} = 0,16\ s$

$s\{b_{i\vartheta}^{IIII}\} = 0,18\ s$

$s\{b_{ii}^{IIII}\} = 0,24\ s$

Versuchsplan (drehbar):

Versuch Nr. r	x_1	x_2	x_3	x_4	x_5	x_6	Q_r
33	+2,378	0	0	0	0	0	Q_{33}
34	-2,378	0	0	0	0	0	Q_{34}
35	0	+2,378	0	0	0	0	Q_{35}
36	00	-2,378	0	0	0	0	Q_{36}
37	0	0	+2,378	0	0	0	Q_{37}
38	0	0	-2,378	0	0	0	Q_{38}
39	0	0	0	+2,378	0	0	Q_{39}
40	0	0	0	-2,378	0	0	Q_{40}

(Fortsetzung Tafel A)

(Fortsetzung Versuchsplan von Seite 136)

Versuch Nr. r	x_1	x_2	x_3	x_4	x_5	x_6	Q_r
41	0	0	0	0	+2,378	0	Q_{41}
42	0	0	0	0	-2,378	0	Q_{42}
43	0	0	0	0	0	+2,378	Q_{43}
44	0	0	0	0	0	-2,378	Q_{44}
45	0	0	0	0	0	0	Q_{45}
46	0	0	0	0	0	0	Q_{46}
47	0	0	0	0	0	0	Q_{47}
48	0	0	0	0	0	0	Q_{48}
49	0	0	0	0	0	0	Q_{49}
50	0	0	0	0	0	0	Q_{50}
51	0	0	0	0	0	0	Q_{51}
52	0	0	0	0	0	0	Q_{52}

Koeffizientenberechnung:

$$b_0''' = 0,1224 \left[\sum_{r=0}^{52} Q_r - 0,1530 \sum_{\vartheta=1}^{6} \sum_{r=1}^{44} x_{\vartheta r}^2 Q_r \right]$$

$$b_i''' = 0,0231 \sum_{r=1}^{44} x_{ir} Q_r$$

$$b_{i\vartheta}''' = 0,0312 \sum_{r=1}^{32} x_{ir} x_{\vartheta r} Q_r$$

$$b_{ii}''' = 0,0157 \left[\sum_{r=1}^{44} x_{ir}^2 Q_r + 0,0776 \sum_{\vartheta=1}^{6} \sum_{r=1}^{44} x_{\vartheta r}^2 Q_r - 1,1979 \sum_{r=0}^{52} Q_r \right]$$

$$s\{b_0'''\} = 0,33\ s$$

$$s\{b_i'''\} = 0,15\ s$$

$$s\{b_{i\vartheta}'''\} = 0,18\ s$$

$$s\{b_{ii}'''\} = 0,17\ s$$

(Fortsetzung Tafel A)

Versuchsplan (unsymmetrisch, quasi-D-optimal):

Versuch Nr. r	x_1	x_2	x_3	x_4	x_5	x_6	Q_r
1	-	-	-	+	+	0	Q_1
2	-	+	-	-	+	+	Q_2
3	-	-	+	+	+	+	Q_3
4	+	0	-	-	-	+	Q_4
5	+	-	-	-	+	-	Q_5
6	+	+	+	-	+	+	Q_6
7	-	+	+	-	-	+	Q_7
8	+	+	-	+	+	-	Q_8
9	-	-	+	+	-	-	Q_9
10	+	-	-	+	+	+	Q_{10}
11	+	-	-	+	0	-	Q_{11}
12	0	+	+	+	+	-	Q_{12}
13	+	-	+	+	+	0	Q_{13}
14	-	+	0	+	+	+	Q_{14}
15	+	+	0	-	-	-	Q_{15}
16	0	+	-	+	-	-	Q_{16}
17	0	-	+	-	-	-	Q_{17}
18	+	+	+	+	-	-	Q_{18}
19	0	-	-	+	+	-	Q_{19}
20	-	0	-	+	-	+	Q_{20}
21	-	0	+	-	+	-	Q_{21}
22	-	0	-	-	-	-	Q_{22}
23	+	+	+	+	0	+	Q_{23}
24	-	-	0	-	-	+	Q_{24}
25	+	-	+	0	+	-	Q_{25}
26	+	-	-	0	-	-	Q_{26}
27	+	-	+	+	0	+	Q_{27}
28	0	0	0	0	0	0	Q_{28}
29	+	-	+	-	0	+	Q_{29}

Versuchsplan (gesättigt, Rechtschaffner):

Versuch Nr. r	x_1	x_2	x_3	x_4	x_5	x_6	Q_r
1	-	-	-	-	-	-	Q_1
2	+	0	0	0	0	0	Q_2
3	0	+	0	0	0	0	Q_3
4	0	0	+	0	0	0	Q_4
5	0	0	0	+	0	0	Q_5
6	0	0	0	0	+	0	Q_6
7	0	0	0	0	0	+	Q_7
8	-	+	+	+	+	+	Q_8
9	+	-	+	+	+	+	Q_9
10	+	+	-	+	+	+	Q_{10}
11	+	+	+	-	+	+	Q_{11}
12	+	+	+	+	-	+	Q_{12}
13	+	+	+	+	+	-	Q_{13}
14	+	+	-	-	-	-	Q_{14}
15	+	-	+	-	-	-	Q_{15}
16	+	-	-	+	-	-	Q_{16}
17	+	-	-	-	+	-	Q_{17}
18	+	-	-	-	-	+	Q_{18}
19	-	+	-	-	-	+	Q_{19}
20	-	-	+	-	-	+	Q_{20}
21	-	-	-	+	-	+	Q_{21}
22	-	-	-	-	+	+	Q_{22}
23	+	-	-	-	+	-	Q_{23}
24	-	-	+	-	+	-	Q_{24}
25	-	-	-	+	+	-	Q_{25}
26	-	+	-	+	-	-	Q_{26}
27	-	+	+	-	-	-	Q_{27}
28	-	-	+	+	-	-	Q_{28}

(Fortsetzung Tafel A)

7 Einflußfaktoren k = 7

Approximationsfunktion:

$$Q = b_0 + b_1x_1 + b_2x_2 + b_3x_3 + b_4x_4 + b_5x_5 + b_6x_6 + b_7x_7$$

Versuchsplan (G-, D-, A-, E-optimal, orthogonal, drehbar):

Versuch Nr. r	x_1	x_2	x_3	x_4	x_5	x_6	x_7	Q_r
1	+	+	+	+	+	+	+	Q_1
2	-	+	+	-	-	+	-	Q_2
3	+	-	+	-	+	-	-	Q_3
4	-	-	+	+	-	-	+	Q_4
5	+	+	-	+	-	-	-	Q_5
6	-	+	-	-	+	-	+	Q_6
7	+	-	-	-	-	+	+	Q_7
8	-	-	-	+	+	+	-	Q_8
0	0	0	0	0	0	0	0	Q_0

Koeffizientenberechnung:

$$b_0 = \frac{1}{8}\left[Q_1 + Q_2 + Q_3 + Q_4 + Q_5 + Q_6 + Q_7 + Q_8\right]$$

$$b_1 = \frac{1}{8}\left[(Q_1 + Q_3 + Q_5 + Q_7) - (Q_2 + Q_4 + Q_6 + Q_8)\right]$$

$$b_2 = \frac{1}{8}\left[(Q_1 + Q_2 + Q_5 + Q_6) - (Q_3 + Q_4 + Q_7 + Q_8)\right]$$

$$b_3 = \frac{1}{8}\left[(Q_1 + Q_2 + Q_3 + Q_4) - (Q_5 + Q_6 + Q_7 + Q_8)\right]$$

$$b_4 = \frac{1}{8}\left[(Q_1 + Q_4 + Q_5 + Q_8) - (Q_2 + Q_3 + Q_6 + Q_7)\right]$$

$$b_5 = \frac{1}{8}\left[(Q_1 + Q_3 + Q_6 + Q_8) - (Q_2 + Q_4 + Q_5 + Q_7)\right]$$

$$b_6 = \frac{1}{8}\left[(Q_1 + Q_2 + Q_7 + Q_8) - (Q_3 + Q_4 + Q_5 + Q_6)\right]$$

$$b_7 = \frac{1}{8}\left[(Q_1 + Q_4 + Q_6 + Q_7) - (Q_2 + Q_3 + Q_5 + Q_8)\right]$$

$$s\{b_0\} = s\{b_i\} = 0{,}35\ s$$

(Fortsetzung Tafel A)

Approximationsfunktion:

$$Q = b_0 + b_1x_1 + b_2x_2 + b_3x_3 + b_4x_4 + b_5x_5 + b_6x_6 + b_7x_7 + b_{12}x_1x_2 + b_{13}x_1x_3 + b_{14}x_1x_4$$
$$+ b_{15}x_1x_5 + b_{16}x_1x_6 + b_{17}x_1x_7 + b_{23}x_2x_3 + b_{24}x_2x_4 + b_{25}x_2x_5 + b_{26}x_2x_6 + b_{27}x_2x_7$$
$$+ b_{34}x_3x_4 + b_{35}x_3x_5 + b_{36}x_3x_6 + b_{37}x_3x_7 + b_{45}x_4x_5 + b_{46}x_4x_6 + b_{47}x_4x_7 + b_{56}x_5x_6$$
$$+ b_{57}x_5x_7 + b_{67}x_6x_7 + b_{11}x_1^2 + b_{22}x_2^2 + b_{33}x_3^2 + b_{44}x_4^2 + b_{55}x_5^2 + b_{66}x_6^2 + b_{77}x_7^2$$

Versuchsplan (gesättigt, Rechtschaffner):

Versuch Nr. r	x_1	x_2	x_3	x_4	x_5	x_6	x_7	Q_r
1	-	-	-	-	-	-	-	Q_1
2	-	+	+	+	+	+	+	Q_2
3	+	-	+	+	+	+	+	Q_3
4	+	+	-	+	+	+	+	Q_4
5	+	+	+	-	+	+	+	Q_5
6	+	+	+	+	-	+	+	Q_6
7	+	+	+	+	+	-	+	Q_7
8	+	+	+	+	+	+	-	Q_8
9	+	+	-	-	-	-	-	Q_9
10	+	-	+	-	-	-	-	Q_{10}
11	+	-	-	+	-	-	-	Q_{11}
12	+	-	-	-	+	-	-	Q_{12}
13	+	-	-	-	-	+	-	Q_{13}
14	+	-	-	-	-	-	+	Q_{14}
15	-	+	+	-	-	-	-	Q_{15}
16	-	+	-	+	-	-	-	Q_{16}
17	-	+	-	-	+	-	-	Q_{17}
18	-	+	-	-	-	+	-	Q_{18}
19	-	+	-	-	-	-	+	Q_{19}
20	-	-	+	+	-	-	-	Q_{20}
21	-	-	+	-	+	-	-	Q_{21}
22	-	-	+	-	-	+	-	Q_{22}
23	-	-	+	-	-	-	+	Q_{23}
24	-	-	-	+	+	-	-	Q_{24}
25	-	-	-	+	-	+	-	Q_{25}
26	-	-	-	+	-	-	+	Q_{26}
27	-	-	-	-	+	+	-	Q_{27}
28	-	-	-	-	+	-	+	Q_{28}

(Fortsetzung Tafel A)

(Fortsetzung Versuchsplan von Seite 140)

Versuch Nr. r	x_1	x_2	x_3	x_4	x_5	x_6	x_7	Q_r
29	-	-	-	-	-	+	+	Q_{29}
30	+	0	0	0	0	0	0	Q_{30}
31	0	+	0	0	0	0	0	Q_{31}
32	0	0	+	0	0	0	0	Q_{32}
33	0	0	0	+	0	0	0	Q_{33}
34	0	0	0	0	+	0	0	Q_{34}
35	0	0	0	0	0	+	0	Q_{35}
36	0	0	0	0	0	0	+	Q_{36}

8 Einflußfaktoren k = 8

Approximationsfunktion:

$$Q = b_0 + \sum_{i=1}^{8} b_i x_i + \sum_{i=1}^{7} \sum_{\vartheta=i+1}^{8} b_{i\vartheta} x_i x_\vartheta + \sum_{i=1}^{8} b_{ii} x_i^2$$

Versuchsplan (gesättigt, Rechtschaffner):

Versuch Nr. r	x_1	x_2	x_3	x_4	x_5	x_6	x_7	x_8	Q_r
1	-	-	-	-	-	-	-	-	Q_1
2	-	+	+	+	+	+	+	+	Q_2
3	+	-	+	+	+	+	+	+	Q_3
4	+	+	-	+	+	+	+	+	Q_4
5	+	+	+	-	+	+	+	+	Q_5
6	+	+	+	+	-	+	+	+	Q_6
7	+	+	+	+	+	-	+	+	Q_7
8	+	+	+	+	+	+	-	+	Q_8
9	+	+	+	+	+	+	+	-	Q_9
10	+	+	-	-	-	-	-	-	Q_{10}
11	+	-	+	-	-	-	-	-	Q_{11}
12	+	-	-	+	-	-	-	-	Q_{12}
13	+	-	-	-	+	-	-	-	Q_{13}
14	+	-	-	-	-	+	-	-	Q_{14}
15	+	-	-	-	-	-	+	-	Q_{15}
16	+	-	-	-	-	-	-	+	Q_{16}
17	-	+	+	-	-	-	-	-	Q_{17}

(Fortsetzung Tafel A)

(Fortsetzung Versuchsplan von Seite 141)

Versuch Nr. r	x_1	x_2	x_3	x_4	x_5	x_6	x_7	x_8	Q_r
18	-	+	-	+	-	-	-	-	Q_{18}
19	-	+	-	-	+	-	-	-	Q_{19}
20	-	+	-	-	-	+	-	-	Q_{20}
21	-	+	-	-	-	-	+	-	Q_{21}
22	-	+	-	-	-	-	-	+	Q_{22}
23	-	-	+	+	-	-	-	-	Q_{23}
24	-	-	+	-	+	-	-	-	Q_{24}
25	-	-	+	-	-	+	-	-	Q_{25}
26	-	-	+	-	-	-	+	-	Q_{26}
27	-	-	+	-	-	-	-	+	Q_{27}
28	-	-	-	+	+	-	-	-	Q_{28}
29	-	-	-	+	-	+	-	-	Q_{29}
30	-	-	-	+	-	-	+	-	Q_{30}
31	-	-	-	+	-	-	-	+	Q_{31}
32	-	-	-	-	+	+	-	-	Q_{32}
33	-	-	-	-	+	-	+	-	Q_{33}
34	-	-	-	-	+	-	-	+	Q_{34}
35	-	-	-	-	-	+	+	-	Q_{35}
36	-	-	-	-	-	+	-	+	Q_{36}
37	-	-	-	-	-	-	+	+	Q_{37}
38	+	0	0	0	0	0	0	0	Q_{38}
39	0	+	0	0	0	0	0	0	Q_{39}
40	0	0	+	0	0	0	0	0	Q_{40}
41	0	0	0	+	0	0	0	0	Q_{41}
42	0	0	0	0	+	0	0	0	Q_{42}
43	0	0	0	0	0	+	0	0	Q_{43}
44	0	0	0	0	0	0	+	0	Q_{44}
45	0	0	0	0	0	0	0	+	Q_{45}

(Fortsetzung Tafel A)

Approximationsfunktion:

$$Q = \sum_{i=0}^{8} b_i x_i$$

Versuchsplan (G-, D-, A-, E-optimal, orthogonal, drehbar):

Versuch Nr. r	x_1	x_2	x_3	x_4	x_5	x_6	x_7	x_8	Q_r
1	+	-	+	-	-	-	+	+	Q_1
2	+	+	-	+	-	-	-	+	Q_2
3	-	+	+	-	+	-	-	-	Q_3
4	+	-	+	+	-	+	-	-	Q_4
5	+	+	-	+	+	-	+	-	Q_5
6	+	+	+	-	+	+	-	+	Q_6
7	-	+	+	+	-	+	+	-	Q_7
8	-	-	+	+	+	-	+	+	Q_8
9	-	-	-	+	+	+	-	+	Q_9
10	+	-	-	-	+	+	+	-	Q_{10}
11	-	+	-	-	-	+	+	+	Q_{11}
12	-	-	-	-	-	-	-	-	Q_{12}
0	0	0	0	0	0	0	0	0	Q_0

Koeffizientenberechnung:

$$b_i = \frac{1}{12} \sum_{r=1}^{12} x_{ir} Q_r$$

9 Einflußfaktoren k = 9

Approximationsfunktion:

$$Q = b_0 + \sum_{i=1}^{9} b_i x_i + \sum_{i=1}^{8} \sum_{\vartheta=i+1}^{9} b_{i\vartheta} x_i x_\vartheta + \sum_{i=1}^{9} b_{ii} x_i^2$$

Versuchsplan (gesättigt, Rechtschaffner):

Versuch Nr. r	x_1	x_2	x_3	x_4	x_5	x_6	x_7	x_8	x_9	Q_r
1	-	-	-	-	-	-	-	-	-	Q_1
2	-	+	+	+	+	+	+	+	+	Q_2
3	+	-	+	+	+	+	+	+	+	Q_3
4	+	+	-	+	+	+	+	+	+	Q_4
5	+	+	+	-	+	+	+	+	+	Q_5

(Fortsetzung Tafel A)

(Fortsetzung Versuchsplan von Seite 143)

Versuch Nr. r	x_1	x_2	x_3	x_4	x_5	x_6	x_7	x_8	x_9	Q_r
6	+	+	+	+	-	+	+	+	+	Q_6
7	+	+	+	+	+	-	+	+	+	Q_7
8	+	+	+	+	+	+	-	+	+	Q_8
9	+	+	+	+	+	+	+	-	+	Q_9
10	+	+	+	+	+	+	+	+	-	Q_{10}
11	+	+	-	-	-	-	-	-	-	Q_{11}
12	+	-	+	-	-	-	-	-	-	Q_{12}
13	+	-	-	+	-	-	-	-	-	Q_{13}
14	+	-	-	-	+	-	-	-	-	Q_{14}
15	+	-	-	-	-	+	-	-	-	Q_{15}
16	+	-	-	-	-	-	+	-	-	Q_{16}
17	+	-	-	-	-	-	-	+	-	Q_{17}
18	+	-	-	-	-	-	-	-	+	Q_{18}
19	-	+	+	-	-	-	-	-	-	Q_{19}
20	-	+	-	+	-	-	-	-	-	Q_{20}
21	-	+	-	-	+	-	-	-	-	Q_{21}
22	-	+	-	-	-	+	-	-	-	Q_{22}
23	-	+	-	-	-	-	+	-	-	Q_{23}
24	-	+	-	-	-	-	-	+	-	Q_{24}
25	-	+	-	-	-	-	-	-	+	Q_{25}
26	-	-	+	+	-	-	-	-	-	Q_{26}
27	-	-	+	-	+	-	-	-	-	Q_{27}
28	-	-	+	-	-	+	-	-	-	Q_{28}
29	-	-	+	-	-	-	+	-	-	Q_{29}
30	-	-	+	-	-	-	-	+	-	Q_{30}
31	-	-	+	-	-	-	-	-	+	Q_{31}
32	-	-	-	+	+	-	-	-	-	Q_{32}
33	-	-	-	+	-	+	-	-	-	Q_{33}
34	-	-	-	+	-	-	+	-	-	Q_{34}
35	-	-	-	+	-	-	-	+	-	Q_{35}
36	-	-	-	+	-	-	-	-	+	Q_{36}
37	-	-	-	-	+	+	-	-	-	Q_{37}
38	-	-	-	-	+	-	+	-	-	Q_{38}
39	-	-	-	-	+	-	-	+	-	Q_{39}

(Fortsetzung Tafel A)

(Fortsetzung Versuchsplan von Seite 144)

Versuch Nr. r	x_1	x_2	x_3	x_4	x_5	x_6	x_7	x_8	x_9	Q_r
40	-	-	-	-	+	-	-	-	+	Q_{40}
41	-	-	-	-	-	+	+	-	-	Q_{41}
42	-	-	-	-	-	+	-	+	-	Q_{42}
43	-	-	-	-	-	+	-	-	+	Q_{43}
44	-	-	-	-	-	-	+	+	-	Q_{44}
45	-	-	-	-	-	-	+	-	+	Q_{45}
46	-	-	-	-	-	-	-	+	+	Q_{46}
47	+	0	0	0	0	0	0	0	0	Q_{47}
48	0	+	0	0	0	0	0	0	0	Q_{48}
49	0	0	+	0	0	0	0	0	0	Q_{49}
50	0	0	0	+	0	0	0	0	0	Q_{50}
51	0	0	0	0	+	0	0	0	0	Q_{51}
52	0	0	0	0	0	+	0	0	0	Q_{52}
53	0	0	0	0	0	0	+	0	0	Q_{53}
54	0	0	0	0	0	0	0	+	0	Q_{54}
55	0	0	0	0	0	0	0	0	0	Q_{55}

Approximationsfunktion:

$$Q = \sum_{i=0}^{9} b_i x_i$$

Versuchsplan (G-, D-, A-optimal, orthogonal, drehbar):

Versuch Nr. r	x_1	x_2	x_3	x_4	x_5	x_6	x_7	x_8	x_9	Q_r
1	+	-	+	-	-	-	+	+	+	Q_1
2	+	+	-	+	-	-	-	+	+	Q_2
3	-	+	+	-	+	-	-	-	+	Q_3
4	+	-	+	+	-	+	-	-	-	Q_4
5	+	+	-	+	+	-	+	-	-	Q_5
6	+	+	+	-	+	+	-	+	-	Q_6
7	-	+	+	+	-	+	+	-	+	Q_7
8	-	-	+	+	+	-	+	+	-	Q_8
9	-	-	-	+	+	+	-	+	+	Q_9

(Fortsetzung Tafel A)

(Fortsetzung Versuchsplan von Seite 145)

Versuch Nr. r	x_1	x_2	x_3	x_4	x_5	x_6	x_7	x_8	x_9	Q_r
10	+	-	-	-	+	+	+	-	+	Q_{10}
11	-	+	-	-	-	+	+	+	-	Q_{11}
12	-	-	-	-	-	-	-	-	-	Q_{12}
0	0	0	0	0	0	0	0	0	0	Q_0

Koeffizientenberechnung:

$$b_i = \frac{1}{12} \sum_{r=1}^{12} x_{ir} Q_r$$

10 Einflußfaktoren k = 10

Approximationsfunktion:

$$Q = b_0 + \sum_{i=1}^{10} b_i x_i + \sum_{i=1}^{9} \sum_{\vartheta=i+1}^{10} b_{i\vartheta} x_i x_\vartheta + \sum_{i=1}^{10} b_{ii} x_i^2$$

Versuchsplan (gesättigt, Rechtschaffner):

Versuch Nr. r	x_1	x_2	x_3	x_4	x_5	x_6	x_7	x_8	x_9	x_{10}	Q_r
1	-	-	-	-	-	-	-	-	-	-	Q_1
2	-	+	+	+	+	+	+	+	+	+	Q_2
3	+	-	+	+	+	+	+	+	+	+	Q_3
4	+	+	-	+	+	+	+	+	+	+	Q_4
5	+	+	+	-	+	+	+	+	+	+	Q_5
6	+	+	+	+	-	+	+	+	+	+	Q_6
7	+	+	+	+	+	-	+	+	+	+	Q_7
8	+	+	+	+	+	+	-	+	+	+	Q_8
9	+	+	+	+	+	+	+	-	+	+	Q_9
10	+	+	+	+	+	+	+	+	-	+	Q_{10}
11	+	+	+	+	+	+	+	+	+	-	Q_{11}
12	+	+	-	-	-	-	-	-	-	-	Q_{12}
13	+	-	+	-	-	-	-	-	-	-	Q_{13}
14	+	-	-	+	-	-	-	-	-	-	Q_{14}
15	+	-	-	-	+	-	-	-	-	-	Q_{15}
16	+	-	-	-	-	+	-	-	-	-	Q_{16}
17	+	-	-	-	-	-	+	-	-	-	Q_{17}
18	+	-	-	-	-	-	-	+	-	-	Q_{18}

(Fortsetzung Tafel A)

(Fortsetzung Versuchsplan von Seite 146)

Versuch Nr. r	x_1	x_2	x_3	x_4	x_5	x_6	x_7	x_8	x_9	x_{10}	Q_r
19	+	-	-	-	-	-	-	-	+	-	Q_{19}
20	+	-	-	-	-	-	-	-	-	+	Q_{20}
21	-	+	+	-	-	-	-	-	-	-	Q_{21}
22	-	+	-	+	-	-	-	-	-	-	Q_{22}
23	-	+	-	-	+	-	-	-	-	-	Q_{23}
24	-	+	-	-	-	+	-	-	-	-	Q_{24}
25	-	+	-	-	-	-	+	-	-	-	Q_{25}
26	-	+	-	-	-	-	-	+	-	-	Q_{26}
27	-	+	-	-	-	-	-	-	+	-	Q_{27}
28	-	+	-	-	-	-	-	-	-	+	Q_{28}
29	-	-	+	+	-	-	-	-	-	-	Q_{29}
30	-	-	+	-	+	-	-	-	-	-	Q_{30}
31	-	-	+	-	-	+	-	-	-	-	Q_{31}
32	-	-	+	-	-	-	+	-	-	-	Q_{32}
33	-	-	+	-	-	-	-	+	-	-	Q_{33}
34	-	-	+	-	-	-	-	-	+	-	Q_{34}
35	-	-	+	-	-	-	-	-	-	+	Q_{35}
36	-	-	-	+	+	-	-	-	-	-	Q_{36}
37	-	-	-	+	-	+	-	-	-	-	Q_{37}
38	-	-	-	+	-	-	+	-	-	-	Q_{38}
39	-	-	-	+	-	-	-	+	-	-	Q_{39}
40	-	-	-	+	-	-	-	-	+	-	Q_{40}
41	-	-	-	+	-	-	-	-	-	+	Q_{41}
42	-	-	-	-	+	+	-	-	-	-	Q_{42}
43	-	-	-	-	+	-	+	-	-	-	Q_{43}
44	-	-	-	-	+	-	-	+	-	-	Q_{44}
45	-	-	-	-	+	-	-	-	+	-	Q_{45}
46	-	-	-	-	+	-	-	-	-	+	Q_{46}
47	-	-	-	-	-	+	+	-	-	-	Q_{47}
48	-	-	-	-	-	+	-	+	-	-	Q_{48}
49	-	-	-	-	-	+	-	-	+	-	Q_{49}
50	-	-	-	-	-	+	-	-	-	+	Q_{50}
51	-	-	-	-	-	-	+	+	-	-	Q_{51}
52	-	-	-	-	-	-	+	-	+	-	Q_{52}
53	-	-	-	-	-	-	+	-	-	+	Q_{53}

(Fortsetzung Tafel A)

(Fortsetzung Versuchsplan von Seite 147)

Versuch Nr. r	x_1	x_2	x_3	x_4	x_5	x_6	x_7	x_8	x_9	x_{10}	Q_r
54	-	-	-	-	-	-	-	+	+	-	Q_{54}
55	-	-	-	-	-	-	-	+	-	+	Q_{55}
56	-	-	-	-	-	-	-	-	+	+	Q_{56}
57	+	0	0	0	0	0	0	0	0	0	Q_{57}
58	0	+	0	0	0	0	0	0	0	0	Q_{58}
59	0	0	+	0	0	0	0	0	0	0	Q_{59}
60	0	0	0	+	0	0	0	0	0	0	Q_{60}
61	0	0	0	0	+	0	0	0	0	0	Q_{61}
62	0	0	0	0	0	+	0	0	0	0	Q_{62}
63	0	0	0	0	0	0	+	0	0	0	Q_{63}
64	0	0	0	0	0	0	0	+	0	0	Q_{64}
65	0	0	0	0	0	0	0	0	+	0	Q_{65}
66	0	0	0	0	0	0	0	0	0	+	Q_{66}

Approximationsfunktion:

$$Q = \sum_{i=0}^{10} b_i x_i$$

Versuchsplan (G-, D-, A-, E-optimal, orthogonal, drehbar):

Versuch Nr. r	x_1	x_2	x_3	x_4	x_5	x_6	x_7	x_8	x_9	x_{10}	Q_r
1	+	-	+	-	-	-	+	+	+	-	Q_1
2	+	+	-	+	-	-	-	+	+	+	Q_2
3	-	+	+	-	+	-	-	-	+	+	Q_3
4	+	-	+	+	-	+	-	-	-	+	Q_4
5	+	+	-	+	+	-	+	-	-	-	Q_5
6	+	+	+	-	+	+	-	+	-	-	Q_6
7	-	+	+	+	-	+	+	-	+	-	Q_7
8	-	-	+	+	+	-	+	+	-	+	Q_8
9	-	-	-	+	+	+	-	+	+	-	Q_9
10	+	-	-	-	+	+	+	-	+	+	Q_{10}
11	-	+	-	-	-	+	+	+	-	+	Q_{11}
12	-	-	-	-	-	-	-	-	-	-	Q_{12}
0	0	0	0	0	0	0	0	0	0	0	Q_0

Koeffizientenberechnung:

$$b_i = \frac{1}{12} \sum_{r=1}^{12} x_{ir} Q_r$$

Tafel B. Rechnerprogramme zur Korrelations- und Regressionsanalyse

a) KORA: Berechnung des einfachen, partiellen und multiplen Korrelationskoeffizienten auf dem Rechenautomaten KRS 4200 in der Programmsprache FORTRAN

```
      PROGRAM KORA
      COMMON/BER1/SS(20,20),A(20,40)
      COMMON/BER2/SQ(20,20),S(20),D(100),PERS(3)
      COMMON/BER3/TW(6),RKR(3),MT(7),ME(20)
      DIMENSION SR(20,20),AD(100)
      LOGICAL W(20)
      EQUIVALENCE (A(1,1),SR(1,1)),(A(1,21),AD(1))
C
C     1=PAUSE
C     2=NEUES PROGRAMM
C     3=NICHT ERLAUBT
C     4=  "
C     5=STOP
C     6=BILDUNG KOVARIANZMATRIX
C     7=EINFACHE KORRELATION
C     8=EINFACHE REGRESSION
C     9=ANSATZ
C     10=PARTIELLE KORRELATION
C     11=MULTIPLE KORRELATION
C     12=EINLESEN T-TAFEL
C
  100 FORMAT (5HPAUSE)
  101 FORMAT (5X,41HEINFACHE KORRELATIONSKOEFFIZIENTEN R(J,K)//)
  102 FORMAT ( //6X,9(14X,I2))
  103 FORMAT (1H //)
  104 FORMAT (1H)
  105 FORMAT (5X,I2,3X,9(E12,5,A4))
  106 FORMAT (/// 94HSCHAETZWERTE R WERDEN MIT STATIST. SICHERHEIT
     1VON 95%-*,99%-**,99,9%-***GEGEN H0:R=0 GETESTET/)
  107 FORMAT (// 36HKRITISCHE KORRELATIONSKOEFFIZIENTEN // 6HR(*,,
     1I2,2H)=,E12.5/6HR(**,,I2,2H)=,E12.5/6HR(***,,I2,2H)=,E12.5///)
  108 FORMAT (5X,45HEINFACHE REGRESSIONSKOEFFIZIENTEN B(J,K)/B(0)//)
  109 FORMAT (/// 13HNUTZERNAME = ,3A4/)
  110 FORMAT (/// 10X,11(10X,I2))
  111 FORMAT (5X,I2,3X,11E12.5)
  112 FORMAT (10X,11E12.5)
  113 FORMAT (1H/)
  114 FORMAT (5X,45HPARTIELLE KORRELATIONSKOEFFIZIENTEN R(J,K...)//)
  115 FORMAT (5X,42HMULTIPLE KORRELATIONSKOEFFIZIENTEN R(J...)//)
  116 FORMAT (//5X,12HBESTIMMTHEIT/5X,11HKORR.KOEFF./5X,10HTESTWERT F)
  117 FORMAT (//5X,56HIN DEN ANSATZ WURDEN DIE FOLGENDEN GROESSEN
     1 AUFGENOMMEN:/5X,21(I2,1H,)//)
  118 FORMAT (/// 55HDIE SIGNIFIKANZ VON R IST DURCH VERGLEICH MIT
     1WERTEN F(,I3,1H,,I3,12H) ZU PRUEFEN//)
C
      E=1
   20 READ(LL0)KS
      GOTO(1,2,2,2,5,6,7,8,9,10,11,12),KS
    1 WRITE(SA0,100)
      READ(SE0)KS
      GOTO 20
```

(Fortsetzung Tafel B.a von Seite 149)

```
6     DTW=4HTWER
      DA=4HALDA
      DUR=4HURDA
      CALL TR(DA, 0, 0, 1, AD)
      NZ=AD(1)+.01
      NG=AD(2)+.01
      NS=AD(3)+.01
      PI=AD(4)
      PERS(1)=AD(5)
      PERS(2)=AD(6)
      PERS(3)=AD(7)
      READ(LL0)NZ1, NZ2
      NZA=NZ2-NZ1+1
      NZA1=NZA-1
      NZI=NZI*NS-NS
      NZE=NZI+NZA*NS -NZA
      N=0
      KN=NZI+NZA*NS-1
      DO 24 I=1, NZA1
      S(I)=0
      DO 24 J=1, NZA1
      SS(I, J)=0
24    SQ(I, J)=0
      DO 21 I=NZI, NZE, NZA
      CALL TR(DUR, 0, I, NZA, D)
      KN=KN+1
      IF(D(NZA).NE.0.)GOTO 21
      DO 22 J=1, NZA1
      IF(D(J).GE.1.E28)GOTO 21
22    CONTINUE
      N=N+1
      CALL TR(DUR, 1, KN, 1, E)
      DO 23 J=1, NZA1
23    S(J)=S(J)+D(J)
      DO 25 l=1, NZA1
      DO 25 J=L, NZA1
25    SQ(L, J)=SQ(L, J)+D(L)*D(J)
21    CONTINUE
      DO 26 L=1, NZA1
26    S(L)=S(L) N
      DO 60 L=1, NZA1
      DO 60 J=L, NZA1
60    SQ(L, J)=SQ(L, J)-(S(J)*S(L))*N
      AD(8)=NZ1
      AD(9)=NZ2
      AD(10)=N
      CALL TR(DA, 1, 0, 1, AD)
      GOTO 20
7     DO 27 L=2, NZA1
      L1=L-1
      DO 27 J=1, L1
      SQ(L, J)=SQ(J, L)/SQRT(SQ(J, J)*SQ(L, L))
27    SS(L, J)=4H
C     PRUEFUNG KORR
```

(Fortsetzung Tafel B.a von Seite 150)

```
      NT=N - 2
52    MT(1)=40
      MT(2)=50
      MT(3)=60
      MT(4)=80
      MT(5)=100
      MT(6)=200
      MT(7)=500
      IF(NT.LE.30)GOTO 28
      DO 29 L=1,7
      IF(NT.LE.MT(L))GOTO 30
29    CONTINUE
      JTW=38
32    JTWA=1
      GOTO 31
28    JTW=NT
      GOTO 32
30    IF(NT.EQ.MT(L))GOTO 33
      JTW=30+L-1
      L1=L-1
      JTWA=2
      GOTO 31
33    JTW=30+L
      GOTO 32
31    CALL TR(DTW,0,JTW,JTWA,TW)
      IF(JTWA.EQ.1)GOTO 34
      MU=30
      IF(L1.GE.1)MU=MT(L1)
      CC=(NT - MU)/FLOAT(MT(L) - MU)
      DO 35 J=1,3
      J1=J+3
35    TW(J)=TW(J) - (TW(J) - TW(J1))*CC
34    DO 36 L=2,NZA1
      L1=L-1
      DO 36 J=1,L1
      C=SQ(L,J)*SQRT(FLOAT(NT))
      C=C/SQRT(1.-SQ(L,J)*SQ(L,J))
      C=ABS(C)
      IF(C.GT.TW(3))GOTO 37
      IF(C.GT.TW(2))GOTO 38
      IF(C.GT.TW(1))SS(L,J)=4H *
      GOTO 36
37    SS(L,J)=4H***
      GOTO 36
38    SS(L,J)=4H **
36    CONTINUE
      IF(KS.EQ.10)GOTO 53
C     AUSGABE KORR
      WRITE(SD0,109)PERS
      WRITE(SD0,101)
      NAM=NZA1
54    M=3
      IF(NAM.LE.17)M=2
      IF(NAM.LE.9)M=1
```

(Fortsetzung Tafel B.a von Seite 151)

```
      IA=-6
      JA=-7
      JEN=0
      DO 39 IK=1,M
      IA=IA+8
      JA=JA+8
      JEN=JEN+8
      IF(IK.EQ.M)JEN=NAM-1
      WRITE(SD0,102)(I,I=JA,JEN)
      WRITE(SD0,103)
      JE=JA
      DO 40 I=IA,NAM
      WRITE(SD0,105)I,(SQ(I,J),SS(I,J),J=JA,JE)
      WRITE(SD0,104)
      IF(JE.LT.JEN)JE=JE+1
40    CONTINUE
39    CONTINUE
      WRITE(SD0,106)
      DO 41 I=1,3
      RKR(I)=TW(I)*TW(I)
      RKR(I)=RKR(I)/(TW(I)*TW(I)+NT)
41    RKR(I)=SQRT(RKR(I))
      WRITE(SD0,107)(NT,RKR(I),I=1,3)
      GOTO 20
8     WRITE(SD0,109)PERS
      WRITE(SD0,108)
      DO 42 I=1,NZA1
      SR(I,I)=0
42    SS(I,I)=0
      DO 43 I=1,NZA1
      DO 43 J=1,NZA1
      IF(I.EQ.J)GOTO 43
      IF(I.LT.J)SR(I,J)=SQ(I,J)/SQ(J,J)
      IF(J.LT.I)SR(I,J)=SQ(J,I)/SQ(J,J)
      SS(I,J)=S(I)-SR(I,J)*S(J)
43    CONTINUE
C     AUSGABE REGRESSION
      M=2
      IF(NZA1.LE.10)M=1
      IE=0
      IA=-9
      DO 44 IK=1,M
      IA=IA+10
      IE=IE+10
      IF(IK.EQ.M)IE=NZA1
      WRITE(SD0,110)(I,I=IA,IE)
      WRITE(SD0,103)
      DO 45 I=1,NZA1
      WRITE(SD0,111)I,(SR(I,J),J=IA,IE)
      WRITE(SD0,104)
      WRITE(SD0,112)(SS(I,J),J=IA,IE)
45    WRITE(SD0,113)
44    CONTINUE
      GOTO 20
```

(Fortsetzung Tafel B.a von Seite 152)

```
9     READ(LL0)MAE
      READ(LL0)(ME(I),I=1,MAE)
      MERK=0
      DO 47 I=1,NZA1
47    W(I)=.FALSE.
      DO 46 I=1,MAE
      JL=ME(I)
46    W(JL)=.TRUE.
55    IN=1
      DO 48 I=1,NZA1
      IF(.NOT.W(I))GOTO 48
      JN=IN
      DO 49 J=I,NZA1
      IF(.NOT.W(J))GOTO 49
      SR(IN,JN)=SQ(I?J)
      JN=JN+1
49    CONTINUE
      IN=IN+1
48    CONTINUE
      IF(MERK.EQ.1)GOTO 20
      MERK=1
      DO 50 I=1,MAE
      DO 50 J=I,MAE
50    SS(I,J)=SR(I,J)
      CALL MINV(MAE,F)
      GOTO 55
10    DO 51 I=2,MAE
      I1=I-1
      DO 51 J=1,I1
      SQ(I,J)=-SS(J,I)/SQRT(SS(J,J)*SS(I,I))
51    SS(I,J)=4H
      NT=N-MAF
      GOTO 52
53    WRITE(SD0,109)PERS
      WRITE(SD0,114)
      WRITE(SD0,117)(ME(I),I=1,MAE)
      NAM=MAE
      GOTO 54
11    DO 56 I=1,MAE
      SR(1,I)=1.-1./(SR(I,I)*SS(I,I))
      SR(2,I)=SQRT(SR(1,I))
      SR(3,I)=(N-MAE)/FLOAT(MAE-1)
56    SR(3,I)=SR(3,I)*(SR(1,I)/(1.-SR(1,I)))
      WRITE(SD0,109)PERS
      WRITE(SD0,115)
      WRITE(SD0,117)(ME(I),I=1,MAE)
      WRITE(SD0,116)
      M=2
      IF(MAE.LE.10)M=1
      IE=0
      IA=-9
      DO 57 IK=1,M
      IE=IE+10
      IA=IA+10
```

(Fortsetzung Tafel B.a von Seite 153)

```
      IF(IK.EQ.M)IE=MAE
      WRITE(SD0,110)(I,I=IA,IE)
      WRITE(SD0,103)
      DO 58 J=1,3
      WRITE(SD0,112)(SR(J,I),I=IA,IE)
58    WRITE(SD0,104)
57    CONTINUE
      I1=MAE - 1
      I2=N - MAE
      WRITE(SD0,118)I1,I2
      GOTO 20
12    DTW=4HTWER
      DO 59 I=1,38
      READ(LL0)(TW(J),J=1,3)
59    CALL TR(DTW,1,I,1,TW)
      GOTO 20
2     CALL HOLP(KS)
5     STOP
      END
```

PROGRAMM UEBERSETZT
FOR 4200/1P

b) REGA: Berechnung multipler, quasilinearer Regressionskoeffizienten auf dem Rechenautomaten KRS 4200 in der Programmsprache FORTRAN

```
      PROGRAM REGA
      COMMON/BER1 SS(20,20),A(20,40)
      COMMON/BER2 SQ(20,20),S(20),D(100),PERS(3)
      COMMON/BER3 SY(20),B(20),T(20),ME(20)
      DIMENSION SR(20,20)
      LOGICAL W(20)
      EQUIVALENCE (A(1,1),SR(1,1))
C
C     1=PAUSE
C     2=NEUES PROGRAMM
C     3=N E
C     4=N E
C     5=STOP
C     6=ANSATZ
C     7=REGRESSIONSKOEFFIZIENTEN
C     8=BERECHNUNG RESIDUEN
C     9=MASSZAHLEN
C     10=INNERE BESTIMMTHEITSMASSE
C     11=BEREITSTELLUNG REDUKTION
C     12=MASSZAHLEN REDUKTION
C     13=AUSREISSER RESIDUEN
C
  100 FORMAT (5HPAUSE)
  102 FORMAT (10X,13HZIELGROESSE :,I3/
     15X,18HEINFLUSSGROESSEN :,20(I3,1H))
  103 FORMAT (1H //)
  104 FORMAT (///13HNUTZERNAME = ,3A4/)
  105 FORMAT (/32HMULTIPLE QUASILINEARE REGRESSION///)
  106 FORMAT (5X,15HMODELLGLEICHUNG/)
  107 FORMAT (///5X,29HREGRESSIONSKOEFFIZIENTEN B(J)//)
  108 FORMAT (10X,11(10X,I2))
  109 FORMAT (//10X,11E12.5)
  110 FORMAT (5X,34HMASSZAHLEN DES REGRESSIONSANSATZES //)
  111 FORMAT (10X,48HRESTSTREUUNG BEST.-MASS KORR.B.-M. TESTWERT F)
  112 FORMAT (///10X,55HDIE SIGNIFIKANZ VON B IST DURCH VERGLEICH
     1 MIT WERTEN F(,I3,1H,,I3,12H) ZU PRUEFEN //)
  113 FORMAT (10X,45HTESTWERTE T DER REGRESSIONSKOEFFIZIENTEN FG=,I3 //
  114 FORMAT (/10X,25HINNERE BESTIMMTHEITSMASSE //)
  115 FORMAT (/10X,30HBEI REDUKTION IST DIE GROESSE ,I2,15H ZU
     1ELIMINIEREN/)
  116 FORMAT (10X,24H DELTA BEST DELTA VBEST//10X,2E12.5/)
  117 FORMAT (10X,22HVORHERSAGEBESTIMMTHEIT //10X,E12.5// )
C
   20 READ(LL0)KS
      GOTO(1,2,2,2,5,6,7,8,9,10,11,12,13),KS
    1 WRITE(SA0,100)
      READ(SE0)KS
      GOTO 20
    6 DTW=4HTWER
      DA=4HALDA
      DUR=4HURDA
```

(Fortsetzung Tafel B.b von Seite 155)

```
      CALL TR(DA,0,0,1,D)
      PERS(1)=D(5)
      PERS(2)=D(6)
      PERS(3)=D(7)
      NS=D(3)+.01
      NZ1=D(8)+.01
      NZ2=D(9)+.01
      N=D(10)+.01
      NZA1=NZ2-NZ1
      READ(LL0)MZ,MAE
      READ(LL0)(ME(I),I=1,MAE)
      MERK=0
      DO 21 I=1,NZA1
21    W(I)=.FALSE.
      DO 22 I=1,MAE
      J=ME(I)
22    W(J)=.TRUE.
42    IN=1
      DO 23 I=1,NZA1
      IF(.NOT.W(I))GOTO 23
      JN=IN
      DO 24 J=I,NZA1
      IF(.NOT.W(J))GOTO 24
      SR(IN,JN)=SQ(I,J)
      JN=JN+1
24    CONTINUE
      IN=IN+1
23    CONTINUE
      IF(MERK.EQ.1)GOTO 20
      MERK=1
      L=1
      DO 25 I=1,NZA1
      IF(.NOT.W(I))GOTO 25
      IF(I.EQ.MZ)GOTO 25
      IF(I.GT.MZ)GOTO 26
      SY(L)=SQ(I,MZ)
27    L=L+1
      GOTO 25
26    SY(L)=SQ(MZ,I)
      GOTO 27
25    CONTINUE
      DO 28 I=1,MAE
      DO 28 J=I,MAE
28    SS(I,J)=SR(I,J)
      CALL MINV(MAE,F)
      GOTO 42
13    SIG=SQRS 3
      NZZ=NZI-1
      KN=NZI+NZA*NS-1
      KR=KN+2*NS+1
      NA=0
      CALL TR(DUR,0,KR,NS,D)
      DO 43 I=1,NS
      KN=KN+1
```

(Fortsetzung Tafel B.b von Seite 156)

```
      NZZ=NZZ +NZA1
      CALL TR(DUR, 0, KN, 1, E)
      IF(E.NE.1.)GOTO 43
      IF(ABS(D(I)).GE.SIG)GOTO 44
43    CONTINUE
      IF(NA.GT.0)WRITE(SA0,108)KS,NA
      GOTO 20
44    E=1
      NA=NA+1
      CALL TR(DUR,1,NZZ,1,E)
      GOTO 43
7     DO 30 I=1,MAE
30    B(I)=0
      DO 29 I=1,MAE
      DO 29 J=1,MAE
29    B(I)=B(I)+SY(J)*SS(J,I)
      BO=S(MZ)
      DO 31 I=1,MAE
      L=ME(I)
31    BO=BO-B(I)*S(L)
C     AUSGABE KOEFF
      WRITE(SD0,104)PERS
      WRITE(SD0,105)
      WRITE(SD0,106)
      WRITE(SD0,102)MZ,(ME(I),I=1,MAE)
      WRITE(SD0,107)
      III=0
      IE=MAE
      IF(MAE.GT.9)IE=9
      WRITE(SD0,108)III,(I,I=1,IE)
      WRITE(SD0,109)BO,(B(I),I=1,IE)
      IF(MAE.LE.9)GOTO 32
      WRITE(SD0,103)
      WRITE(SD0,108)(I,I=10,MAE)
      WRITE(SD0,109)(B(I),I=10,MAE)
32    WRITE(SD0,103)
      GOTO 20
8     NZA=NZA1+1
      NZI=NZI*NS-NS
      NZE=NZI+NZA*NS-NZA
      KN=NZI+NZA*NS-1
      SQRE=0
      DO 33 I=NZI,NZE,NZA
      KN=KN+1
      CALL TR(DUR,0,I,NZA,D)
      CALL TR(DUR,0,KN,1,E)
      RESI=BO
      IF(E.NE.1.)GOTO 33
      DO 34 J=1,MAE
      MU=ME(J)
34    RESI=RESI+B(J)*D(MU)
      SQRE=SQRE+(D(MZ)-RESI)*(D(MZ)-RESI)
      KR=KN+NS
      KT=KR+NS
```

(Fortsetzung Tafel B.b von Seite 157)

```
      RESA=D(MZ)-RESI
      CALL TR(DUR,1,KT,1,RESA)
      CALL TR(DUR,1,KR,1,RESI)
33    CONTINUE
      GOTO 2Ø
9     NC=N-MAE-1
      SQRE=SQRE/NC
      SQRS=SQRT(SQRE)
      DO 35 I=1,MAE
35    T(I)=ABS(B(I))/(SQRS*SQRT(SS(I,I)))
      F=.Ø
      DO 36 I=1,MAE
36    F=F+B(I)*SY(I)
      FW=F/(SQRE*MAE)
      BE=F/SQ(MZ,MZ)
      HILF=SQ(MZ,MZ)/(N-1)
      BEK=1.-(SQRE/HILF)
C     AUSGABE
      WRITE(SDØ,11Ø)
      WRITE(SDØ,111)
      WRITE(SDØ,109)SQRS,BE,BEK,FW
      WRITE(SDØ,112)MAE,NC
      WRITE(SDØ,113)NC
      IE=MAE
      IF(MAE.GT.1Ø)IE=1Ø
      WRITE(SDØ,1Ø8)(I,I=1,IE)
      WRITE)SDØ,1Ø9)(T(I),I=1,IE)
      IF(MAE.LE.1Ø)GOTO 37
      WRITE(SDØ,1Ø3)
      WRITE(SDØ,1Ø8)(I,I=1Ø,MAE)
      WRITE(SDØ,1Ø9)(T(I),I=1Ø,MAE)
37    WRITE(SDØ,1Ø3)
      GOTO 2Ø
1Ø    WRITE(SDØ,114)
      DO 38 I=1,MAE
38    SR(1,I)=1.-1./(SS(I,I)*SR(I,I))
      IE=MAE
      IF(MAE.GT.1Ø)IE=1Ø
      WRITE(SDØ,1Ø8)(I,I=1,IE)
      WRITE(SDØ,1Ø9)(SR(1,I),I=1,IE)
      IF(MAE.LE.1Ø)GOTO 39
      WRITE(SDØ,1Ø3)
      WRITE(SDØ,1Ø8)(I,I=1Ø,MAE)
      WRITE(SDØ,1Ø9)(SR(1,I),I=1Ø,MAE)
39    WRITE(SDØ,1Ø3)
      GOTO 2Ø
11    READ(LLØ)KZ
      IF(KZ,EQ.1)SQSP=SQRE
      V=T(1)
      IT=1
      DO 4Ø I=2,MAE
      IF(T(I).LT.V)GOTO 41
      GOTO 4Ø
41    V=T(I)
```

(Fortsetzung Tafel B.b von Seite 158)

```
      IT=I
 4Ø   CONTINUE
      DB=T(I)*T(IT)*(1.-BE)
      DB=DB/NC
      DBV=2*SQSP-DB*SQ(MZ,MZ)
      DBV=DBV/(2*SQSP+SQ(MZ,MZ))
      WRITE(SDØ,115)IT
      WRITE(SDØ,116)DB,DBV
      GOTO 2Ø
 12   HI1=SQRE*NC
      HI2=2*(MAE+1.)*SQSP
      HI1=(HI1+HI2)/(SQ(MZ,MZ)+2*SQSP)
      BV=1.-HI1
      WRITE(SDØ,117)BV
      GOTO 2Ø
 2    CALL HOLP(KS)
 5    STOP
      END
PROGRAMM UEBERSETZT
FOR 42ØØ/1P
```

c) TRPO: Hilfsprogramm zur Datentransponierung für die Abarbeitung der Programme KORA und REGA auf dem Rechenautomaten KRS 4200 in der Programmsprache FORTRAN

```
                                                TRPO SEITE 1

      PROGRAM TRPO
      COMMON A(25ØØ)
      DA=4HALDA
      DUR=4HURDA
      CALL TR(DA,Ø,Ø,1,A)
      NS=A(3)+.Ø1
      READ (LLØ) IA,IE,IB,IZU
      NZ=IE-IA+1
      LL=NS
      II=NZ
      IF(IZU.EQ.1)LL=NZ
      IF(IZU.EQ.1)II=NS
      MA=IA*NS-NS
      ME=IE*NS-1
      J=-1
      DO 6 M=MA,ME,LL
      CALL TR(DUR,Ø,M,LL,A)
      J=J+1
      DO 7 I=1,LL
      MN=NS*IB-NS+II*I-II+J
    7 CALL TR(DUR,1,MN,1,A(I))
    6 CONTINUE
      MM=IA*NS-NS
      MN=IB*NS-NS
      DO 8 I=1,NZ
      CALL TR(DUR,Ø,MN,NS,A)
      CALL TR(DUR,1,MM,NS,A)
      MM=MM+NS
    8 MN=MN+NS
      CALL HOLP(KS)
      STOP
      END

PROGRAMM UEBERSETZT
FOR 4200/1P
```

d) Rechnerprogramm zur Koeffizientenberechnung für quadratische Regressionsfunktionen auf dem Rechenautomaten R 300 in der Programmsprache ALGOL 60

```
'BEGIN''PROCEDURE'MAVEKT(M,N,A,X,B);
  'VALUE'M,N;'INTEGER'M,N;'ARRAY'A,X,B;
  'BEGIN''REAL'S;'INTEGER'I,K;
     'FOR'I:=1'STEP'1'UNTIL'M'DO'
     'BEGIN'S:=0;
        'FOR'K:=1'STEP'1'UNTIL'N'DO'
        S:=S+A[I,K]*X[K];
        B[I]:=S
     'END'
  'END'MAVEKT;
  'PROCEDURE'XXSTRICH(M,N,X,XX);
  'VALUE'M,N;'INTEGER'M,N;'ARRAY'X,XX;
  'BEGIN''REAL'S;'INTEGER'J,K,I;
     'FOR'J:=1'STEP'1'UNTIL'M'DO'
     'FOR'K:=1'STEP'1'UNTIL'M'DO'
     'BEGIN'S:=0;
         'FOR'I:=1'STEP'1'UNTIL'N'DO'
         S:=S+X[J,I]*X[K,I];
         XX[J,K]:=S
     'END'
  'END'XXSTRICH;
  'PROCEDURE'ORTHO 2(M)TRANSIENT:(A);
  'VALUE'M;
  'INTEGER'M;'ARRAY'A;
  'COMMENT'ORTHO 2 INVERTS A MATRIX A OF ORDER M.
  THE MATRIX A IS REPLACED BY THE INVERSE OF A;
  'BEGIN''INTEGER'G,H,I,J,L,NN;'REAL'S,T;
     'ARRAY'P[1:M],Q[1:M*(M+1)/2];
     L:=0;
     'FOR'I:=1'STEP'1'UNTIL'M'DO'
     'BEGIN'L:=L+1;S:=0;
        'FOR'J:=1'STEP'1'UNTIL'M'DO'
        'BEGIN'P[J]:=T:=A[J,I];S:=S+T*T'END';
        Q[L]:=S;
        'FOR'G:=I+1'STEP'1'UNTIL'M'DO'
        'BEGIN'T:=0;
            'FOR'J:=1'STEP'1'UNTIL'M'DO'
            T:=T+P[J]*A[J,G];
            L:=L+1;Q[L]:=T;T:=T/S;
            'FOR'J:=1'STEP'1'UNTIL'M'DO'
            A[J,G]:=A[J,G]-P[J]*T
        'END'G
     'END'FORMATION OF THE MATRICES R AND U;
     'COMMENT'BACKSUBSTITUTION;
     NN:=M+2;
     'FOR'I:=M'STEP'-1'UNTIL'1'DO'
     'BEGIN'H:=L-I;T:=Q[L];
        'FOR'J:=1'STEP'1'UNTIL'M'DO'
        'BEGIN'S:=A[J,I];
'FOR'G:=I+1'STEP'1'UNTIL'M'DO'
           S:=S-Q[G+H]*A[J,G];
           A[J,I]:=S/T
        'END'J;
        L:=L+I-NN;
     'END'BACKSUBSTITUTUION;
     'FOR'I:=1'STEP'1'UNTIL'M'DO'
     'FOR'J:=I+1'STEP'1'UNTIL'M'DO'
```

(Fortsetzung Tafel B.d von Seite 161)

```
        'BEGIN'S:=A[I,J];
           A[I,J]:=A[J,I];A[J,I]:=S
        'END'J;
     'END'ORTHO 2;
     'PROCEDURE'LINREG(X,Y,N,P,BETA);
     'VALUE'N,P;'INTEGER'N,P;'ARRAY'X,Y,BETA;
      'BEGIN''ARRAY'XX[1:P,1:P],B[1:P];
         XXSTRICH(P,N,X,XX);
         ORTHO 2(P,XX);
         MAVEKT(P,N,X,Y,B);
         MAVEKT(P,P,XX,B,BETA);
      'END'LINREG;
    'INTEGER'N,P;'INTEGER''PROCEDURE'TIME2;'CODE';
     'REAL'ZEITO,ZEIT1;
     ZEITO:=TIME2;
     READ(N,P);
     'BEGIN''INTEGER'I,J,K,L,M,Q,R;'ARRAY'X[1:N,1:P];
READ(L,X);
         M:=1+P+(P*(P+1))/2;
'FOR'R:=1'STEP'1'UNTIL'L'DO'
       'BEGIN''ARRAY'XO[1:M,1:N],Y[1:N],BETA[1:M];
READ(Y);
             'FOR'I:=1'STEP'1'UNTIL'N'DO'
             'BEGIN'XO[1,I]:=1;
                'FOR'J:=1'STEP'1'UNTIL'P'DO'
                'BEGIN'XO[J+1,I]:=X[I,J];
                       XO[1+P+J,I]:=X[I,J]*X[I,J]'END';
                K:=1+P+P;
                Q:=1;
M1:             'FOR'J:=1'STEP'1'UNTIL'P-Q'DO'
                XO[K+J,I]:=X[I,Q]*X[I,Q+J];
                Q:=Q+1;
'IF'(P-Q)'NOTLESS'1'THEN''BEGIN'K:=K+J-1;'GOTO'M1'END'
'END';
             LINREG(XO,Y,N,M,BETA);
             PRINT('('REGRESSIONSKOEFFIZIENTEN FUER Q (')',R,'(':')');
             PRINT('(' ')');
             PRINT(BETA);
           'END'
       'END';
      ZEIT1:=TIME2;
      PRINT('('LAUFZEIT =')',ZEIT1-ZEITO,'('SEC')')
 'END'
```

Tafel C. Rechnerprogramme zur Optimierung

Rechnerprogramme zur Optimierung in der Programmsprache ALGOL 60 für den Rechenautomaten R 300

a) Aufgabentyp II (min max)

```
'BEGIN''REAL'DELTA,RO,R,EPS,GAMMA*,FW,U,V,W1,Z1,SCHR,SCHN,NORM,CFW
;
        'INTEGER'LIMIT,N,ZAEHL,L,M,ZA,GL,K,P,S,I,J;
        'BOOLEAN'E2,ZEIG;
READ(N,K),
'BEGIN''ARRAY'X,X0,RHQU,RHOS[1:N],T1,T2,T3,B0,FORD[1:K],
G,X2,XH,XX[1:N+1],QS,QU[1:K-1],B[1:N,1:K],
                H1[1:((N+1)**2+N+1)'DIV'2],D[1:N,1:N,1:K];

'PROCEDURE'F2(N,X,FW,G);'VALUE'N;'INTEGER'N;'REAL'FW;'ARRAY'X
,G;'BEGIN'
'REAL'S4,S5,S6,S7;
'ARRAY'S1,S2,S3,S8[1:K];
S4:=S5:=0;'FOR'P:=1'STEP'1'UNTIL'K'DO''BEGIN'S1[P]:=S
2[P]:=S3[P]:=0;'FOR'I:=1'STEP'1'UNTIL'N-1'DO''BEGIN'S1[P]:=S1
[P]+B[I,P]*X[I];'FOR'J:=1'STEP'1'UNTIL'N-1'DO'S2[P]:=S2[P]+D[
I,J,P]*X[I]*X[J]'END';S3[P]:=X[N]*B0[P]+S1[P]+S2[P];S4:=S4+1/
(S3[P])'END';'FOR'I:=1'STEP'1'UNTIL'N-1'DO'S5:=S5+1/(-X[I]+RH
OS[I])+1/(X[I]-RHOU[I]);FW:=X[N]+R*(S4+S5);'COMMENT'ENDE CER FU
NKTIONSWERTBERECHNUNG FUER PROBLEM2,ES FOLGT GRADIENTENBERECH
NUNG;'FOR'S:=1'STEP'1'UNTIL'N-1'DO''BEGIN'S6:=0;S7:=0;'FOR'
P:=1'STEP'1'UNTIL'K'DO''BEGIN'S8[P]:=0;'FOR'I:=1'STEP'1'UNTIL'
N-1'DO'S8[P]:=S8[P]+(D[I,S,P]+D[S,I,P])*X[I];S6:=S6+(B[S,P]+S
8[P])/S3[P]**2;S7:=S7+1/S3[P]**2'END';G[S]:=-R*(S6-1/(-X[S]+RHOS[S
])**2+
1/(X[S]-RHOU[S])**2)'END';G[N]:=1-R*S7;
NORM:=0;
'FOR'S:=1'STEP'1'UNTIL'N'DO'
NORM:=NORM+G[S]**2;
'FOR'S:=1'STEP'1'UNTIL'N'DO'
G[S]:=G[S]/SQRT(NORM)'END';
'PROCEDURE'FLEPOMIN(N,X,F,EPS,FUNCT,LIMIT,H);
 'VALUE'N,EPS,LIMIT;
 'REAL'F,EPS;'INTEGER'N,LIMIT;
 'ARRAY'X,H;'PROCEDURE'FUNCT;
 'COMMENT'FUNKTIONSMINIMISIERUNG NACH DER METHODE VON
           FLETCHER UND POWELL
           BEZEICHNUNGEN:
           X[1:N]LAGE DES MINIMUMS
           EPS  ABBRUCHSCHRANKE
           FUNCT(N,X,F,G)WEIST F DEN FUNFTIONSWERT
                        UND G[1:N] DEN GRADIENTENVEKTOR ZU;
 'BEGIN'
 'REAL'OLDF,SG,GHG,STEP,ITA,FA,FB,GA,GB,W,Z,LAMBDA;
 'INTEGER'I,J,K;
 'ARRAY'S,GAMMA,SIGMA[1:N];
 'REAL''PROCEDURE'DOT(A,B);
  'ARRAY'A,B;
  'COMMENT'INNERES PRODUKT VON A UND B;
 'BEGIN''INTEGER'I;'REAL'S;S:=0;
   'FOR'I:=1'STEP'1'UNTIL'N'DO'S:=S+A[I]*B[I];
    DOT:=S
  'END'VON DOT;
 'REAL''PROCEDURE'UPDOT(A,B,I);
  'VALUE'I;
  'ARRAY'A,B;'INTEGER'I;
```

(Fortsetzung Tafel C.a von Seite 163)

```
'COMMENT'MULTIPLIKATION VON B MIT DER I-TEN ZEILE DER
         SYMMETRISCHEN MATRIX A, DEREN OBERE DREIECKSMATRIX
         ZEILENWEISE ABGEPEICHERT IST;
'BEGIN''INTEGER'J,K;'REAL'S;K:=I;S:=0;
 'FOR'J:=1'STEP'1'UNTIL'I-1'DO'
  'BEGIN'S:=S+A[K]*B[J];K:=K+N-J'END'
         DIE ELEMENTE BIS ZUR DIAGONALEN SIND ABGESCHRITTEN
         JETZT GEHT MAN ENTLANG DER ZEILE;
 'FOR'J:=I'STEP'1'UNTIL'N'DO'S:=S+A[K+J-I]*B[J];
  UPDOT:=S
'END'VON UPDOT;
A:'BEGIN'K:=1;
   'FOR'I:=1'STEP'1'UNTIL'N'DO'
   'BEGIN'H[K]:=1;
    'FOR'J:=1'STEP'1'UNTIL'N-I'DO'H[K+J]:=0;
     K:=K+N-I+1
   'END'
 'END'ABSPEICHERUNG DER EINHEITSMATRIX IN H;
START DER MINIMISIERUNG:
STEP:=SCHN:=SCHR;
FUNCT(N,X,F,G);
L:=1;
'FOR'ZAEHL:=1,ZAEHL+1'WHILE'OLDF>F'DO'
'BEGIN'
'FOR'I:=1'STEP'1'UNTIL'N'DO'
'BEGIN'SIGMA[I]:=X[I];GAMMA[I]:=G[I];
      S[I]:=-UPDOT(H,G,I)
 'END'ERHALTUNG VON X,G UND BILDUNG VON S;
SUCHE ENTLANG S:
FB:=F;GB:=DOT(G,S);
'IF'GB'NOTLESS'0'THEN'
'BEGIN''IF'ABS(DOT(G,G))<EPS'THEN'
'GOTO'ENDE'ELSE''GOTO'A'END';
OLDF:=F;ITA:=STEP;
'IF'ITA>32*SCHR'THEN'ITA:=STEP:=SCHR;
EXPOL:
FA:=FB;GA:=GB;
EXQ:  'FOR'I:=1'STEP'1'UNTIL'N'DO'XX[I]:=X[I]+ITA*S[I];
PRUEF(N,XX);
'IF''NOT'ZEIG'THEN'
'BEGIN''FOR'I:=1'STEP'1'UNTIL'N'DO'XX[I]:=X[I]+0.000001*S[I];
PRUEF(N,XX);
'IF''NOT'ZEIG'THEN''GOTO'ENDE
'ELSE''BEGIN'SCHN:=0.1*SCHN;ITA:=STEP:=SCHN;'GOTO'EXQ'END''END';
SCHN:=SCHR;
'FOR'I:=1'STEP'1'UNTIL'N'DO'X[I]:=XX[I];
FUNCT(N,X,F,G);
L:=L+1;
FB:=F;GB:=DOT(G,S);
'IF'ABS(FA-FB)'LESS'EPS*ABS(FB)*10**(-ZA+3)'THEN''GOTO'ENDE;
                                                          SEGMENT
'IF'GB<0'AND'FB<FA'THEN'
'BEGIN'ITA:=2*ITA;STEP:=2*STEP;'GOTO'EXPOL
'END';
INTPOL:
Z:=3*(FA-FB)/ITA+GA+GB;
W:=Z**2-GA*GB;
W:='IF'W<0'THEN'0'ELSE'SQRT(W);
INTQ:  LAMBDA:=ITA*(1-('IF'GA+Z'NOTLESS'0'THEN'(GA+Z+W)/(GA+GB+2*Z
)
'ELSE'GA/(GA+Z-W)));
'FOR'I:=1'STEP'1'UNTIL'N'DO'XX[I]:=X[I]-LAMBDA*S[I];
PRUEF(N,XX);
'IF''NOT'ZEIG'THEN'
'BEGIN''FOR'I:=1'STEP'1'UNTIL'N'DO'XX[I]:=X[I]-0.000001*S[I];
```

(Fortsetzung Tafel C.a von Seite 164)

```
PRUEF(N,XX);
'IF''NOT'ZEIG'THEN''GOTO'ENDE
'ELSE''BEGIN'SCHN:=0.1*SCHN;ITA:=STEP:=SCHN;'GOTO'INTQ'END''END';
SCHN:=SCHR;
'FOR'I:=1'STEP'1'UNTIL'N'DO'X[I]:=XX[I];
FUNCT(N,X,F,G);
L:=L+1;
'IF'ABS(FA-F)'LESS'EPS*ABS(F)*10**(-ZA+3)'THEN''GOTO'ENDE;
'IF'F>FA'OR'F>FB'THEN'
 'BEGIN'STEP:=STEP/4;
 'IF'FB<FA'THEN'
 'BEGIN''FOR'I:=1'STEP'1'UNTIL'N'DO'X[I]:=X[I]+LAMBDA*S[I];
          F:=FB
 'END''ELSE'
 'BEGIN'GB:=DOT(G,S);
  'IF'GB<0'AND'ZAEHL>N'AND'STEP<#-6'THEN''GOTO'EXIT;
  FB:=F;ITA:=ITA-LAMBDA;'IF'ITA<#-10'THEN''GOTO'M;
  'GOTO'INTPCL
 'END';
'END'ENDE DER SUCHE ENTLANG S;
M:  'FOR'I:=1'STEP'1'UNTIL'N'DO'
  'BEGIN'SIGMA[I]:=X[I]-SIGMA[I];
         GAMMA[I]:=G[I]-GAMMA[I]
  'END';
  'IF'SQRT(DOT(GAMMA,GAMMA))=0'THEN''GOTO'R;
  'IF'SQRT(DOT(SIGMA,SIGMA))
     /SQRT(DOT(GAMMA,GAMMA))<#-8
  'OR'SQRT(DOT(SIGMA,SIGMA))
     /SQRT(DOT(GAMMA,GAMMA))>#8
  'THEN''GOTO'A;
  SG:=DOT(SIGMA,GAMMA);
R:'IF'ZAEHL'NOTLESS'N'THEN'
  'BEGIN''IF'SQRT(DOT(S,S))<EPS'AND'SQRT(DOT(SIGMA,SIGMA))<EPS
         'THEN''GOTO'ENDE
  'END';
  'FOR'I:=1'STEP'1'UNTIL'N'DO'S[I]:=UPDOT(H,GAMMA,I);
  GHG:=DOT(S,GAMMA);
K:=1;
'IF'SG=0'OR'GHG=0'THEN''GOTO'TEST;
'FOR'I:=1'STEP'1'UNTIL'N'DO'
'FOR'J:=I'STEP'1'UNTIL'N'DO'
'BEGIN'H[K]:=H[K]+SIGMA[I]*SIGMA[J]/SG-S[I]*S[J]/GHG;
        K:=K+1
  'END'ENDE DER BERECHNUNG VON H;
  TEST:
  'IF'ZAEHL>LIMIT'THEN''GOTO'ENDE;
  'END'ENDE DES ZYKLUS, DER DURCH ZAEHL KONTROLLIERT WIRD;
  'GOTO'ENDE;
EXIT:PRINT('('STOP')','('GB<0')');
ENDE:
  'END'VON FLEPOMIN;
'PROCEDURE'PRUEF(N,XX);
'VALUE'N;'INTEGER'N;'ARRAY'XX;
'BEGIN''ARRAY'S3,S14[1:K];
ZEIG:='TRUE';
'FOR'I:=1'STEP'1'UNTIL'N-1'DO'
'IF'(XX[I]-RHOU[I])'NOTGREATER'0
'OR'(-XX[I]+RHOS[I])'NOTGREATER'0
'THEN''BEGIN'ZEIG:='FALSE';'GOTO'AUS'END';
'FOR'P:=1'STEP'1'UNTIL'K'DO'
'BEGIN'S3[P]:=S14[P]:=0;
'FOR'I:=1'STEP'1'UNTIL'N-1'DO'
'BEGIN'S3[P]:=S3[P]+B[I,P]*XX[I];
'FOR'J:=1'STEP'1'UNTIL'N-1'DO'
S14[P]:=S14[P]+D[I,J,P]*XX[I]*XX[J]'END';
```

(Fortsetzung Tafel C.a von Seite 165)

```
'IF'(XX[N]+B0[P]+S3[P]+S14[P]).'NOTGREATER'0
'THEN''BEGIN'ZEIG:='FALSE';'GOTO'AUS'END''END';
AUS:    'END';
'INTEGER''PROCEDURE'TIME2;'CODE';
'REAL'ZEIT0,ZEIT1;
ZEIT0:=TIME2;
READ(X0,B0,B,D,RHOU,RHOS,SCHR);
         READ(E2);
'IF''NOT'E2 'THEN''GOTO'MP2;
READ(DELTA,GAMMA1,LIMIT,EPS,GL,R0);
PRINT('('      PROBLEM  2   ')');
W1:=B0[1];'FOR'M:=2'STEP'1'UNTIL'K'DO'W1:=MIN(W1,B0[M]);
'IF'W1<0 'THEN' Z1:=-W1+1 'ELSE'Z1:=0;
'COMMENT'ANFANGSWERT FUER Z1 BESTIMMT;
X2[N+1]:=XH[N+1]:=Z1;
'FOR'M:=1'STEP'1'UNTIL'N'DO'X2[M]:=XH[M]:=X0[M];
N:=N+1;ZA:=1;
MAR2:    R:=R0*2**(-ZA+1);
U:=V:=0;
FLEPOMIN(N,X2,FW,EPS,F2,LIMIT,H1);
'IF'ZAEHL>LIMIT'THEN'PRINT('('ANZAHL DER ITERATIONEN GROESSER
')',LIMIT,'('BEI')',ZA,'('TER MINIMIERUNG DER STRAFENFUNKTION
 .ABBRUCHWERTE :')');
'FOR'M:=1'STEP'1'UNTIL'N-1'DO'
'BEGIN'PRINT('('X[')',M,'(']=')',X2[M]);U:=U+ABS(G[M])'END';
PRINT('(' Z=')',X2[N]);
'FOR'P:=1'STEP'1'UNTIL'K'DO'
'BEGIN'T1[P]:=T2[P]:=T3[P]:=0;'FOR'I:=1'STEP'1'UNTIL'N-1'DO'
                                                      SEGMENT
'BEGIN'T1[P]:=T1[P]+B[I,P]*X2[I];'FOR'J:=1'STEP'1
'UNTIL'N-1'DO'T2[P]:=T2[P]+D[I,J,P]*X2[I]
*X2[J]'END';
        T3[P]:=B0[P]+T1[P]+T2[P];PRINT('(' ')');
        PRINT('('GUETEKRITERIUM G')',P,'(' = ')',T3[P]);
        PRINT('(' ')')'END';
U:=U+ABS(G[N]);
DELTA:=DELTA*100;
'IF'NOFM'NOTLESS'DELTA'THEN''GOTO'P2;
'FOR'M:=1'STEP'1'UNTIL'N'DO'V:=V+(X2[M]-XH[M])**2;
V:=SQRT(V);
'IF' V 'NOTGREATER' GAMMA1 'THEN'
'BEGIN' PRINT('(' OPTIMALE LOESUNG')');'GOTO'MP2 'END';
P2:        ZA:=ZA+1;
'IF' ZA=GL 'THEN'
'BEGIN'PRINT('('ABBRUCHVON PROBLEM 2 NACH')',GL,'('ITERATIONEN')')
;
         'GOTO'MP2 'END';
'FOR'M:=1 'STEP' 1 'UNTIL'N'DO'XH[M]:=X2[M];
'GOTO'MAR2;
'COMMENT'ENDE VON PROBLEM2;
MP2:  PRINT('('PROGRAMM BEENDET !!!')');
ZEIT1:=TIME2;
PRINT('('LAUFZEIT =')',ZEIT1-ZEIT0,'('SEC')')
'END''END'
```

b) Aufgabentyp I (Hierarchieproblem) und III (linearer Kompromiß)

```
'BEGIN''REAL'DELTA,RO,R,EPS,GAMMA1,FW,U,V,SCHR,SCHN,NORM,OFW,T1,T2
;
        'INTEGER'LIMIT,N,ZAEHL,L,M,ZA,GL,K,P,S,I,J;
          'BOOLEAN'ZEIG;
READ(N,K);
'BEGIN' 'ARRAY'XH,G,X,XX,XO,RHOU,RHOS[1:N],BO,FORD[1:K],
QS,QU[1:K-1],B[1:N,1:K],
            T3,T4,T5[1:K],
              H[1:(N*N+N)'DIV'2],
              D[1:N,1:N,1:K],FMT[1:10];

'PROCEDURE'F1(N,X,FW,G);'VALUE'N;'INTEGER'N;'REAL'FW;'ARRAY'X
,G;'BEGIN'
'REAL'S4,S5,S6,S7,S9,S10,S11,S12,S16;
'ARRAY'S1,S2,S3,S8,S13,S14,S15[1:K];
S4:=S16:=S7:=S9:=S10:=S12:=0;
'FOR'I:=1'STEP'1'UNTIL'N'DO''BEGIN'
S4:=S4+B[I,1]*X[I];S9:=S9+LN(-X[I]+RHOS[I]);S10:=S10+LN(X[I]-RHOU
[I]);'FOR'J:=1'STEP'1'UNTIL'N'DO'S16:=S16+D[I,J,1]*X[I]*X[
J]'END';'FOR'P:=2'STEP'1'UNTIL'K'DO''BEGIN'S3[P]:=S14[P]:=0;'FO
R'I:=1'STEP'1'UNTIL'N'DO''BEGIN'S3[P]:=S3[P]+B[I,P]*X[I];'FOR'
J:=1'STEP'1'UNTIL'N'DO'S14[P]:=S14[P]+D[I,J,P]*X[I]*X[J]'END';S13
[P]:=-BO[P]-S3[P]-S14[P]+QS[P-1];S15[P]:=BO[P]+S3[P]+S14[P]-QU[P-1
];
S7:=S7+LN(S13[P]);S12:=S12+LN(S15[P])'END';FW:=-BO[1]-S4-S16-R*(S7
+S12+S9+S10);'COMMENT'ENDE DER FUNKTIONSWERTBERECHNUNG FUER PRO
BLEM1,ES FOLGT GRADIENTENBERECHNUNG;
'FOR'S:=1'STEP'1'UNTIL'N'DO''BEGIN'S11:=S5:=S6:=0;'FOR'I:=1
'STEP'1'UNTIL'N'DO'S11:=S11+(D[I,S,1]+D[S,I,1])*X[I];'FOR'P:=
2'STEP'1'UNTIL'K'DO''BEGIN'S2[P]:=S1[P]:=S8[P]:=0;'FOR'I:=
1'STEP'1'UNTIL'N'DO'S2[P]:=S2[P]+(D[I,S,P]+D[S,I,P])*X[I];S
1[P]:=S1[P]+(-B[S,P]-S2[P])/S13[P];S8[P]:=S8[P]+(B[S,P]+S
2[P])/S15[P];S5:=S5+S8[P];S6:=S6+S1[P]'END';G[S]:=-B[S,
1]-S11-R*(S5+S6)-R/(X[S]-RHOU[S])+R/(-X[S]+RHOS[S])'END';
NORM:=0;
'FOR'S:=1'STEP'1'UNTIL'N'DO'
NORM:=NORM+G[S]**2;
'FOR'S:=1'STEP'1'UNTIL'N'DO'
G[S]:=G[S]/SQRT(NORM)'END';
'PROCEDURE'PRUEF(N,XX);
'VALUE'N;'INTEGER'N;'ARRAY'XX;
'BEGIN''ARRAY'S3,S14[2:K];
ZEIG:='TRUE';'FOR'I:=1'STEP'1'UNTIL'N'DO'
'IF'(XX[I]-RHOU[I])'NOTGREATER'0 'OR' (-XX[I]+RHOS[I])'NOTGREATER'
0
'THEN''BEGIN'ZEIG:='FALSE';'GOTO'AUS'END';
'FOR'P:=2'STEP'1'UNTIL'K'DO'
'BEGIN'S3[P]:=S14[P]:=0;  'FOR'I:=1'STEP'1'UNTIL'N'DO'
'BEGIN'S3[P]:=S3[P]+B[I,P]*XX[I]; 'FOR'J:=1'STEP'1'UNTIL'N'DO'
S14[P]:=S14[P]+D[I,J,P]*XX[I]*XX[J]'END';
'IF'(-BO[P]-S3[P]-S14[P]+QS[P-1])'NOTGREATER'0
'OR'( BO[P]+S3[P]+S14[P]-QU[P-1])'NOTGREATER'0
'THEN''BEGIN'ZEIG:='FALSE';'GOTO'AUS'END''END';
AUS: 'END';
'PROCEDURE'FLEPOMIN(N,X,F,EPS,FUNCT,LIMIT,H);
 'VALUE'N,EPS,LIMIT;
```

(Fortsetzung Tafel C.b von Seite 167)

```
  'REAL'P,EPS;'INTEGER'N,LIMIT;
  'ARRAY'X,H;'PROCEDURE'FUNCT;
  'COMMENT'FUNKTIONSMINIMISIERUNG NACH DER METHODE VON
           FLETCHER UND POWELL
           BEZEICHNUNGEN:
           X[1:N]LAGE DES MINIMUMS
           EPS  ABBRUCHSCHRANKE
           FUNCT(N,X,F,G)WEIST F DEN FUNFTIONSWERT
                          UND G[1:N] DEN GRADIENTENVEKTOR ZU;
'BEGIN'
'REAL'OLDF,SG,GHG,STEP,ITA,FA,FB,GA,GB,W,Z,LAMBDA;
'INTEGER'I,J,K;
'ARRAY'S,GAMMA,SIGMA[1:N];
'REAL''PROCEDURE'DOT(A,B);
 'ARRAY'A,B;
 'COMMENT'INNERES PRODUKT VON A UND B;
 'BEGIN''INTEGER'I;'REAL'S;S:=0;
  'FOR'I:=1'STEP'1'UNTIL'N'DO'S:=S+A[I]*B[I];
  DOT:=S
 'END'VON DOT;
'REAL''PROCEDURE'UPDOT(A,B,I);
 'VALUE'I;
 'ARRAY'A,B;'INTEGER'I;
 'COMMENT'MULTIPLIKATION VON B MIT DER I-TEN ZEILE DER
          SYMMETRISCHEN MATRIX A, DEREN OBERE DREIECKSMATRIX
          ZEILENWEISE ABGESPEICHERT IST;
 'BEGIN''INTEGER'J,K;'REAL'S;K:=I;S:=0;
  'FOR'J:=1'STEP'1'UNTIL'I-1'DO'
   'BEGIN'S:=S+A[K]*B[J];K:=K+N-J'END'
          DIE ELEMENTE BIS ZUR DIAGONALEN SIND ABGESCHRITTEN
          JETZT GEHT MAN ENTLANG DER ZEILE;
  'FOR'J:=I'STEP'1'UNTIL'N'DO'S:=S+A[K+J-I]*B[J];
                                                              SEGMENT
   UPDOT:=S
 'END'VON UPDOT;
A:'BEGIN'K:=1;
   'FOR'I:=1'STEP'1'UNTIL'N'DO'
   'BEGIN'H[K]:=1;
    'FOR'J:=1'STEP'1'UNTIL'N-I'DO'H[K+J]:=0;
    K:=K+N-I+1
   'END'
 'END'ABSPEICHERUNG DER EINHEITSMATRIX IN H;
STEP:=SCHN:=SCHR;
FUNCT(N,X,F,G);
L:=1;
'FOR'ZAEHL:=1,ZAEHL+1'WHILE'OLDF>F'DO'
'BEGIN'
'FOR'I:=1'STEP'1'UNTIL'N'DO'
'BEGIN'SIGMA[I]:=X[I];GAMMA[I]:=G[I];
     S[I]:=-UPDOT(H,G,I)
  'END'ERHALTUNG VON X,G UND BILDUNG VON S;
SUCHE ENTLANG S:
FB:=F;GB:=DOT(G,S);
'IF'GB'NOTLESS'0'THEN'
'BEGIN''IF'ABS(DOT(G,G))<EPS'THEN'
'GOTO'ENDE'ELSE''GOTO'A'END';
OLDF:=F;ITA:=STEP;
'IF'ITA>32*SCHR'THEN'ITA:=STEP:=SCHR;
EXPOL:
FA:=FB;GA:=GB;
EXO:   'FOR'I:=1'STEP'1'UNTIL'N'DO'XX[I]:=X[I]+ITA*S[I];
PRUEF(N,XX);
'IF''NOT'ZEIG'THEN'
'BEGIN''FOR'I:=1'STEP'1'UNTIL'N'DO'XX[I]:=X[I]+0.000001*S[I];
PRUEF(N,XX);
```

(Fortsetzung Tafel C.b von Seite 168)

```
'IF''NOT'ZEIG'THEN''GOTO'ENDE
'ELSE''BEGIN'SCHN:=0.1*SCHN;ITA:=STEP:=SCHN;'GOTO'EXQ'END''END';
SCHN:=SCHR;
'FOR'I:=1'STEP'1'UNTIL'N'DO'X[I]:=XX[I];
FUNCT(N,X,F,G);
L:=L+1;
FB:=F;GB:=DOT(G,S);
'IF'ABS(FA-FB)'LESS'EPS*ABS(FB)*10**(-ZA+3)'THEN''GOTO'ENDE;
'IF'GB<0'AND'FB<FA'THEN'
'BEGIN'ITA:=2*ITA;STEP:=2*STEP;'GOTO'EXPOL
'END';
INTPOL:
Z:=3*(FA-FB)/ITA+GA+GB;
W:=Z**2-GA*GB;
W:='IF'W<0'THEN'0'ELSE'SQRT(W);
INTQ: LAMBDA:=ITA*(1-('IF'GA+Z'NOTLESS'0'THEN'(GA+Z+W)/(GA+GB+2*Z
)
'ELSE'GA/(GA+Z-W)));
'FOR'I:=1'STEP'1'UNTIL'N'DO'XX[I]:=X[I]-LAMBDA*S[I];
PRUEF(N,XX);
'IF''NOT'ZEIG'THEN'
'BEGIN''FOR'I:=1'STEP'1'UNTIL'N'DO'XX[I]:=X[I]+0.000001xS[I];
PRUEF(N,XX);
'IF''NOT'ZEIG'THEN''GOTO'ENDE
'ELSE''BEGIN'SCHN:=0.1*SCHN;ITA:=STEP:=SCHN;'GOTO'INTQ'END''END';
SCHN:=SCHR;
'FOR'I:=1'STEP'1'UNTIL'N'DO'X[I]:=XX[I];
FUNCT(N,X,F,G);
L:=L+1;
'IF'ABS(FA-F)'LESS'EPS*ABS(F)*10**(-ZA+3)'THEN''GOTO'ENDE;
'IF'F>FA'OR'F>FB'THEN'
 'BEGIN'STEP:=STEP/4;
 'IF'FB<FA'THEN'
 'BEGIN''FOR'I:=1'STEP'1'UNTIL'N'DO'X[I]:=X[I]+LAMBDA*S[I];
         F:=FB
 'END''ELSE'
 'BEGIN'GB:=DOT(G,S);
  'IF'GB<0'AND'ZAEHL>N'AND'STEP<#-6'THEN''GOTO'EXIT;
FB:=F;ITA:=ITA-LAMBDA;'IF'ITA<#-10'THEN''GOTO'M;
  'GOTO'INTPOL
 'END';
'END'ENDE DER SUCHE ENTLANG S;
M:  'FOR'I:=1'STEP'1'UNTIL'N'DO'
   'BEGIN'SIGMA[I]:=X[I]-SIGMA[I];
          GAMMA[I]:=G[I]-GAMMA[I]
'END';
   'IF'SQRT(DOT(GAMMA,GAMMA))=0'THEN''GOTO'R;
   'IF'SQRT(DOT(SIGMA,SIGMA))
      /SQRT(DOT(GAMMA,GAMMA))<#-8
   'OR'SQRT(DOT(SIGMA,SIGMA))
      /SQRT(DOT(GAMMA,GAMMA))>#8
   'THEN''GOTO'A;
   SG:=DOT(SIGMA,GAMMA);
R:'IF'ZAEHL'NOTLESS'N'THEN'
   'BEGIN''IF'SQRT(DOT(S,S))<EPS'AND'SQRT(DOT(SIGMA,SIGMA))<EPS
         'THEN''GOTO'ENDE
   'END';
   'FOR'I:=1'STEP'1'UNTIL'N'DO'S[I]:=UPDOT(H,GAMMA,I);
   GHG:=DOT(S,GAMMA);
K:=1;
'IF'SG=0'OR'GHG=0'THEN''GOTO'TEST;
'FOR'I:=1'STEP'1'UNTIL'N'DO'
'FOR'J:=I'STEP'1'UNTIL'N'DO'
'BEGIN'H[K]:=H[K]+SIGMA[I]*SIGMA[J]/SG-S[I]*S[J]/GHG;
      K:=K+1
```

(Fortsetzung Tafel C.b von Seite 169)

```
    'END'ENDE DER BERECHNUNG VON H;
    TEST:
    'IF'ZAEHL>LIMIT'THEN''GOTO'ENDE;
    'END'ENDE DES ZYKLUS, DER DURCH ZAEHL KONTROLLIERT WIRD;
    'GOTO'ENDE;
EXIT:PRINT('('STOP')','('GB<0')');
ENDE:
    'END'VON FLEPOMIN;
'PROCEDURE'FORMAT(A,B);'STRING'A;'REAL'B;'CODE';

FORMAT('('X2,A2,F1,A1')',FMT[1]);
FORMAT('('V000,X9,A2,F1,A1')',FMT[2]);
FORMAT('('V000,X16,A2,F1,A1')',FMT[3]);
FORMAT('('V000,X23,A2,F1,A1')',FMT[4]);
FORMAT('('V000,X30,A2,F1,A1')',FMT[5]);
FORMAT('('V000,X37,A2,F1,A1')',FMT[6]);
FORMAT('('V000,X44,A2,F1,A1')',FMT[7]);
FORMAT('('V000,X51,A2,F1,A1')',FMT[8]);
FORMAT('('V000,X58,A2,F1,A1')',FMT[9]);
                                                                 SEGMENT
FORMAT('('V000,X65,A2,F1,A1')',FMT[10]);
'BEGIN''INTEGER''PROCEDURE'TIME2;'CODE';
        'REAL'ZEIT0,ZEIT1;
ZEIT0:=TIME2;



READ(X0,B0,B,D,RHOU,RHOS,SCHR);
READ(QU,QS,DELTA,GAMMA1,LIMIT,EPS,GL,R0);
PRINT('('  PROBLEM  1 ')');PRINT('(' ')');
'FOR'M:=N'STEP'-1'UNTIL'1'DO'
OUTPUT(7,'('E')',FMT[M],'('X[')',M,'(']')');
ZA:=1;
'FOR'M:=1 'STEP' 1 'UNTIL'N'DO' XH[M]:=X[M]:=X0[M];
MAR1:          R:=R0*2**(-ZA+1);
U:=V:=0;
FLEPOMIN(N,X,FW,EPS,F1,LIMIT,H);
'IF'ZAEHL>LIMIT'THEN'PRINT('('ANAHL DER ITERATIONEN GROESSER
')',LIMIT,'('BEI')',ZA,'('TER MINIMIERUNG DER STRAFENFUNKTION
. ABBRUCHWERTE : ')');
'FOR' M:=1 'STEP'1'UNTIL'N'DO'U:=U+ABS(G[M]);

OUTPUT(7,'('E')','('V000,S00A,1/F7.3,F14.3,F21.3,F28,3,
F35.3,F42.3,F49.3,F56.3,F63.3,F70.3/')',X);
T1:=T2:=0;
'FOR'I:=1'STEP'1'UNTIL'N'DO''BEGIN'T1:=T1+B[I,1]*X[I];'FOR'J:=1'ST
EP'
1'UNTIL'N'DO'T2:=T2+D[I,J,1]*X[I]*X[J]'END';
OFW:=B0[1]+T1+T2;
PRINT('(' ')');PRINT('('FUNKTIONSWERT AN DER STELLE X: F = ')',OFW
);
PRINT('(' ')');'FOR'P:=2'STEP'1'UNTIL'K'DO'
'BEGIN'T3[P]:=T5[P]:=0;'FOR'I:=1'STEP'1'UNTIL'N'DO'
'BEGIN'T3[P]:=T3[P]+B[I,P]*X[I];'FOR'J:=1'STEP'1'UNTIL'N'DO'
                T5[P]:=T5[P]+D[I,J,P]*X[I]*X[J]'END';
        T4[P]:=B0[P]+T3[P]+T5[P];
        PRINT('('GUETEKRITERIUM Q')',P,'(' = ')',T4[P]);
        PRINT('(' ')')'END';
DELTA:=DELTA*100;
'IF'NORM'NOTLESS'DELTA'THEN''GOTO'P1;
'FOR'M:=1 'STEP'1'UNTIL'N'DO'V:=V+(X[M]-XH[M])**2;
V:=SQRT(V);
'IF'V'NOTGREATER'GAMMA1'THEN'
'BEGIN'PRINT('(' ')');PRINT('('OPTIMALE LOESUNG')');
PRINT('(' ')');PRINT('(' ')');'GOTO'MP1'END';
```

(Fortsetzung Tafel C.b von Seite 170)

```
P1:      ZA:=ZA+1;
'IF' ZA=GL 'THEN'
'BEGIN'PRINT('('ABBRUCH VON PROBLEM 1 NACH')',GL,'('ITERATIONEN')'
);'GOTO'MP1'END';
'FOR'M:=1'STEP'1'UNTIL'N'DO'XH[M]:=X[M];'GOTO'MAR1;
'COMMENT'ENDE VON PROBLEM 1 ES FOLGT PROBLEM 2;




MP1:    PRINT('('PROGRAMM BEENDET +!!')');
ZEIT1:=TIME2;
PRINT('('LAUFZEIT =')',ZEIT1-ZEIT0,'('SEC')')'END'
'END''END'
```

c) Aufgabentyp IV (Minimierung der Abweichungsquadrate)

```
'BEGIN''REAL'DELTA,RO,R,EPS,GAMMA1,FW,U,V,SCHR,SCHN,NORM,OFW,T3;
        'INTEGER'LIMIT,N,ZAEHL,L,M,ZA,GL,K,P,S,I,J;
        'BOOLEAN'E3,E4,E5,ZEIG;
READ(N,K);
'BEGIN' 'ARRAY'X,XX,XO,RHOU,RHOS[1:N],BO,FORD[1:K],
                T1,T2[1:K],
                 G,XH[1:N],B[1:N,1:K],FMT[1:10],
                 H[1:(N*N+N)'DIV'2],
                 D[1:N,1:N,1:K];

'PROCEDURE'PRUEF(N,XX);
'VALUE'N;'INTEGER'N;'ARRAY'XX;
'BEGIN' ZEIG:='TRUE';'IF'E4'THEN''GOTO'AUS;
'FOR'I:=1'STEP'1'UNTIL'N'DO'
'IF'(XX[I]-RHOU[I])'NOTGREATER'0 'OR'(-XX[I]+RHOS[I])'NOTGREATER'0
'THEN''BEGIN'ZEIG:='FALSE';'GOTO'AUS'END';
AUS:'END';
'PROCEDURE'F3(N,X,FW,G);'VALUE'N;'REAL'FW;'INTEGER'N;'ARRAY'X
,G;'BEGIN'
'REAL'S4,S5,S6,S7,S10;
'ARRAY'S1,S2,S8[1:K];
S10:=S4:=S5:=S6:=0;'FOR'P:=1'STEP'1'UNTIL'K'DO''BEG
IN'S1[P]:=S2[P]:=0;'FOR'I:=1'STEP'1'UNTIL'N'DO''BEGIN'S1[P]:=
S1[P]+B[I,P]*X[I];'FOR'J:=1'STEP'1'UNTIL'N'DO'S2[P]:=S2[P]+D[
I,J,P]*X[I]*X[J]'END';S10:=S10+(FORD[P]-BO[P]-S1[P]-S2[P])**2;S
6:=S6+FORD[P]-BO[P]-S1[P]-S2[P]'END';
'FOR'I:=1'STEP'1'UNTIL'N
'DO''BEGIN'S4:=S4+LN(X[I]-RHOU[I]);S5:=S5+LN(-X[I]+RHOS[I])'END';
'IF'E3'THEN'FW:=S10-R*(S4+S5)'ELSE'FW:=S10;'COMMENT'ENDE DER F
UNKTIONSWERTBERECHNUNG FUER DIE PROBLEME 3 UND 4,ES FOLGT GRA
DIENTENBERECHNUNG;
'FOR'S:=1'STEP'1'UNTIL'N'DO'
'BEGIN'S7:=0;'FOR'P:=1'STEP'1'UNTIL'K'DO'
'BEGIN'S8[P]:=0;'FOR'I:=1'STEP'1'UNTIL'N'DO'
S8[P]:=S8[P]+(D[I,S,P]+D[S,I,P])*X[I];
S7 :=S7+2*(-BO[P]+FORD[P]-S1[P]-S2[P])*(-B[S,P]-S8[P])
'END';
'IF'E3'THEN'
G[S]:=S7-R/(X[S]-RHOU[S])+R/(-X[S]+RHOS[S])
'ELSE'  G[S]:=S7  'END';
NORM:=0;
'FOR'S:=1'STEP'1'UNTIL'N'DO'
NORM:=NORM+G[S]**2;
'FOR'S:=1'STEP'1'UNTIL'N'DO'
G[S]:=G[S]/SQRT(NORM)'END';
'PROCEDURE'FLEPOMIN(N,X,F,EPS,FUNCT,LIMIT,H);
 'VALUE'N,EPS,LIMIT;
 'REAL'F,EPS;'INTEGER'N,LIMIT;
 'ARRAY'X,H;'PROCEDURE'FUNCT;
 'COMMENT'FUNKTIONSMINIMISIERUNG NACH DER METHODE VON
             FLETCHER UND POWELL
             BEZEICHNUNGEN:
             X[1:N]LAGE DES MINIMUMS
             EPS  ABBRUCHSCHRANKE
             FUNCT(N,X,F,G)WEIST F DEN FUNFTIONSWERT
                          UND G[1:N] DEN GRADIENTENVEKTOR ZU;
```

(Fortsetzung Tafel C.c von Seite 172)

```
'BEGIN'
'REAL'CLDF,SG,GHG,STEP,ITA,FA,FB,GA,GB,W,Z,LAMBDA;
'INTEGER'I,J,K;
'ARRAY'S,GAMMA,SIGMA[1:N];
'REAL''PROCEDURE'DOT(A,B);
 'ARRAY'A,B;
 'COMMENT'INNERES PRODUKT VON A UND B;
 'BEGIN''INTEGER'I;'REAL'S;S:=0;
  'FOR'I:=1'STEP'1'UNTIL'N'DO'S:=S+A[I]*B[I];
   DOT:=S
  'END'VON DOT;
'REAL''PROCEDURE'UPDOT(A,B,I);
 'VALUE'I;
 'ARRAY'A,B;'INTEGER'I;
 'COMMENT'MULTIPLIKATION VON B MIT DER I-TEN ZEILE DER
          SYMMETRISCHEN MATRIX A, DEREN OBERE DREIECKSMATRIX
          ZEILENWEISE ABGESPEICHERT IST;
 'BEGIN''INTEGER'J,K;'REAL'S;K:=I;S:=0;
  'FOR'J:=1'STEP'1'UNTIL'I-1'DO'
   'BEGIN'S:=S+A[K]*B[J];K:=K+N-J'END'
          DIE ELEMENTE BIS ZUR DIAGONALEN SIND ABGESCHRITTEN
          JETZT GEHT MAN ENTLANG DER ZEILE;
  'FOR'J:=I'STEP'1'UNTIL'N'DO'S:=S+A[K+J-I]*B[J];
   UPDOT:=S
  'END'VON UPDOT;
A:'BEGIN'K:=1;
   'FOR'I:=1'STEP'1'UNTIL'N'DO'
   'BEGIN'H[K]:=1;
    'FOR'J:=1'STEP'1'UNTIL'N-I'DO'H[K+J]:=0;
     K:=K+N-I+1
   'END'
  'END'ABSPEICHERUNG DER EINHEITSMATRIX IN H;
 STEP:=SCHN:=SCHR;
 FUNCT(N,X,F,G);
 L:=1;
 'FOR'ZAEHL:=1,ZAEHL+1'WHILE'OLDF>F'DO'
 'BEGIN'
 'FOR'I:=1'STEP'1'UNTIL'N'DO'
 'BEGIN'SIGMA[I]:=X[I];GAMMA[I]:=G[I];
        S[I]:=-UPDOT(H,G,I)
   'END'ERHALTUNG VON X,G UND BILDUNG VON S;
 SUCHE ENTLANG S:
 FB:=F;GB:=DOT(G,S);
 'IF'GB'NOTLESS'0'THEN'
 'BEGIN''IF'ABS(DOT(G,G))<EPS'THEN'
 'GOTO'ENDE'ELSE''GOTO'A'END';
 OLDF:=F;ITA:=STEP;
 EXPOL:
 'IF'ITA>32*SCHR'THEN'ITA:=STEP:=SCHR;
 FA:=FB;GA:=GB;
 EXQ:   'FOR'I:=1'STEP'1'UNTIL'N'DO'XX[I]:=X[I]+ITA*S[I];
 PRUEF(N,XX);
 'IF''NOT'ZEIG'THEN'
 'BEGIN''FOR'I:=1'STEP'1'UNTIL'N'DO'XX[I]:=X[I]+0.000001*S[I];
 PRUEF(N,XX);
 'IF''NOT'ZEIG'THEN''GOTO'ENDE
 'ELSE''BEGIN'SCHN:=0.1*SCHN;ITA:=STEP:=SCHN;'GOTO'EXQ'END''END';
                                                          SEGMENT

 SCHN:=SCHR;
 'FOR'I:=1'STEP'1'UNTIL'N'DO'X[I]:=XX[I];
 FUNCT(N,X,F,G);
 L:=L+1;
 FB:=F;GB:=DOT(G,S);
 'IF'ABS(FA-FB)'LESS'EPS*ABS(FB)*10**(-ZA+3)'THEN''GOTO'ENDE;
 'IF'GB<0'AND'FB<FA'THEN'
```

(Fortsetzung Tafel C.c von Seite 173)

```
'BEGIN'ITA:=2*ITA;STEP:=2*STEP;'GOTO'EXPOL
'END';
INTPOL:
Z:=3*(FA-FB)/ITA+GA+GB;
W:=Z**2-GA*GB;
W:='IF'W<0'THEN'0'ELSE'SQRT(W);
INTQ:  LAMBDA:=ITA*(1-('IF'GA+Z'NOTLESS'0'THEN'(GA+Z+W)/(GA+GB+2*Z
)
'ELSE'GA/(GA+Z-W)));
'FOR'I:=1'STEP'1'UNTIL'N'DO'XX[I]:=X[I]-LAMBDA*S[I];
PRUEF(N,XX);
'IF''NOT'ZEIG'THEN'
'BEGIN''FOR'I:=1'STEP'1'UNTIL'N'DO'XX[I]:=X[I]-0.000001*S[I];
PRUEF(N,XX);
'IF''NOT'ZEIG'THEN''GOTO'ENDE
'ELSE''BEGIN'SCHN:=0.1*SCHN;ITA:=STEP:=SCHN;'GOTO'INTQ'END''END';
SCHN:=SCHR;
'FOR'I:=1'STEP'1'UNTIL'N'DO'X[I]:=XX[I];
FUNCT(N,X,F,G);
L:=L+1;
'IF'ABS(FA-F)'LESS'EPS*ABS(F)*10**(-7A+3)'THEN''GOTO'ENDE;
'IF'F>FA'OR'F>FB'THEN'
 'BEGIN'STEP:=STEP/4;
 'IF'FB<FA'THEN'
 'BEGIN''FOR'I:=1'STEP'1'UNTIL'N'DO'X[I]:=X[I]+LAMBDA*S[I];
          F:=FB
 'END''ELSE'
 'BEGIN'GB:=DOT(G,S);
  'IF'GB<0'AND'ZAEHL>N'AND'STEP<#-6'THEN''GOTO'EXIT;
  FB:=F;ITA:=ITA-LAMBDA;'IF'ITA<#-10'THEN''GOTO'M;
  'GOTO'INTPOL
 'END';
'END'ENDE DER SUCHE ENTLANG S;
M:  'FOR'I:=1'STEP'1'UNTIL'N'DO'
  'BEGIN'SIGMA[I]:=X[I]-SIGMA[I];
         GAMMA[I]:=G[I]-GAMMA[I]
  'END';
  'IF'SQRT(DOT(GAMMA,GAMMA))=0'THEN''GOTO'R;
  'IF'SQRT(DOT(SIGMA,SIGMA))
     /SQRT(DOT(GAMMA,GAMMA))<#-8
  'OR'SQRT(DOT(SIGMA,SIGMA))
     /SQRT(DOT(GAMMA,GAMMA))>#8
  'THEN''GOTO'A;
  SG:=DOT(SIGMA,GAMMA);
R:'IF'ZAEHL'NOTLESS'N'THEN'
  'BEGIN''IF'SQRT(DOT(S,S))<EPS'AND'SQRT(DOT(SIGMA,SIGMA))<EPS
         'THEN''GOTO'ENDE
  'END';
  'FOR'I:=1'STEP'1'UNTIL'N'DO'S[I]:=UPDOT(H,GAMMA,I);
  GHG:=DOT(S,GAMMA);
K:=1;
'IF'SG=0'OR'GHG=0'THEN''GOTO'TEST;
'FOR'I:=1'STEP'1'UNTIL'N'DO'
'FOR'J:=I'STEP'1'UNTIL'N'DO'
'BEGIN'H[K]:=H[K]+SIGMA[I]*SIGMA[J]/SG-S[I]*S[J]/GHG;
       K:=K+1
  'END'ENDE DER BERECHNUNG VON H;
  TEST:
  'IF'ZAEHL>LIMIT'THEN''GOTO'ENDE;
  'END'ENDE DES ZYKLUS, DER DURCH ZAEHL KONTROLLIERT WIRD;
  'GOTO'ENDE;
EXIT:PRINT('('STOP')','('GB<0')');
ENDE:
  'END'VON FLEPOMIN;
'PROCEDURE'FORMAT(A,B);'STRING'A;'REAL'B;'CODE';
```

(Fortsetzung Tafel C.c von Seite 174)

```
FORMAT('('X2,A2,F1,A1')',FMT[1]);
FORMAT('('V000,X9,A2,F1,A1')',FMT[2]);
FORMAT('('V000,X16,A2,F1,A1')',FMT[3]);
FORMAT('('V000,X23,A2,F1,A1')',FMT[4]);
FORMAT('('V000,X30,A2,F1,A1')',FMT[5]);
FORMAT('('V000,X37,A2,F1,A1')',FMT[6]);
FORMAT('('V000,X44,A2,F1,A1')',FMT[7]);
FORMAT('('V000,X51,A2,F1,A1')',FMT[8]);
FORMAT('('V00,X58,A2,F1,A1')',FMT[9]);
FORMAT('('V000,X65,A2,F1,A1')',FMT[10]);
'BEGIN''INTEGER''PROCEDURE'TIME2;'CODE';
'REAL'ZEIT0,ZEIT1;
ZEIT0:=TIME2;
READ(X0,B0,B,D,RHOU,RHOS,SCHR);
    READ(E3);'IF''NOT'E3'THEN''GOTO'ML;
READ(DELTA,GAMMA1,LIMIT,EPS,GL,R0,FORD);
E4:='FALSE';
    PRINT('('  PROBLEM  3')');
'FOR'M:=N'STEP'-1'UNTIL'1'DO'
OUTPUT(7,'('E')',FMT[M],'('X[')',M,'(']')');
'FOR'M:=1 'STEP' 1 'UNTIL' N 'DO' X[M]:=XH[M]:=X0[M];
ZA:=1;
MAR3:      R:=R0*2**(-ZA+1);
PRINT('('STRAFENVEKTOR')');
PRINT('('R = ')',R);PRINT('(' ')');
U:=V:=0;
FLEPOMIN(N,X,FW,EPS,F3,LIMIT,H);
'IF'ZAEHL>LIMIT'THEN'PRINT('('ANZAHL DER ITERATIONEN GROESSER
')',LIMIT,'('BEI')',ZA,'('TER MINIMIERUNG DER STRAFENFUNKTION
.ABBRUCHWERTE  : ')');
'FOR'M:=1 'STEP' 1 'UNTIL' N 'DO'
U:=U+ABS(G[M]);
OUTPUT(7,'('E')','('V000,S00A,1/F7.3,F14.3,F21.3,F35.3,
F42.3,F49.3,F56.3,F63.3,F70.3/')',X);
OFW:=0;'FOR'P:=1'STEP'1'UNTIL'K'DO'
'BEGIN'T1[P]:=T2[P]:=0;'FOR'I:=1'STEP'1'UNTIL'N'DO'
'BEGIN'T1[P]:=T1[P]+B[I,P]*X[I];'FOR'J:=1'STEP'1'UNTIL'N'CO'
        T2[P]:=T2[P]+D[I,J,P]*X[I]*X[J]'END';
T3:=0;T3:=B0[P]+T1[P]+T2[P];PRINT('(' ')');
                                                   SEGMENT
PRINT('('GUETEKRITERIUM Q')',P,'(' = ')',T3);
OFW:=OFW+(FORD[P]-B0[P]-T1[P]-T2[P])**2'END';
PRINT('(' ')');PRINT('('FUNKTIONSWERT AN DER STELLE X: F = ')',OFW
)
;PRINT('(' ')');
DELTA:=DELTA*100;
'IF'NORM'NOTLESS' DELTA 'THEN' 'GOTO'P3;
'FOR' M:=1 'STEP' 1 'UNTIL' N 'DO'
V:=V+(X[M]-XH[M])**2;
V:=SQRT(V);
'IF'V'NOTGREATER' GAMMA1 'THEN'
'BEGIN'PRINT('(' ')');PRINT('('OPTIMALE LOESUNG')');
        'GOTO'ML'END';
P3:   ZA:=ZA+1;
'IF' ZA=GL 'THEN'
'BEGIN' PRINT('('ABBRUCH VON PROBLEM 3 NACH ')',GL,'('ITERATIONEN'
)');
        'GOTO'ML 'END';
'FOR'M:=1'STEP'1'UNTIL'N'DO'XH[M]:=X[M];'GOTO'MAR3;
ML: READ(E4);'IF''NOT'E4'THEN''GOTO'FINI;
```

(Fortsetzung Tafel C.c von Seite 175)

```
READ(LIMIT,EPS,FORD);
E3:='FALSE';
PRINT('(' PROBLEM 4 ')');
'FOR'M:=N'STEP'-1'UNTIL'1'DO'
OUTPUT(7,'('E')',FMT[M],'('X[')',M,'(']')');
FLEPOMIN(N,X0,FW,EPS,F3,LIMIT,H);
'IF'ZAEHL>LIMIT 'THEN'PRINT('('ANZAHL DER ITERATIONEN GROESSER')',
LIMIT);
OUTPUT(7,'('E')','('V000,S00A,1/F7.3,F14.3,F21.3,F28.3,F35.3,
F42.3,F49.3,F56.3,F63.3,F70.3/')',X);
FINI:     PRINT('('PROGRAMM BEENDET !!!')');
ZEIT1:=TIME2;
PRINT('('LAUFZEIT =')',ZEIT1-ZEIT0,'('SEC')')
'END''END''END'
```

d) Standardmaximumaufgabe für lineare Regressionsgleichungen

Algol-Programm für Standardmaximum-Probleme

```
'procedure' lpsmax (l, m, k, ibasis, a);
            'integer' m, k;
            'integer' 'array' ibasis;
            'real' 'array' a;
            'begin' 'integer' i, j, ir, irz, js, vl, v2, it;
               'real' min, comp, best, quot, pvot, za;
               'for' i := 1 'step' 1 'until" m 'do'
               'begin' 'for' j := l + 1 'step' 1 'until' k 'do'
                          a[i, j] :=  ;
                          'if' i = m 'then' 'goto' m  ;
                          a[i, l + 1] := 1;
                          ibasis [i] := l + i;
               m  : 'end';
                    it :=  ;
               m1 := vl := 1;
                    for j := 2 'step' 1 'until' k 'do'
                    'begin' 'if' a[m, j] 'notless'   'then' 'goto' m5;
                       v2 := 1;
                       'for' i := 1 'step' 'until' m - 1 'do'
                       'begin' 'if' a[i, j] 'notgreater' 0 'then' 'goto' m3;
                          quot := a[i, l]/a[i, j];
                          'if' v2 = 1 'then' 'goto' m2;
                          'if' quot 'notless' min 'then' 'goto' m3;
                          m2 : min := quot;
                               irz := i;
                               k2 := 2;
                          m3 : 'end';
                               cpmp := min * a[m, j];
                               'if' vi = 1 'then' 'goto' m4;
                               'if' best 'notgreater' comp 'then' 'goto' m5;
                          m4 : best := comp;
                               ir := irz;
                               js := j;
                               vl := 2;
                          m5 : 'end'
                           'if' vl = 1 'then' 'goto' m7;
                               pvot := 1/a[ir, js];
                               'for' j := 1 'step' 1 'until' k 'do'
                               a[ir, j] := a[ir, j] * pvot;
                               a[ir, js] := 1;
                               'for' i := 1 'step' 1 'until' ir - 1 'do'
                               'begin' za := a[i, js];
                                       'if' za =   'then' 'goto' m6;
                                       'for' j := i 'step' 1 'until' k 'do'
                                       a[i, j] := a i. j - za a ir, j;
                                       a[i, js] :=   ;
                          m6 : 'end':
```

(Fortsetzung Tafel C.d von Seite 177)

```
            'for' i := ir + 1 'step' 1 'until' m 'do'
            'begin' za := a[i, js];
                    'if' za =   'then' 'goto' m66;
                    'for' j := 1 'step' 1 'until' k 'do'
                    a[i, j] := a[i, j] - za * a[ir, j];
                    a[i, js] :=   ;
      m66 : 'end';
            ibasis [ir] := js;
            'goto'm1;
      m7 : 'end' procedure;
```

Tafel D. Rechnerprogramm zur Kompromiß- mengenbestimmung

Rechnerprogramm zur Kompromißmengenbestimmung der Aufgabe 10.4 mittel stochastischer Suche in der Programmsprache ALGOL 60 für den Rechenautomaten R 300

```
'begin' 'comment'stochastisches suchverfahren zur loesung von aufgaben der polyoptimierung;
'procedure' float1(w, r);'value' w, r;'integer' w, r; 'code' ;
'procedure' line(g);'value' g;'integer' g;
'begin' 'integer' f;
'for' f := 1 'step' 1 'until' g 'do' print('(')');'end';
'integer' az, c, d, f, grz, h, hi, i, k, kg, m, n, ngr, p, q, r, rg, s, t, u, v, w, z, zr, zz;
'real' b1, max, rqt, nrand;
mk1:mk2:mk7:mk8:mk9:mk10:mk115mk12:;
read(n, ngr, grz, rg, kg, b1, az, p, zr);
'begin' 'array' a, ksi, l[1:rg]P ?AS[1:rg, 1:ngr], qgr [1:kg, 1:ngr], bb[1:kg, 1:6];
'switsch' ziel := mk1, mk2, mk3, mk4, mk5, mk6, mk7, mk8, mk9, mk10, mk11, mk12;
read(l); print('('stochastisches suchverfahren')');line(2);
'for' i := 1 'step' 1 'until' kg 'do' 'for' r := 1 'step' 1 'until' 6 'do' read(bb[i, r]);
  := 1; c := 1;
ml:r := 1;
 101:zr := res(57*zr + 675497, 999997);
a[r] := zr/999997; r := r + 1; 'if' r < rg + 1 'then' 'goto' m01;
m2: 'for' r := 1 'step' 1 'until' rg 'do' as[r, s] := (2*a[r] - 1)*l[r] ;
'if' as[1, s ] < - 1 'or' as[1, s] > 1 'or' as[2, s] < - 1 'or' as [2, s] > 1 'then' 'goto' m1;
m3: 'for' i := 1 'step' 1 'until' kg 'do'
qgr[i, s] := bb [i, 1] + bb[i, 2]*as[1, s] + bb[i, 3]*as[2, s] + bb[i, 4]*as[1, s]*as[2, s]
+ bb[i, 5]*(as[1, s]**2) + bb[i, 6]*(as[2, s]**2);
'if' c = 2 'then' 'goto' m30;
'if' c > 2 'then' 'goto' m33;
s := s + 1; 'if' s 'less' n + 1 'then' 'goto' m1; q := 0;
m11:h := 0; i := 0;
m12:h := h + 1;
hi := h;
i := i + 1;
max := qgr[1, hi] ;
m13:hi := hi + 1;
'if' max > qgr[1, hi] 'then' 'goto' m14;
i := hi;
max := qgr[1, hi] ;
m14: 'if' hi = n 'then' 'goto' m15; 'goto' m13;
m15: 'if' i = h 'then' 'goto' m17; 'goto' m16;
m16: 'for' k := 1 'step' 1 'until' kg 'do'
qgr[k, n + 1] := qgr[k, h];
'for' r := 1 'step' 1 'until' rg 'do'
as[r, n + 1] := as[r, h];
'for' k := 1 'step' 1 'until' kg 'do'
qgr[k, h] := qgr[k, i];
'for' r := 1 'step' 1 'until' rg 'do'
as[r, h] := as[r, i];
'for' k := 1 'step' 1 'until' kg 'do'
qgr[k, i] := qgr[k, n + 1];
'for' r := 1 'step' 1 'until' rg 'do'
as[r, i] := as[r, n + 1] ;
m17: 'if' h = n - 1 'then' 'goto' m18;
i := h; 'goto' m12;
m18:z := 1; w := 1;
m19:w := w + 1;
m := 0;
m20:m := m + 1; u := 2;
```

(Fortsetzung Tafel D von Seite 179)

```
m21:'if'qgr[u,m]<qgr[u,w]'then' 'goto' m22'else'
'begin'u:=u+1;
'if'u=(kg+1)'then' 'goto'm23;'goto'm21;'end';
m22:'if'm=z'then' 'goto'm24;
'goto'm20;
m23:'if'w=n'then' 'goto'm25;'goto'm19;
m24:m:=m+1;
'for'k:=1'step'1'until'kg'do'
qgr[k,m]:=qgr[k,w];
'for'r:=1'step'1'until'rg'do'
as[r,m]:=as[r,w];z:=z+1;
'if'w=n'then' 'goto' m25;
'goto'm19;
m25;'if'z<grz'then' 'goto' m25a;
'if'c=2'then'nrand:=(ngr-z)/az-1;
'if'az+3=c'then' 'goto'dru; 'goto'm32;
m25a:c:=2;q:=q+1;s:=z;t:=0;
m26:r:=1;
m02:zr:=res(57*zr+675497,999997);
a[r]:=zr/999997;
r:=r+1;
'if'r<rg+1'then' 'goto' m02;
rqt:=0;
'for'r:=1'step'1'until'rg'do'
rqt:=rqt+(2*a[r]-1)**2;
'if'rqt'notgreater'1'then' 'goto' m27; 'goto' m26;
m27:r:=1;
m27a:ksi[r]:=(a[r]*2-1)*b1/(sqrt(rqt)*(rg+q-1));r:=r+1;
'if'r<rg+1'then' 'goto' m27a;
m28:s:=s+1;t:=t+1;r:=1;
m28a:as[r,s]:=as[r,t]+ksi[r]*l[r];
'if'as[r,s] < (-1)'then'as[r,s]:=-1;
'if'as[r,s] >1'then'as[r,s]:=1;r:=r+1;
'if'r < rg+1'then' 'goto'm28a;
'goto'm3;
m30:'if't=z'then' 'goto'm31;'goto'm26;
m31:n:=s;'goto'm11;
m32:c:=3;q:=q+1;s:=z;d:=0;
m33:r:=1;s:=s+1;
m03:zr:=res(57*zr+675497,999997);
a r :=zr/999997;r:=r+1;'if'r<rg'then' 'goto' m03;
d:=d+1;'if'd<nrand'then' 'goto'ziel[c];'goto'm34;
m34:c:=c+1;d:=0;'if'c=az+3'then' 'goto'm11; goto m33;
mk3:as[1,s]:=-1;as[2,s]:=2*a[1]-1;'goto'm3;
mk4:as[1,s]:=1;as[2,s]:=2*a[1]-1;'goto'm3;
mk5:as[1,s]:=2*a[1]-1;as[2,s]:=-1;'goto'm3;
mk6:as[1,s]:=2*a[1]-1;as[2,s]:=1;'goto'm3;
dru:float1(7,3);
print('('q=')')q);
line(2);
print('('        x1          x2           q1           q2
          q3')');
line(2)
'for'zz:=1'step'1'until'z'do''begin'float1(7,3);
print('('  ')',as[1,zz],'('  ')',as[2,zz],'('  ')',qgr[1,zz],'('  ')',q
```

(Fortsetzung Tafel D von Seite 180)

```
gr[2,zz],'(' ')',qgr[3,zz]);
'end';
'end';
'end';
```

Begriffserläuterungen

Adäquatheit
Grad der Übereinstimmung, z.B. zwischen den Modellgleichungen und den experimentellen Meßwerten in den Meßpunkten. Ein Maß für die Adäquatheit ist die Irrtumswahrscheinlichkeit, mit der Werte der Modellgleichungen im Experiment wiedergefunden werden können.

Algorithmus
Abfolge von detailliert angegebenen Regeln bzw. Schritten zur Lösung einer Aufgabe.

A-priori-Information
Information, die vor Beginn von gezielten Untersuchungen vorliegt und bei der Planung der Versuche berücksichtigt werden kann.

Barrieremethode
Lösungsmethode für Optimierungsaufgaben mit Nebenbedingungen, bei der die Optimierungsaufgabe in eine Folge von Optimierungsaufgaben ohne Nebenbedingungen übergeführt wird.

Beschreibungsgleichung
Modellgleichung zur näherungsweisen Beschreibung von Objekten. Für jede Eigenschaft ist i.allg. eine Gleichung aufzustellen, um das Objekt allseitig zu beschreiben.

deterministisch
Nicht vom Zufall abhängig. Der dazu entgegengesetzte Begriff ist stochastisch.

Dialogverfahren
Verfahren, die auf der direkten Kopplung der Arbeit am Rechenautomaten und der schöpferischen Tätigkeit des Bearbeiters beruhen. Die Kopplung kann dabei mehr oder weniger algorithmisiert sein.

Dispersion
Mittlere quadratische Abweichung einer Zufallsgröße von ihrem Erwartungswert, auch Varianz genannt.

Einflußfaktor
Faktor, der Einfluß auf die Gütekriterien (Zielgrößen) hat. Er ist Eingangs- bzw. Signalgröße für ein Objekt.

Ersatzgütekriterium
Übergeordnetes Gütekriterium, das mehrere Gütekriterien, die zu einem Prozeß oder Produkt gehören, zusammenfaßt. Diese Zusammenfassung kann nach den verschiedensten Regeln erfolgen und erfordert immer eine quantitative Fassung der Gütekriterien. Durch eine entsprechende Wichtung kann dabei die unterschiedliche Wertigkeit der Gütekriterien berücksichtigt werden.

Experimenteplanung
Abfolge von Versuchen nach einem Versuchsplan. Durch optimale Versuchspläne können genauere Objektinformationen erhalten werden als mit willkürlichen Versuchsplänen. Versuche nach optimalen Versuchsplänen werden aktive Versuche genannt, alle anderen passive Versuche.

Freiheitsgrad
Parameter bei Verteilungsfunktionen. Sind von zufälligen Versuchen oder Variablen k voneinander unabhängig, alle anderen voneinander abhängig, so spricht man vom Freiheitsgrad k.

Funktionenklasse
Klasse von Funktionen, die sich nur durch die Wahl der Parameter unterscheidet.

Funktion, konvexe oder konkave
Funktion mit folgender Eigenschaft ist konvex: Für zwei beliebige Werte x und y und für beliebige Zahlen t mit $0 \leqq t \leqq 1$ gilt

$$f(tx + (1 - t)\,y) \leqq tf(x) + (1 - t)\,f(y)\,.$$

Die Funktion ist konkav, wenn (-f) konvex ist.

Gütekriterium

Zielgröße, die eine Objekteigenschaft beschreibt und in Abhängigkeit von den Einflußfaktoren optimiert werden soll. Dabei wird dieser Begriff entsprechend dem jeweiligen Zusammenhang sowohl für die eigentliche Objekteigenschaft als auch für die mathematische Funktion benutzt, die die Objekteigenschaft näherungsweise beschreibt.

Grenzen

Grenzen sind die größten oder kleinsten Werte der Gütekriterien und Einflußfaktoren, die möglich bzw. zulässig sind. Die durch Grenzen eingeschränkten Gleichungen bzw. Variablen bilden ein Nebenbedingungsgebiet.

Irrtumswahrscheinlichkeit

Bei statistischen Untersuchungen vorgegebene Wahrscheinlichkeit α, mit der die getroffenen statistischen Aussagen falsch sind. Die Wahrscheinlichkeit, daß die Aussagen richtig sind, bezeichnet man als Glaubwürdigkeit. Glaubwürdigkeit plus Irrtumswahrscheinlichkeit ergeben den Wahrscheinlichkeitswert 1.

Iteration

Wiederholte Anwendung eines Rechenverfahrens zur Gewinnung einer angenäherten Lösung.

Konfidenzintervall

Intervall, das bei statistischen Schätzverfahren den zu schätzenden Parameter mit der Glaubwürdigkeit $1 - \alpha$ überdeckt, auch Vertrauensbereich genannt.

Konvergenz

Existenz eines Grenzwerts einer Folge von Elementen. Bei Verfahren bedeutet Konvergenz, daß das Verfahren die Lösung der betrachteten Aufgabe liefert.

Korrelationsanalyse

Untersuchungen in der mathematischen Statistik über wechselseitige Zusammenhänge zwischen Zufallsgrößen anhand einer Stichprobe. Die Korrelationsanalyse hilft klären, ob ein funktioneller Zusammenhang bestehen kann oder nicht.

Korrelationskoeffizient, partieller oder multipler

Maß für die Abhängigkeit von Zufallsgrößen. Partieller Korrelationskoeffizient als Maß der Abhängigkeit der Zufallsgrößen X_1 und X_2 nach Ausschaltung linearer Einflüsse aller anderen Zufallsgrößen auf X_1 und X_2. Multipler Korrelationskoeffizient als Maß der Abhängigkeit der Zufallsgröße X_1 von den Zufallsgrößen $X_2, \ldots, X_k$.

Kovarianzanalyse

Statistisches Verfahren zur Untersuchung von Zusammenhängen zwischen Einflußfaktoren und Gütekriterien, wenn die Einflußfaktoren in Stufen und kontinuierlich variabel sind.

Menge, funktionell effiziente oder konvexe

Pareto-Menge gleich funktionell effiziente Menge.
Man bezeichnet eine Menge als konvex, wenn mit zwei beliebigen Punkten der Menge auch die Verbindungsstrecke dieser Punkte zur Menge gehört.

Modell

Widerspiegelung bestimmter wesentlicher Seiten eines Objekts. Das Modell beinhaltet die Reduzierung des zu untersuchenden Objekts auf einfachere, besser vorstellbare oder berechenbare Elemente.

Modelldiskrimination

Unterscheidung zwischen verschiedenen Modellen zur Beschreibung eines Objekts. Schaffung eines Maßes zur Beurteilung der Modelle, d.h. Diskrimination der guten bzw. schlechten Modelle.

Normierung

Transformation spezieller Größen auf normierte Größen.

Nullentwurf

Erste bemaßte Skizze, Zeichnung, Modellierung eines Produkts oder Prozesses, die auf Grund theoretischer Überlegungen oder Erfahrungswerte aufgestellt wird. Der Nullentwurf ist Ausgangspunkt der Dimensionierung und meist Startpunkt der Optimierung.

Optimierung

Auffinden der im Sinne der Zielfunktion besten Lösung, die im zulässigen Bereich liegt.

Optimum, relativ oder global

Ein Punkt ist relatives Optimum, wenn er in einer gewissen Umgebung den besten Wert der Zielfunktion liefert. Er ist ein globales Optimum, wenn er den bestmöglichen Wert der Zielfunktion bezüglich aller zulässigen Punkte liefert.

orthogonal
Zwei Vektoren sind orthogonal, wenn ihr Skalarprodukt den Wert Null hat. Geometrisch bedeutet das, daß die Vektoren senkrecht aufeinander stehen.

Parallelversuche
Anzahl von parallel oder nacheinander ausgeführten Versuchen bei gleichen Versuchsniveaus und gleichen Bedingungen. Je größer die Anzahl der Parallelversuche, um so besser wird die Aussagekraft der statistischen Berechnungen.

parametrische Optimierung
Optimierungsprobleme, bei denen eine oder mehrere das Problem bestimmende Koeffizienten von einem oder mehreren Parametern abhängen.

Pareto-Menge
Menge aller im Sinne der Polyoptimierung optimalen Lösungen einer Polyoptimierungsaufgabe.

Polyoptimierung
Optimierungsprobleme, bei denen gleichzeitig mehrere i.allg. nicht gleichgerichtete Zielfunktionen betrachtet werden.

Regressionsanalyse
Methode der mathematischen Statistik zur Untersuchung von stochastischen Abhängigkeiten und Möglichkeiten einer funktionellen Beschreibung.

Sicherheit, statistische
Vorgegebene Sicherheit, mit der ein Untersuchungsergebnis der mathematischen Statistik richtig sein soll.

Signifikanz
Mit einer vorgegebenen Irrtumswahrscheinlichkeit gesicherte Unterschiedlichkeit zweier Ergebnisse.

Startpunkt
Punkt, mit dem ein experimentelles oder rechentechnisches Verfahren begonnen wird. Der Startpunkt soll auf Grund theoretischer oder heuristischer Ableitungen möglichst in der Nähe des zu erreichenden Optimalpunktes liegen. Als Startpunkt werden oft die Koordinaten des Nullentwurfs zu wählen sein.

Stichprobe
Aus einer Grundgesamtheit entnommene Anzahl von Elementen.

Streuungsellipsoid
Das Streuungsellipsoid entspricht der Verallgemeinerung des Konfidenzintervalls auf mehrere Zufallsgrößen.

Teilfaktorplan
Teil eines vollständigen Faktorplans, der zur Schätzung von Regressionskoeffizienten ausreicht. Bei mehr als drei Einflußfaktoren werden fast immer Teilfaktorpläne benutzt, da sonst die Versuchsanzahl zu hoch wird.

Test
Verfahren zur Prüfung einer Hypothese auf Grund der Untersuchung einer Stichprobe. Annahme oder Ablehnung der Hypothese erfolgt mit einer vorgegebenen Irrtumswahrscheinlichkeit α.

Untersuchungsbereich
Bereich der Einflußfaktoren, der experimentell abgetastet wird, um das Objekt dort modellmäßig zu beschreiben.

Varianzanalyse
Statistisches Analyseverfahren zur quantitativen Untersuchung der Einflüsse eines oder mehrerer Einflußfaktoren auf die Versuchsergebnisse.

Vektorhalbordnung
Beziehung zwischen Vektoren des n-dimensionalen Raumes. Man sagt: $\underline{x}$ ist größer als $\underline{y}$, wenn alle Komponenten von $\underline{x}$ größer als die entsprechenden Komponenten von $\underline{y}$ sind. Analog gilt $\underline{x}$ kleiner $\underline{y}$. Gilt weder $\underline{x}$ ist größer als $\underline{y}$ noch $\underline{x}$ ist kleiner als $\underline{y}$, dann nennt man $\underline{x}$ und $\underline{y}$ unvergleichbar.

Versuchsniveau
Wert der Einflußfaktoren in einem bestimmten Versuch. In den Versuchsplänen werden die Versuchsniveaus normiert angegeben. Versuchsniveau wird auch mit Versuchspunkt bezeichnet.

Zufallsbalance
Statistisches Untersuchungsverfahren, bei dem durch Vergleich von Mittelwerten der Gütekriterien auf den Einfluß von Faktoren geschlossen wird.